方钢管混凝土框架内置开洞钢板剪力墙的性能与设计方法

王先铁　马尤苏夫　著

科学出版社

北京

内 容 简 介

本书系统地阐述了作者在方钢管混凝土框架内置开洞钢板剪力墙的理论、试验研究和设计方法方面的创新性成果。全书共 6 章，主要内容包括：绪论、方钢管混凝土框架内置开洞钢板剪力墙的抗震性能试验研究、受力性能、边缘构件设计方法和抗剪承载力计算，以及钢板剪力墙的典型工程应用。

本书可供土木工程领域的科研人员、工程技术人员、大专院校的教师、研究生和高年级本科生参考使用。

图书在版编目(CIP)数据

方钢管混凝土框架内置开洞钢板剪力墙的性能与设计方法/王先铁，马尤苏夫著. —北京：科学出版社，2017.6

ISBN 978-7-03-052322-8

Ⅰ. ①方… Ⅱ. ①王… ②马… Ⅲ. ①钢管混凝土结构－框架结构－框架剪力墙结构－研究 Ⅳ. ①TU398

中国版本图书馆 CIP 数据核字（2017）第 052805 号

责任编辑：亢列梅 / 责任校对：桂伟利
责任印制：张 倩 / 封面设计：陈 敬

科 学 出 版 社 出版
北京东黄城根北街 16 号
邮政编码：100717
http://www.sciencep.com

三河市骏杰印刷有限公司 印刷
科学出版社发行 各地新华书店经销

*

2017 年 6 月第 一 版 开本：720×1000 1/16
2017 年 6 月第一次印刷 印张：15 1/2
字数：312 000
定价：95.00 元

序

  中国是一个多地震国家，近年来地震灾害频发，给人民生命财产造成了巨大损失。在地震中，造成人员伤亡和经济损失的最主要因素是建筑物倒塌及其引起的次生灾害，因此对建筑结构采取抗震措施并进行抗震设计尤为重要。随着社会经济和科学技术的发展，高层及超高层建筑越来越多，其抗震问题更加突出。作为结构工程领域的一个重要方向，高层建筑结构的抗震研究已经受到众多土木工程研究者的关注和重视。王先铁教授在总结前人研究工作的基础上，提出在高层建筑结构中采用"方钢管混凝土框架内置开洞钢板剪力墙"，这种剪力墙结构抗侧刚度大、延性好，并且耗能能力强。王先铁教授为高层建筑结构设计提供了一种可选择的新型抗侧力体系，其研究工作很有意义。

  王先铁教授在博士学习阶段和博士后研究阶段，对方钢管混凝土框架及其梁柱节点的受力性能和设计方法进行了研究，为方钢管混凝土框架内置钢板剪力墙结构的研究奠定了坚实的基础。2010年开始，他又先后完成了方钢管混凝土框架内置不同加劲形式和开洞形式钢板剪力墙的试验研究和理论分析，本书就是在这些成果的基础上完成的。全书共6章，包括绪论、方钢管混凝土框架内置钢板剪力墙的抗震性能试验研究、受力性能、边缘构件设计方法与剪力墙抗震承载力计算，以及钢板剪力墙的典型工程应用等。全书内容丰富、结构严谨、论述翔实，具有较强的理论性和实用性，为设计人员进行方钢管混凝土框架内置开洞钢板剪力墙结构设计提供了可靠依据。

  王先铁教授2015年入选中组部第12批"西部之光"访问学者计划后，从西安建筑科技大学来到重庆大学，在我带领的钢结构工程研究中心进行了为期一年的访问学者研究工作。在我的鼓励下，他对从事的研究工作进行了总结、梳理和完善，遂成此书。我为王先铁教授取得新的进步感到由衷的喜悦。

中国工程院院士
重庆大学 教 授   周绪红

2017年4月16日

前　言

自 20 世纪末以来，高层建筑在我国得到了迅猛发展。随着建筑高度的增加，水平荷载和地震作用对建筑的影响越来越显著。钢板剪力墙作为一种经济、高效的新型抗侧力构件，自 20 世纪 70 年代以来受到研究者的关注，尤其是近十余年，国内外研究者开展了较为广泛而深入的研究。钢板剪力墙抗侧承载力高、侧向刚度大、延性和耗能性能好。实践表明，钢板剪力墙在历次地震中表现出优异的抗震性能。方钢管混凝土柱以其优异的力学性能、良好的经济性、施工性能和建筑适用性在高层建筑结构中得到了越来越广泛的应用。方钢管混凝土框架与钢板剪力墙组合形成的方钢管混凝土框架内置钢板剪力墙结构，能满足钢板剪力墙对竖向边缘构件较高的强度和刚度需求，可充分发挥二者优异的结构性能，具有广泛的应用前景。国内外研究者对采用型钢竖向边缘构件的钢板剪力墙开展了大量的研究工作，取得了诸多成果，但对方钢管混凝土柱作为竖向边缘构件的钢板剪力墙研究较少，对方钢管混凝土框架内置开洞钢板剪力墙的研究更少。本书主要介绍作者在方钢管混凝土框架内置开洞钢板剪力墙结构性能和设计方法方面开展的研究工作和取得的研究成果。

本书第一作者自 2003 年开展方钢管混凝土组合结构方面的研究工作，在攻读博士学位和博士后阶段进行了一系列方钢管混凝土梁柱节点和方钢管混凝土框架受力性能及设计方法的研究，主要包括不同形式方钢管混凝土梁柱节点的抗震性能、受力机理和破坏机制，以及采用穿芯高强螺栓-端板节点的方钢管混凝土框架抗震性能。自 2010 年进行方钢管混凝土框架内置钢板剪力墙结构的研究，完成了方钢管混凝土框架内置不同加劲形式和开洞形式钢板剪力墙的试验研究和理论分析。本书主要介绍第一作者及研究团队近 7 年来的研究成果。

全书共 6 章，主要内容包括：绪论、方钢管混凝土框架内置开洞钢板剪力墙的抗震性能试验研究、受力性能、边缘构件设计方法和剪力墙抗剪承载力计算，以及钢板剪力墙的典型工程应用。本书可供土木工程领域的科研人员、工程技术人员、大专院校的教师、研究生和高年级本科生参考使用。

作者自 2001 年开展结构工程方向的研究工作以来，得到了西安建筑科技大学郝际平教授的关心与指导，在此深表感谢！2015 年，作者入选中组部第 12 批"西部之光"访问学者计划，师从著名结构工程专家、中国工程院周绪红院士开展研究工作。在周院士的鼓励和指导下，作者开始整理近年来的研究成果，遂成本书。周绪红院士悉心指导作者制订本书大纲，对书稿提出了宝贵的意见和建议，在此致以诚挚的谢意！感谢西安建筑科技大学土木工程学院牛荻涛教授、史庆轩教授、朱丽华教授、苏明周教授和重庆大学钢结构研究中心各位老师在本书撰写过程中给予的支持、鼓励和帮助！

　　本书大纲的制订由王先铁负责，全书统稿由王先铁和马尤苏夫共同负责。作者指导的研究生对本书所论述内容做出了重要贡献：储召文、周超参与了第2、5章的部分研究工作，杨航东参与了第2、3章的部分研究工作，罗遥、白连平参与了第4章的部分研究工作，刘立达、王东石、贾贵强参与了第3章的部分研究工作。在此，作者向对本书研究工作提供无私帮助的各位研究生表示诚挚的感谢！

　　本书的出版得到了国家自然科学基金项目（51108369）、教育部高等学校博士学科点科研基金项目（20116120120008）、中国博士后科学基金项目（20080431230）、陕西省自然科学基金项目（2010JQ7001）、陕西省青年科技新星科研项目（2013KJXX-54）等的资助，特此致谢！

　　作为一种新型结构形式，方钢管混凝土框架内置钢板剪力墙的相关研究工作还需要继续深入，其设计理论和设计方法还需要进一步完善，作者期待本书的出版能对该结构的研究和应用提供一定的参考。

　　由于作者水平和知识有限，书中不妥之处在所难免，恳请读者批评指正。

作　者

2016 年 12 月

目　　录

第1章 绪 论

1.1 剪力墙的分类

20 世纪末期以来，随着经济水平的不断提高，高层建筑在我国得到了迅猛发展。随着建筑高度的增加，水平荷载和地震作用的影响也越来越显著。因此，高层建筑需要有较大的承载能力和侧向刚度，使水平荷载产生的侧向变形控制在一定范围内[1]。剪力墙是一种被广泛采用的有效抗侧力构件，小震下具有很高的刚度，能限制结构的侧移量，满足正常使用状态，大震时又能够大量消耗地震能量。作为高层结构中的重要构件，剪力墙可视为结构的耗能减震装置。强度、刚度和延性是抗震设计的重要参数。钢筋混凝土剪力墙结构虽然具有很高的刚度和水平承载力，但其延性较钢板剪力墙差。

钢板剪力墙结构是 20 世纪 70 年代发展起来的一种新型抗侧力结构体系，其主要结构单元由内嵌钢板、竖向边缘构件和水平边缘构件构成。钢板剪力墙具有优异的抗震性能，如侧向承载力高、侧向刚度大、滞回环饱满、延性和耗能性能好[2,3]。实践表明，采用钢板剪力墙作为抗侧力构件的建筑，在历次地震中表现出优异的抗震性能。

1.1.1 钢板剪力墙

钢板剪力墙是以承受水平剪力为主的钢板墙体，分类方式较多[4]。根据钢板剪力墙的高厚比，可将钢板剪力墙分为厚钢板剪力墙和薄钢板剪力墙。厚钢板剪力墙（高厚比 $\lambda_h < 250$）的剪切弹性屈曲荷载较高，有较大的初始面内刚度，通过钢板剪力墙面内抗剪承担水平力，边框和内嵌钢板共同承担整体倾覆力矩，大震下具有良好的延性和稳定的承载力。厚钢板剪力墙以钢板屈曲为破坏标志，其虽具有较大的初始刚度和强度，但也可能会造成框架柱先于钢板剪力墙破坏，不符合理想的破坏顺序，因此不利于在高设防烈度地区使用。此外，厚钢板剪力墙的用钢量大，成本高，使其发展也受到一定的限制。薄钢板剪力墙（高厚比 $\lambda_h \geq 250$）在较小的水平荷载作用下就发生屈曲，其抗震性能由边界条件和拉力带的发展控制，拉力带的发展使其具有很高的屈曲后强度和很好的延性[5]。这样既能够充分发挥钢板剪力墙的屈曲后强度，又不至于使框架柱先于钢板剪力墙破坏，符合双重抗震设防目标。充分利用屈曲后强度的薄钢板剪力墙以其良好的力学性能和经济性受到结构工程师的青睐，近年来成为钢板剪力墙研究的热点。

按照钢板剪力墙表面是否加劲可将钢板剪力墙分为加劲钢板剪力墙和非加劲钢板剪力墙。钢板剪力墙表面加劲后，加劲肋将钢板表面划分为若干个小区格，降低了小区格内钢板的高厚比，从而使钢板剪力墙具有较高的剪切屈曲承载力，同时抑制薄钢板剪力墙过大的面外变形。加劲钢板剪力墙的加劲肋可采用水平布置、竖向布置、水平与竖向混合布置以及斜向交叉布置（图1.1）。在国内，清华大学的陈国栋最早开始研究加劲钢板剪力墙，并取得了一系列的研究成果。在非加劲和十字加劲钢板剪力墙的研究基础上，根据钢板剪力墙的受力特性，他又提出了一种新型的对角交叉斜加劲钢板剪力墙，研究结果表明斜加劲钢板剪力墙具有更优异的力学性能。

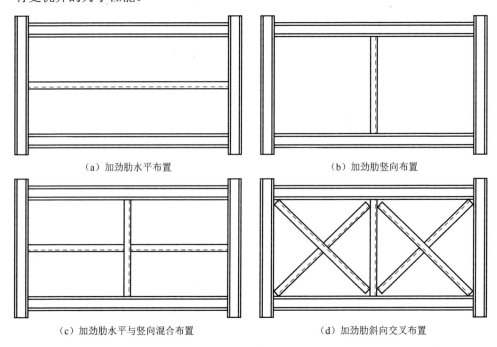

（a）加劲肋水平布置　　　　　　　　　　（b）加劲肋竖向布置

（c）加劲肋水平与竖向混合布置　　　　　　（d）加劲肋斜向交叉布置

图1.1　加劲钢板剪力墙的加劲肋布置形式

为改善薄钢板剪力墙的屈曲形态，可在钢板表面开竖缝[6]。按照是否在钢板剪力墙表面开缝可将钢板剪力墙分为开缝钢板剪力墙（图1.2）和不开缝钢板剪力墙。当钢板剪力墙表面开缝后，整块钢板被分割成一系列板条，每个板条如同竖向杆件参与受力，在不需要强大加劲体系的前提下，使弯曲弹塑性变形主要集中在板条的端部，从而实现延性耗能。研究表明[7-10]：开缝钢板剪力墙的承载力和侧向刚度能够满足正常使用阶段要求；当钢板的整体面外屈曲、缝间板条和边缘加劲肋的弯扭屈曲不先于板条的端部弯曲屈服时，开缝钢板剪力墙具有很好的延性和耗能能力。

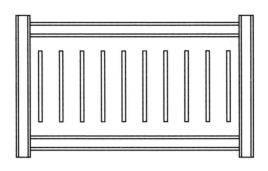

图 1.2 开缝钢板剪力墙

按照钢板是否开洞可将钢板剪力墙分为开洞钢板剪力墙和未开洞钢板剪力墙。常见的开洞形式有单侧开洞（三边连接）、中部开洞和两侧开洞（两边连接）（图 1.3）。由于薄钢板剪力墙在形成拉力带后会对框架柱产生较大的水平力作用，为保证框架柱不过早破坏，两边连接钢板剪力墙仅与框架梁相连，放松了钢板剪力墙与框架柱之间的连接，有效地保证了框架柱不受其影响。三边连接钢板剪力墙放松了钢板与一侧框架柱的连接，其性能介于四边连接钢板剪力墙与两边连接钢板剪力墙之间。两边连接钢板剪力墙失去了框架柱对钢板剪力墙的锚固作用，承载能力和耗能能力有一定程度的降低，但可以较为方便地调整剪力墙在框架中的位置和数量，易于调整刚度和承载力，也使框架柱不承担钢板剪力墙产生的附加水平荷载。

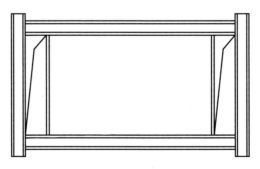

图 1.3 两边连接钢板剪力墙

为防止薄钢板剪力墙面外屈曲，可在钢板剪力墙两侧添加防屈曲构件，形成防屈曲钢板剪力墙[11]。防屈曲构件可采用预制混凝土盖板或型钢。采用混凝土盖板时，在盖板上开设椭圆形孔，以便螺栓有足够的滑移空间；连接螺栓的位置及分布根据内嵌钢板的面内变形及混凝土盖板的约束刚度确定，保证内嵌钢板在混凝土盖板的面外约束作用下，二者不发生面外局部失稳及整体失稳。防屈曲钢板剪力墙与边缘构件宜采用鱼尾板过渡，鱼尾板与边缘构件宜采用焊接连接，鱼尾板与钢板剪力墙可采用焊接或高强度螺栓连接，两种连接方式如图 1.4 所示。根据其设计要求，防屈曲钢板剪力墙可以分为大震滑移的防屈曲钢板剪力墙和完全滑移的防屈曲钢板剪力墙两种。大震滑移的防屈曲钢板剪力墙，需对高强螺栓施加一定的预拉力。在小震作用下既能保证内嵌钢板不发生局部屈曲，也能使混凝土盖板与内嵌钢板通过二者之间的接触摩擦共同承担侧向力；在大震作用下螺栓滑移，内嵌钢板和外侧混凝土盖板之间产生相对滑移，在保证内嵌钢板不发生面外屈曲的情况下，钢板充分发挥耗能作用。完全滑移的防屈曲钢板剪力墙，螺栓不施加预应力。在小震和大震作用下，混凝土盖板与内嵌钢板之间完全滑移。混凝土盖板对钢板仅提供面外约束，不参与面内受力；内嵌钢板提供面内刚度，在大震作用下发挥耗能作用。

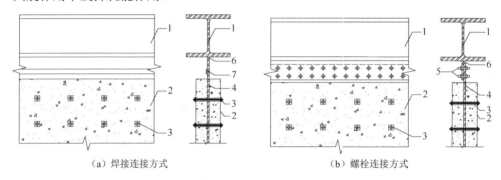

　　（a）焊接连接方式　　　　　　　　　　　　　（b）螺栓连接方式

图 1.4　防屈曲钢板剪力墙与周边框架的连接示意图

1-钢梁；2-预制混凝土盖板；3-对拉螺栓；4-内嵌钢板；5-高强度螺栓；6-鱼尾板；7-焊缝

1.1.2　组合剪力墙

　　组合剪力墙即钢板-混凝土组合剪力墙，由钢板、混凝土板和两者之间的连接件组成。根据混凝土板与周边框架梁、框架柱的结合方式，组合钢板剪力墙可分为传统型和改进型两种形式（图 1.5）[12,13]。二者的最大区别在于：改进型组合剪力墙的混凝土板与周边框架梁、框架柱预留适当的缝隙（根据结构在大震作用下的侧移大小确定）。在较小的水平位移下，混凝土板并不直接承担水平力，而仅仅作为钢板的侧向约束，防止钢板剪力墙发生面外屈曲，此时它对结构平面内刚度和承载力的贡献可忽略不计。随着水平位移的不断增大，混凝土板先在角部与框架梁、框架柱接触，随后，接触面不断扩大，混凝土板开始与钢板协同工作。混凝土板的加入，可以补偿因部分钢板发生局部屈曲造成的刚度损失，从而减小 $P\text{-}\Delta$ 效应。研究表明，改进型组合剪力墙的混凝土板不会过早压碎，破坏程度轻于传统型组合剪力墙，有更好的塑性变形能力。

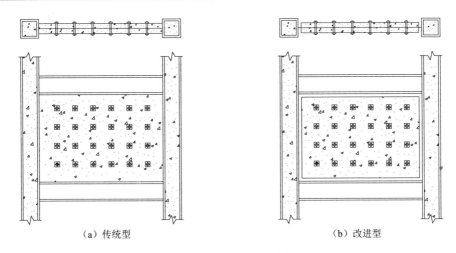

（a）传统型　　　　　　　　　　　　　　　　（b）改进型

图 1.5　钢板-混凝土组合剪力墙的形式

1.2　国内外研究现状

1.2.1　非加劲钢板剪力墙的研究现状

早期的研究主要集中在厚钢板剪力墙，以钢板剪力墙的面外弹性屈曲作为设计极限状态，未充分发挥钢板剪力墙的承载能力。直到 1983 年，加拿大学者 Thorburn 等[14]首先提出利用钢板剪力墙屈曲后强度的概念，建立了非加劲薄钢板剪力墙的拉杆条分析模型，提出了拉杆倾角计算公式，为薄钢板剪力墙的分析与设计提供了理论依据。随后，Berman 等[15]基于拉力带模型，利用塑性分析方法分析了单层和多层薄钢板剪力墙的破坏机制，提出了偏于安全的极限承载力计算公式。Sabouri-Ghomi 等[16]提出了分别考虑钢板和框架单独作用，然后叠加得到钢板剪力墙总体性能的 M-PFI 方法。Kharrazi 等[17]对该方法进行了修正。20 世纪 90 年代初，Roberts 等[18,19]和 Sabouri-Ghomi 等[20]对不同高宽比、宽厚比及开孔尺寸的 22 个小比例非加劲薄钢板剪力墙进行了纯剪切荷载下的滞回性能研究。结果表明，所有试件都具有很好的延性和稳定的 S 形滞回环，初步提出了薄钢板剪力墙的非线性动力分析滞回理论模型。Caccese 等[21]、Elgaaly 等[22,23]、Driver 等[24]针对非加劲薄钢板剪力墙进行了拟静力试验研究。Rezai[25]对两个单跨四层 1∶4 的非加劲薄钢板剪力墙模型进行了拟动力试验并实现了首次振动台试验，研究了钢板剪力墙的屈曲、屈服、焊缝开裂等对钢板剪力墙动力特性的影响。Qu 等[26]对足尺单跨两层采用狗骨式梁柱连接节点、带组合楼板的薄钢板剪力墙进行了拟动力和拟静力试验研究。结果表明，钢板剪力墙试件具有稳定的承载力和优异的耗能能力，"狗骨式"节点能够使结构破坏时达到良好的破坏形态。

国内学者针对薄钢板剪力墙也开展了大量的研究工作。苏幼坡等[27]对 4 个钢筋混凝土框架内填薄钢板剪力墙试件进行了拟静力试验。研究表明,框架中的钢板剪力墙可显著提高结构的刚度和承载力,并具有较好的延性和耗能能力。邵建华等[28,29]利用有限元方法研究了钢板剪力墙高厚比对钢板剪力墙水平极限承载力的影响。研究发现,随着加载位移的增加,薄钢板剪力墙的耗能效率逐渐高于厚钢板剪力墙,薄钢板剪力墙的侧向刚度和水平极限承载力小于厚钢板剪力墙,但具有比厚钢板剪力墙更好的延性。王先铁等[30]基于钢框架-钢板剪力墙的理想破坏机制,推导了钢板剪力墙边缘构件的计算公式,给出了钢板剪力墙、梁和柱之间的强度关系,并利用有限元软件 ABAQUS 对单跨五层钢框架-钢板剪力墙模型进行了数值分析。结果表明,按提出的计算公式确定的边缘构件能够为钢板剪力墙提供足够的锚固强度,有效控制受压柱的塑性铰位置,防止柱中部形成塑性铰,使钢框架-钢板剪力墙实现理想的破坏机制。曹万林等[31]和郭兰慧团队[32,33]分别针对方钢管混凝土框架、圆钢管混凝土框架内置薄钢板剪力墙模型进行了试验研究。结果表明,钢板剪力墙结构具有良好的延性和耗能能力,采用"强框架弱墙板"设计原则,可充分发挥该结构体系的双重抗震设防目标。

1.2.2 加劲钢板剪力墙的研究现状

1973 年,日本学者 Takahashi 等[34]首次进行了加劲钢板剪力墙在往复循环荷载作用下的抗震性能试验研究,验证了加劲钢板剪力墙性能优于非加劲钢板剪力墙性能,并采用有限元方法对其在单向荷载作用下的平面内力学性能进行弹性分析和验证。Alinia 等[35]采用有限元方法分析了加劲形式(单向或双向)、加劲肋刚度、间距等对加劲薄钢板剪力墙性能的影响,以及单侧设置加劲肋的薄钢板剪力墙在单向荷载作用下的加劲肋设计。Alavi 等[36]对 3 个 1:2 比例的单层钢板剪力墙试件进行了拟静力试验,其中一个试件为非加劲钢板剪力墙,另外两个试件为斜加劲钢板剪力墙,斜加劲钢板剪力墙中有一个试件在钢板剪力墙中间开了直径为钢板墙高度 1/3 的洞。结果表明,斜加劲形式非常适用于中间开洞钢板剪力墙,该形式不仅可以提高强度、刚度,而且施工简单方便。在国内,陈国栋等[37-39]采用有限元方法分析了各种参数对非加劲、十字加劲和全加劲两侧开缝薄钢板剪力墙抗剪性能的影响,初步提出了薄钢板剪力墙承载力的简化设计公式。对 6 个 1:3 比例的非加劲、十字加劲和斜加劲薄钢板剪力墙模型进行了低周反复荷载试验。结果表明,边柱不出现局部屈曲是薄钢板剪力墙发挥极限承载力的重要保证,斜加劲薄钢板剪力墙的承载力和滞回性能最佳。郝际平团队[40-43]分别对不同加劲形式、不同边框形式及多层非加劲薄钢板剪力墙进行了拟静力试验和理论研究,提出了薄钢板剪力墙的弹塑性刚度计算方法和极限承载力计算公式,采用修正的三线性斜拉杆模型模拟了试验骨架曲线。研究表明，框架边框柱不失稳是薄钢板剪力墙发挥屈曲后强度的重要保证，方形边框内填十字加劲薄钢板剪力墙是一种合理的构造形式。王先铁等[44]采用 ABAQUS 分别对方钢管混凝土框架十字加劲薄钢板剪力墙和非加劲薄钢板剪力墙进行了数值分析，对二者的受力特征、刚度、极限承载力、剪力分配及柱子的受力特征进行了研究。结果表明，肋板刚度比为 30 时，十字加劲能够提高钢板剪力墙结构的弹性屈曲荷载、刚度和承载力。加载初期钢板剪力墙承担了大部分剪力，随后墙板承担剪力比例下降，框架承担比例上升。

目前国内外的规范、规程中均认为钢板剪力墙结构仅承受水平荷载，未考虑竖向荷载作用下钢板剪力墙的屈曲问题，而钢板剪力墙在竖向荷载作用下若提前发生屈曲，将影响其抗震性能。聂建国等[45]根据能量原理推导了竖向加劲钢板剪力墙弹性屈曲应力的简化计算公式，分析了钢板剪力墙高宽比、加劲肋数量、肋板刚度比、肋板面积比等因素对钢板剪力墙竖向屈曲系数的影响。结果表明，在竖向加劲肋刚度阈值内配置加劲肋，可有效防止钢板剪力墙在竖向荷载作用下发生屈曲，相关研究成果已成功用于天津津塔工程。童根树等[46]采用有限元法，对处于局部承压与剪切共同作用、局部承压与弯曲共同作用、剪切与弯曲共同作用下的四边简支矩形板进行分析，并进行了各种应力作用下屈曲波形的形状分析，局部承压、弯曲与剪切共同作用下钢板剪力墙的弹性屈曲分析，提出了相关关系公式。宋文俊[47]利用有限元软件 ABAQUS 研究了竖向荷载对钢板剪力墙性能的影响，分析了加劲钢板剪力墙在剪力和非均匀压力共同作用时加劲肋的阈值刚度，提出了相应的计算公式。结果表明，加劲钢板剪力墙中竖向荷载的存在会降低其水平承载能力和初始刚度。

钢板剪力墙的加劲肋常采用板条形式。试验研究表明，钢板剪力墙屈曲后加劲肋本身破坏很严重，对钢板剪力墙后期的强度和刚度会产生不利影响，即屈曲后阶段的加劲效果不理想。在天津津塔和天津国际金融酒店会议中心工程中，首次采用竖向槽钢作为钢板剪力墙的加劲肋，槽钢加劲肋可对钢板剪力墙提供扭转约束，显著提高钢板剪力墙的剪切临界应力。童根树等[48]研究了采用竖向槽钢加劲肋钢板剪力墙的屈曲性能，得到了合理的竖向槽钢加劲肋门槛刚度。

1.2.3 开洞钢板剪力墙的研究现状

欲充分发挥薄钢板剪力墙的屈曲后强度，要求柱子必须具有足够的强度和刚度，柱子过早失效将严重影响钢板剪力墙性能的充分发挥。为防止钢板剪力墙"拉力场"水平分力导致框架柱产生"沙漏"现象，1994 年，Xue 等[49]进行了 4 个 3 跨 12 层薄钢板剪力墙的试验研究。4 个模型的边柱与梁都采用刚性连接，中柱与梁分为刚接和铰接两种情况。内填钢板剪力墙与框架的连接也分为两种：一种是钢板剪力墙与梁柱都连接，另一种是钢板剪力墙只与梁连接。结果表明，钢板剪力墙只与梁连接时，其受力性能优于与梁和柱都连接的情况，当钢板剪力墙不与柱子连接时，层间剪力主要由钢板剪力墙承担，因此可以认为它更有效地发挥了其抗剪性能。同年，Xue 等[50]又进行了 20 个单跨单层的钢板剪力墙试验。试件梁柱连接为铰接，且钢板剪力墙只与梁连接。结果表明，钢板剪力墙的高厚比对抗剪性能的影响很大，同时提出了荷载-位移曲线的简化公式。Hitaka 等[51]对 4 组42 个两边连接开竖缝钢板剪力墙进行了单调加载试验和拟静力试验。Choi 等[52]对不同类型的钢板剪力墙结构进行了试验研究和理论分析，研究了四边焊接钢板剪力墙、两边焊接钢板剪力墙、四边螺栓连接钢板剪力墙和中部开洞连肢钢板剪力墙的抗震性能。为满足建筑使用功能要求，Vian 等[53,54]设计了两类新型开洞钢板剪力墙，即在墙板中部开设多个圆洞和在角部开设四分之一圆洞的钢板剪力墙。结果表明，两类新型开洞钢板剪力墙均具有良好的延性，洞口不会影响钢板剪力墙屈曲后拉力场的形成和发展，洞口可以控制钢板剪力墙分担水平荷载的比例。

　　国内对钢框架内填两边连接钢板剪力墙的研究较多。郭彦林等[55]和缪友武[56]基于刚性边界假定，对 3 种两边开洞钢板剪力墙的弹性屈曲和弹塑性性能进行了数值分析。通过弹性屈曲分析，考察了肋板刚度比、钢板剪力墙边长比和加劲肋宽厚比对屈曲性能的影响，得到了非加劲、两侧加劲开洞钢板剪力墙的屈曲系数计算公式，以及两侧加劲、全加劲开洞钢板剪力墙加劲肋的设计公式。通过静力弹塑性分析，研究了 3 种两边开洞钢板剪力墙的应力、变形分布规律，破坏特征及荷载-位移曲线，考察了加劲肋、钢板剪力墙高厚比和边长比对结构性能的影响。郝际平等[57]、李戈[58]、李峰等[59,60]的研究表明，设置十字加劲肋，可大幅度提高结构的刚度和承载力，钢板墙开设洞口或竖缝之后耗能能力显著提高。马欣伯等[61-63]、郭兰慧等[64,65]对两边连接的钢板剪力墙、开缝钢板剪力墙和组合剪力墙进行了拟静力试验和数值分析，对比了两边连接钢板剪力墙的侧边加劲刚度对结构性能的影响，得到了两边连接钢板剪力墙和组合剪力墙的抗剪承载力-位移简化曲线模型，并利用双向偏心支撑模型建立了该结构体系的简化分析模型。兰涛等[66]利用有限元软件 ANSYS 研究了焊接残余应力和残余变形对开洞钢板剪力墙受力性能的影响。结果表明，残余应力和变形导致开洞钢板剪力墙极限抗剪承载力和结构延性降低，在焊接作用下，开洞钢板剪力墙进入弹塑性阶段后仍具有较好的耗能能力。朱力等[67]以天津国际金融酒店会议中心工程核心筒的钢板剪力墙为原型，对 3 个 1∶5 比例的单跨三层试件进行了拟静力试验，并结合试验和数值计算，研究了钢板剪力墙开洞对结构侧向刚度的影响，提出了用于计算开洞钢板剪力墙厚度折减率的简化计算公式。王先铁等[68-74]对不同类型的方钢管混凝土框架-开洞钢板剪力墙结构进行了拟静力试验,研究了方钢管混凝土框架-开洞钢板剪力墙结构的抗震性能,选用未开洞钢板剪力墙结构作为对比试件。试验结果表明:在往复水平荷载作用下,未开洞薄钢板剪力墙试件与开洞钢板剪力墙试件能够发挥墙板的屈曲后强度。中部开洞钢板剪力墙试件的墙板被加劲肋分隔成宽厚比较小的小区格后,墙板屈曲与屈服几乎同时发生,方钢管混凝土框架为钢板剪力墙提供了良好的锚固作用。

综上所述,国内外研究者对薄钢板剪力墙进行了深入的研究,但多数研究集中于 H 型钢作为钢板剪力墙竖向边缘构件和单独研究钢板剪力墙的力学性能,对于以方钢管混凝土柱作为薄钢板剪力墙竖向边缘构件的研究很少,亦未提出方钢管混凝土竖向边缘构件的刚度需求。同时,尚未研究方钢管混凝土柱对钢板剪力墙拉力场的影响,以及钢板剪力墙屈曲后拉力场对方钢管混凝土柱的影响。国内外对开洞钢板剪力墙进行了一定的理论分析和试验研究,但目前尚处于起步阶段,未深入研究加劲肋对开洞钢板剪力墙结构性能的影响。本书作者结合方钢管混凝土框架的特点,基于试验研究、数值模拟和理论分析,对方钢管混凝土框架内置开洞钢板剪力墙结构的力学性能进行研究,同时针对边缘构件进行受力分析,提出设计方法。

1.2.4 组合剪力墙的研究现状

美国加州大学伯克利分校的 Astaneh[12]于 2002 年提出了采用预制混凝土板的钢板-混凝土组合剪力墙,根据混凝土板是否参与抗剪分为“传统型”和“改进型”,并对采用预制混凝土盖板的组合剪力墙进行了 2 个三层 1:2 模型的试验研究。日本九州大学的 Hitaka 等提出以开缝钢板剪力墙为基础,钢板两侧外夹混凝土板,形成开缝钢板组合剪力墙[75,76]。开缝钢板剪力墙两侧布置的混凝土板限制了钢板的整体屈曲和局部屈曲,并通过试验验证了上述方法的可行性。2009 年,伊朗石油工业研究所 Rahai 等[77]应用有限元方法研究了组合剪力墙抗剪栓钉间距、中梁刚度以及梁、柱连接方式对组合剪力墙性能的影响,对 3 个组合剪力墙进行了试验研究。结果表明,适当增大抗剪栓钉间距虽然降低了刚度,但同时能增加结构的延性;中梁刚度和梁、柱连接方式对组合剪力墙影响较小。

国内主要针对四边连接和两边连接组合剪力墙开展研究。同济大学李国强等[78]于 1995 年进行了 3 个钢板外包混凝土剪力墙和 1 个钢板剪力墙板的模型试验。结果表明,与钢板剪力墙相比,组合剪力墙具有良好的稳定性和延性,同时其刚度和强度也明显提高。管娜[79]和马伯欣等[80,81]进行了两类共 7 个两边连接(开缝)组合剪力墙在往复荷载作用下的滞回性能试验。结果表明,两边连接组合剪力墙具有较高的初始刚度、耗能能力和延性，合理的混凝土板设计对后期提高组合剪力墙的刚度和承载力有较大的作用，在角部设置短加劲肋对防止局部失稳有较大作用。董全利[82]和郭彦林等[83-85]通过理论和数值分析并结合相关理论给出了防屈曲钢板剪力墙的初始刚度和抗剪极限承载力的计算公式；同时进行了 7 个单层剪力墙（4 个防屈曲剪力墙、2 个钢板剪力墙和 1 个传统组合剪力墙）和 3 个两层剪力墙（防屈曲剪力墙、组合剪力墙和钢板剪力墙各一个）的试验研究。结果表明：防屈曲钢板剪力墙能够有效保护混凝土盖板免遭破坏，并且具有较为饱满的滞回曲线，良好的延性和耗能能力。

1.3 钢板剪力墙的应用与发展

1.3.1 钢板剪力墙的应用

采用钢板剪力墙作为抗侧力结构构件的建筑主要位于北美洲和日本等地震烈度较高的地区，其结构形式包括非加劲钢板剪力墙、加劲钢板剪力墙、开缝钢板剪力墙等。

1970 年在东京建造完工的 Nippon Steel Building 是最早采用钢板剪力墙的建筑。钢板剪力墙只承担水平荷载，在设计荷载作用下不允许屈曲，水平和竖向加劲肋均为槽钢。与钢框架-支撑结构相比，钢板剪力墙能减少用钢量。1978 年，日本建造了一幢 53 层的螺栓连接钢板剪力墙结构，剪力墙一边竖向加劲，另一边水平加劲。由于螺栓连接精度要求较高，施工不便，且工作量大，建议以后的设计中采用焊接钢板剪力墙[86]。

在北美洲，许多高层建筑由于建筑外形不规则，投资商不愿采用混凝土结构，且采用钢结构能减小底层构件截面尺寸，增大使用空间并缩短施工周期，因此多采用钢板剪力墙结构体系。例如，位于美国达拉斯的 Hyatt Regency Hotel，该建筑 30 层高 105m，长轴方向采用钢框架-支撑体系，短轴方向采用钢板剪力墙，最大钢板厚度为 38mm[87]，而如果采用常规的钢筋混凝土剪力墙，则至少需要 600mm 厚的墙体。位于美国加州的 6 层 Sylmar County Hospital 是在高烈度地区用钢板剪力墙加固重要建筑的一个工程实例。该建筑下部两层采用钢筋混凝土剪力墙，上部四层采用钢板剪力墙，钢板剪力墙与焊接在柱上的连接板螺栓连接。水平梁和加劲肋均采用双槽钢形成闭口截面以增强抗扭性能，整体屈曲与局部屈曲应力相等，不考虑钢板剪力墙屈曲后强度，而仅仅作为抗震设计的安全储备[88]。该建筑经历了 1987 年的 Whittier 地震和 1994 年的 Northridge 地震后，主要受力构件并没有发生破坏，仅在钢板剪力墙周边一些焊缝发现微小裂纹，表明钢板剪力墙是一种十分优异的抗震耗能构件。

目前已建成的采用钢板剪力墙的建筑在地震作用中表现良好，最为成功的一例是日本的神户市政厅。该楼 35 层高 129m，于 1988 年建成，地下三层采用钢筋混凝土剪力墙，上部二层采用组合钢板剪力墙，三层以上采用钢板剪力墙。该建筑经历了 1995 年的 Kobe 地震，没有明显的破坏。震后研究表明，结构在 24～28 层形成软弱层，主要破坏为 26 层的局部屈曲和顶层向北 225mm、向西 35mm 的侧移[89]，而紧邻神户市政厅的一座 8 层钢筋混凝土建筑其中一层被压扁，上部三层整体坍塌并且水平方向滑出较大距离。

我国目前采用钢板剪力墙的结构较少，1989 年建成的上海新锦江饭店（图 1.6）是我国第一栋采用钢板剪力墙的建筑。该建筑共 43 层高 154m，结构核心筒 22 层以上采用 K 字型支撑结构，22 层以下采用钢板剪力墙结构，钢板厚度达到 100mm[90]。

天津津塔（图 1.7）是目前世界上最高的应用钢板剪力墙的建筑。该建筑平面呈椭圆形，地上 75 层，总高度 336.9m，主体结构采用钢管混凝土柱型钢梁框架内嵌钢板剪力墙，具有较高的抗侧刚度和良好的延性。内嵌钢板厚度由底部的 25mm 向上依次减小为 22mm、20mm 和 18mm，标准层高 4.2m，钢板剪力墙的高厚比在 168～233[91]。在施工过程中由于工序的原因钢板剪力墙承受了一定程度的竖向荷载，因此在钢板剪力墙表面焊接一些竖向加劲肋防止钢板剪力墙被竖向荷载压屈。

图 1.6　上海新锦江饭店

图 1.7　天津津塔

1.3.2　钢板剪力墙的发展

钢板剪力墙具有抗侧刚度大、延性好、耗能能力强的优点，其作为一种新型抗侧力构件在高层钢结构建筑中逐渐得到应用。早期的钢板剪力墙厚度较大，经济性较差，影响了其在实际工程中的应用。在近 20 年中，钢板剪力墙逐渐发展为在其两侧设置纵向和横向加劲肋的加劲钢板剪力墙[89]，以防止钢板剪力墙过早发生整体屈曲，并利用其在平面内受力时的抗剪和耗能性能。此后，多采用将钢板条直接焊接于钢板剪力墙两侧，形成加劲网格的"全加劲"钢板剪力墙，加劲网格可确保网格内的钢板不发生剪切屈曲，但焊接工作量较大。随着研究的不断深入，薄腹梁中利用腹板屈曲后强度的"张力场"理论被应用于薄钢板剪力墙，显著减小了钢板剪力墙的厚度，提高了其经济性。近十余年来，薄钢板剪力墙成为国内外研究的热点。随着钢板剪力墙在工程中逐渐得到应用，其研究亦呈多元化方向发展，双钢板-混凝土组合剪力墙、防屈曲钢板剪力墙、波纹钢板剪力墙、钢板剪力墙自复位结构及其他改进形式钢板剪力墙等受到诸多研究者的关注。

可以预见，结合了方钢管混凝土和钢板剪力墙两种具有优异力学性能和良好经济性的新型结构将在工程中得到越来越广泛的应用，并将取得良好的经济效益和社会效益。

1.4　本书的主要内容

本书主要论述作者对方钢管混凝土框架内置开洞钢板剪力墙结构的受力性能、抗震机理和设计方法研究，具体内容包括：

（1）介绍钢板剪力墙的分类和国内外研究现状，以及钢板剪力墙的应用与发展情况。

（2）针对 3 种不同开洞形式（中部开洞、单侧开洞、两侧开洞）的方钢管混凝土框架内置钢板剪力墙进行抗震性能试验研究，并与未开洞钢板剪力墙试验结果进行对比，研究方钢管混凝土框架内置开洞钢板剪力墙的抗震性能。

（3）对方钢管混凝土框架内置开洞钢板剪力墙进行非线性有限元分析，结合试验结果，研究其受力机理，分析不同参数对方钢管混凝土框架内置开洞钢板剪力墙抗震性能的影响。

（4）研究钢板剪力墙竖向边缘构件的刚度限值，分析比较方钢管混凝土竖向边缘构件的不同加劲措施，提出方钢管混凝土竖向边缘构件合理的构造建议。对开洞钢板剪力墙水平边缘构件和洞口加劲肋进行受力分析，提出钢板剪力墙边缘构件和洞口加劲肋的设计方法。

（5）分析方钢管混凝土框架内置开洞钢板剪力墙的破坏模式，提出其抗剪承载力计算模型和抗剪承载力计算方法。

（6）介绍钢板剪力墙的典型工程应用。

参 考 文 献

[1]　包世华. 新编高层建筑结构[M]. 北京：中国水利水电出版社，2005.

[2]　郭彦林，董全利. 钢板剪力墙的发展与研究现状[J]. 钢结构，2005，20(1)：1-6.

[3]　郭兰慧，李然，张素梅. 薄钢板剪力墙简化分析模型[J]. 工程力学，2013，30(6)：149-153.

[4]　郭彦林，周明. 钢板剪力墙的分类及性能[J]. 建筑科学与工程学报，2009，26(3)：1-13.

[5]　曹春华. 斜加劲钢板剪力墙性能研究[D]. 西安：西安建筑科技大学博士学位论文，2008.

[6]　HITAKAT，MATSUI C. Experimental study on steel shear wall with slits[J]. Journal of Structural Engineering，2003，129(5)：586-595.

[7]　曹春华，郝际平，王迎春，等. 开缝薄钢板剪力墙低周反复荷载试验研究[J]. 西安建筑科技大学学报(自然科学版)，2008，40(1)：46-52.

[8]　HAO J P，CAO C H，LI F，et al. Experimental study on thin steel plate shear walls with slits[C]//International Symposium on Innovation & Sustainability of Structures in Civil Engineering(ISISS'2007)，Shanghai，2007：631-638.

[9]　蒋路，陈以一，卞宗舒. 足尺带缝钢板剪力墙低周往复加载试验研究 I [J]. 建筑结构学报，2009，30(5)：57-64.

[10]　蒋路，陈以一，卞宗舒. 足尺带缝钢板剪力墙低周往复加载试验研究 II [J]. 建筑结构学报，2009，30(5)：65-71.

[11]　郭彦林，董全利，周明. 防屈曲钢板剪力墙滞回性能理论与试验研究[J]. 建筑结构学报，2009，30(1)：31-39.

[12]　ASTANEH-ASL A. Seismic behavior and design of composite steel plate shear walls[R]. Moraga：Structural Steel Educational Council，2002：7-8.

[13]　ZHAO Q H. Experimental and analytical studies of cyclic behavior of steel and composite shear wall systems[D]. Berkeley：University of California，2006：1-30.

[14]　THORBURN L J，KULAK G L，MONTGOMERY C J. Analysis of steel plate shear walls[R]. Structural Engineering Report No. 107，Department of Civil Engineering，University of Alberta，Edmonton，Alberta，Canada，1983.

[15]　BERMAN J，BRUNEAU M. Plastic analysis and design of steel plate shear walls[J]. Journal of Structural Engineering，2003，129(11)：1488-1456.

[16]　SABOURI-GHOMI S，VENTURA C E，KHARRAZI K. Shear analysis and design of ductile steel plate walls[J]. Journal of Structural Engineering，2005，131(6)：878-889.

[17]　KHARRAZI M H K，PRION H G L，VENTURA C E. Implementation of M-PFI method in design of steel plate walls[J]. Journal of Constructional Steel Research，2008，64(4)：465-479.

[18]　ROBERTS M，SABOURI-GHOMI S. Hysteretic characteristics of unstiffened plate shear panels[J]. Thin-Walled Structures，1991，12(2)：145-162.

[19]　ROBERTS M，SABOURI-GHOMI S. Hysteretic characteristics of unstiffened perforated steel plate shear panels[J]. Thin-Walled Structures，1992，14(2)：139-151.

[20] SABOURI-GHOMI S，ROBERTS M．Nonlinear dynamic analysis of steel plate shear walls including shear and bending deformations[J]．Engineering Structures，1992，14(5)：309-317．

[21] CACCESE V，ELGAALY M，CHEN R．Experimental study of thin steel-plate shear walls under cyclic loading[J]．Journal of Structural Engineering，1993，119(2)：573-587．

[22] ELGAALY M，CACCESE V，DU C．Postbuckling behavior of steel plate shear walls under cyclic loads[J]．Journal of Structural Engineering，1993，119(2)：588-605．

[23] ELGAALY M，LIU Y B．Analysis of thin steel plate shear walls[J]．Journal of Structural Engineering，1997，123(11)：1487-1496．

[24] DRIVER R，KULAK G，KENNEDY L，et al．Cyclic test of four-story steel plate shear wall[J]．Journal of Structural Engineering，1998，124(2)：112-120．

[25] REZAI M．Seismic behavior of steel plate shear walls by shake table testing[D]．Vancouver：University of British Columbia，1999．

[26] QU B，BRUNEAU M，LIN C H，et al．Testing of full-scale two-story steel plate shear wall with reduced beam section connections and composite floors[J]．Journal of Structural Engineering，2003，134(3)：364-373．

[27] 苏幼坡，刘英利，王绍杰．薄钢板剪力墙抗震性能试验研究[J]．地震工程与工程振动，2002，22(4)：81-84．

[28] 邵建华，顾强，申永康．多层钢板剪力墙水平荷载作用下结构性能的有限元分析[J]．工程力学，2008，25(6)：140-145．

[29] 邵建华，顾强，申永康．钢板剪力墙抗震性能的有限元分析[J]．华南理工大学学报(自然科学版)，2008，36(1)：128-133．

[30] 王先铁，马尤苏夫，郝际平，等．钢板剪力墙边缘构件的计算方法研究[J]．工程力学，2014，31(8)：175-182．

[31] 曹万林，李刚，张建伟，等．钢管混凝土边框不同高厚比钢板剪力墙抗震性能[J]．北京工业大学学报，2010，36(8)：1059-1068．

[32] 郭兰慧，李然，范峰，等．钢管混凝土框架-钢板剪力墙结构滞回性能研究[J]．土木工程学报，2012，45(11)：69-78．

[33] 李然．钢板剪力墙与组合剪力墙滞回性能研究[D]．哈尔滨：哈尔滨工业大学博士学位论文，2011．

[34] TAKAHASH T，TAKEMOTO Y．Experimental study on thin steel shear walls and particular bracing under alternative horizontal load[C]// Proceedings of international association for bridge and structural engineering．Lisbon：IABSE Symposium，1973：185-191．

[35] ALINIA M M，DASTFAN M．Cyclic behavior，deformability and rigidity of stiffened steel shear panels[J]．Journal of Constructional Steel Research，2007，63(4)：554-563．

[36] ALAVI E，NATEGJI F．Experimental study on diagonally stiffened steel plate shear walls with central perforation[J]．Journal of Construction Steel Research，2013，89：9-20．

[37] 陈国栋，郭彦林．非加劲板抗剪极限承载力[J]．工程力学，2003，20(2)：49-54．

[38] 陈国栋，郭彦林．十字加劲钢板剪力墙的抗剪极限承载力[J]．建筑结构学报，2004，25(1)：71-78．

[39] 陈国栋，郭彦林，范珍，等．钢板剪力墙低周反复荷载试验研究[J]．建筑结构学报，2004，25(2)：19-26．

[40] 王迎春，郝际平，曹春华，等．栓焊混合连接钢板剪力墙试验研究[J]．建筑钢结构进展，2009，11(1)：16-20．

[41] 王迎春，郝际平，李峰，等．钢板剪力墙力学性能研究[J]．西安建筑科技大学学报(自然科学版)，2007，39(2)：181-186．

[42] 曹春华，郝际平，杨丽，等. 钢板剪力墙弹塑性分析[J]. 建筑结构，2007，37(10)：53-56.

[43] 曹春华，郝际平，王迎春，等. 开缝薄钢板剪力墙低周反复荷载试验研究[J]. 西安建筑科技大学学报(自然科学版)，2008，40(1)：46-52.

[44] 王先铁，白连平，郝际平. 方钢管混凝土框架-十字加劲薄钢板剪力墙的力学性能研究[J]. 地震工程与工程振动，2013，33(2)：111-117.

[45] 聂建国，黄远，樊建生. 钢板剪力墙结构竖向防屈曲简化设计方法[J]. 建筑结构，2010，40(4)：1-4.

[46] 童根树，陶文登，张磊. 四边简支矩形板在局部承压、弯曲与剪切联合作用下的弹性屈曲[J]. 工业建筑，2013，43(4)：22-27.

[47] 宋文俊. 竖向荷载对钢板剪力墙性能的影响及钢板剪力墙边缘构件受力性能研究[D]. 西安：西安建筑科技大学硕士学位论文，2016.

[48] 童根树，陶文登. 竖向槽钢加劲钢板剪力墙剪切屈曲[J]. 工程力学，2013，30(9)：1-9.

[49] XUE M，LU L W. Interaction of infilled steel shear wall panels with surrounding frame members[R]. Proceedings，1994 Annual Task Group Technical Session，Structural Stability Research Council：reports on current research activities，Bethlehem：Lehigh University，1994.

[50] XUE M，LU L W. Monotonic and cyclic behavior of infilled steel shear panels[C]//The 17th Czech and Slovak International Conference on Steel Structures and Bridges，Bratislava，Slovakia，1994.

[51] HITAKA T，MATSUI C. Experimental study on steel shear wall with slits[J]. Journal of Structural Engineering，2003，129(5)：586-595.

[52] CHOI I R，PARK H G. Steel plate shear walls with various infill plate designs[J]. Journal of Structural Engineering，2009，135(7)：785-796.

[53] VIAN D，BRUNEAU M，TSAI K C，et al. Special perforated steel plate shear walls with reduced beam section anchor beams. I：experimental investigation[J]. Journal of Structural Engineering，2009，135(3)：211-220.

[54] VIAN D，BRUNEAU M，PURBA R. Special perforated steel plate shear walls with reduced beam section anchor beams. II：analysis and design recommendations[J]. Journal of Structural Engineering，2009，135(3)：221-228.

[55] 郭彦林，缪友武，董全利. 全加劲两侧开缝钢板剪力墙弹性屈曲研究[J]. 建筑钢结构进展，2007，9(3)：58-62.

[56] 缪友武. 两侧开缝钢板剪力墙结构性能研究[D]. 北京：清华大学硕士学位论文，2004.

[57] 郝际平，曹春华，王迎春，等. 开洞薄钢板剪力墙低周反复荷载试验研究[J]. 地震工程与工程振动，2009，29(2)：79-85.

[58] 李戈. 开洞钢板剪力墙的试验与理论研究[D]. 西安：西安建筑科技大学硕士学位论文，2008.

[59] 李峰，李慎，郭宏超，等. 钢板剪力墙抗震性能的试验研究[J]. 西安建筑科技大学学报(自然科学版)，2011，43(5)：623-630.

[60] 李峰. 钢板剪力墙抗震性能的试验与理论研究[D]. 西安：西安建筑科技大学博士学位论文，2011.

[61] 马欣伯，张素梅，郭兰慧，等. 两边连接钢板混凝土组合剪力墙简化分析模型[J]. 西安建筑科技大学学报(自然科学版)，2009，14(3)：352-357.

[62] 马欣伯. 两边连接钢板剪力墙及组合剪力墙抗震性能研究[D]. 哈尔滨：哈尔滨工业大学博士学位论文，2009.

[63] 马欣伯，张素梅，郭兰慧. 两边连接钢板剪力墙试验与理论分析[J]. 天津大学学报，2010，43(8)：697-704.

[64] 郭兰慧，马欣伯，张素梅. 两边连接钢板混凝土组合剪力墙端部构造措施试验研究[J]. 工程力学，2012，29(8)：150-158.

[65] 郭兰慧，马欣伯，张素梅. 两边连接开缝钢板剪力墙的试验研究[J]. 工程力学，2012，29(3)：133-142.

[66] 兰涛，郭彦林，郝际平，等. 焊接应力对开洞钢板剪力墙极限承载力的影响[J]. 施工技术，2011，40(6)：62-65.

[67] 朱力，聂建国，樊健生. 开洞钢板剪力墙的抗侧刚度分析[J]. 工程力学，2013，30(9)：200-210.

[68] 王先铁，刘立达，田黎敏，等. 方钢管混凝土框架-薄钢板剪力墙抗震性能试验研究[J]. 钢结构，2015，30(12)：1-7.

[69] 王先铁，贾贵强，杨航东，等. 方钢管混凝土框架-两边连接薄钢板剪力墙的抗震性能试验研究[J]. 建筑结构，2015，45(10)：10-16.

[70] 王先铁，周超，贾贵强，等. 方钢管混凝土柱框架内置中间开洞薄钢板墙结构抗震性能试验研究[J]. 建筑结构学报，2015，36(8)：16-23.

[71] 王先铁，贾贵强，周超，等. 方钢管混凝土框架-中间开洞薄钢板剪力墙抗侧承载力研究[J]. 建筑结构学报，2015，36(S1)：67-73.

[72] 王先铁，王东石，李海广，等. 方钢管混凝土框架-单侧开洞薄钢板剪力墙滞回性能研究[J]. 西安建筑科技大学学报(自然科学版)，2015，47(3)：333-340.

[73] 王先铁，储召文，杨航东，等. 方钢管混凝土框架-两侧开洞薄钢板剪力墙的力学性能研究[J]. 西安建筑科技大学学报(自然科学版)，2015，47(5)：635-641.

[74] 王先铁，刘立达，周超，等. 方钢管混凝土框架-中间开洞薄钢板剪力墙的力学性能研究[J]. 建筑结构，2016，46(2)：43-48.

[75] HITAKA T，MATSUI C，TSUDA K，et al. Elastic-plastic behavior of building steel frame incorporation steel bearing wall with slits[J]. Journal of Structural & Construction Engineering，2000，65(534)：153-160.

[76] HITAKA T，MATSUI C，SAKAI J. Cyclic tests on steel and concrete-filled tube frames with slit walls[J]. Earthquake Engineering and Structural Dynamics，2007，36(6)：707-727.

[77] RAHAI A，RATAMI F. Evaluation of composite shear wall behavior under cyclic loading[J]. Journal of Constructional Steel Research，2009，65(7)：1528-1537.

[78] 李国强，张晓光，沈祖炎. 钢板外包混凝土剪力墙板抗剪滞回性能试验研究[J]. 工业建筑，1995，25(6)：32-35.

[79] 管娜. 两边连接钢板混凝土组合剪力墙试验研究与理论分析[D]. 哈尔滨：哈尔滨工业大学硕士学位论文，2008：20-54.

[80] 马欣伯，张素梅，郭兰慧，等. 两边连接钢板混凝土组合剪力墙简化分析模型[J]. 西安建筑科技大学学报(自然科学版)，2009，41(3)：352-357.

[81] 马欣伯，张素梅，郭兰慧，等. 两边连接钢板剪力墙试验研究与理论分析[J]. 天津大学学报，2010，48(8)：697-704.

[82] 董全利. 防屈曲钢板剪力墙结构性能与设计方法研究[D]. 北京：清华大学硕士学位论文，2007：131-175.

[83] 郭彦林，周明，董全利. 防屈曲钢板剪力墙弹塑性抗剪极限承载力与滞回性能研究[J]. 工程力学，2009，26(2)：108-114.

[84] 郭彦林，董全利，周明. 防屈曲钢板剪力墙弹性性能及混凝土盖板约束刚度研究[J]. 建筑结构学报，2009，30(1)：40-47.

[85] 郭彦林，董全利，周明. 防屈曲钢板剪力墙滞回性能理论与试验研究[J]. 建筑结构学报，2009，30(1)：31-39.

[86] American Institute of steel Construction. Steel Design Guide 20：Steel Plate Shear Walls[M]. USA：AISC，2007.

[87] TORY R，RICHARD R. Steel plate shear walls resist lateral load，cut costs[J]. Civil Engineering-ASCE，1979，49(2)：53-55.

[88] DU C. Nonlinear response of thin steel plate structures subjected to static，cyclic，and dynamic loads[D]. Maine：University of Maine，1991：5-20.

[89] FUJITANI H，YAMANOUCHI H，OKAWA I，et al. Damage and performance of tall buildings in the 1995 Hyogoken Nanbu earthquake[C]//Proceedings of the 67th Regional Conference，Council on Tall Building and Urban Habitat，Chicago，1998：103-125.

[90] 上海市地方志办公室. 上海建筑施工志[EB/OL]. (2006-03-14)[2010-01-20]. http：//www. shtong. gov. cn/node2/node2245/node69543/node69551/node69609/node69631/userobject1ai68137. html.

[91] 聂建国. 钢-混凝土组合结构原理与实例[M]. 北京：科学出版社，2009：388-391.

第2章 方钢管混凝土框架内置开洞钢板剪力墙的抗震性能试验研究

2.1 试 验 设 计

2.1.1 试验目的

通过对方钢管混凝土框架内置开洞钢板剪力墙试件的低周往复荷载试验，研究开洞钢板剪力墙结构的抗震性能，拟达到以下目的：

（1）对比中部开洞、单侧开洞及两侧开洞钢板剪力墙与未开洞薄钢板剪力墙的承载力、刚度、延性和耗能能力。

（2）观察开洞钢板剪力墙在水平往复荷载作用下拉力带的发展过程以及钢板剪力墙对周边框架的影响。监测开洞钢板剪力墙结构在加载过程中的受力与变形情况，了解方钢管混凝土框架内置开洞钢板剪力墙结构的受力机理、破坏过程和破坏形态。

（3）利用试验结果检验有限元分析结果，为理论研究与有限元分析提供试验支持。

2.1.2 试件设计与制作

参考天津津塔结构尺寸，设计了 4 个 1:3 比例的单跨两层试件。其中 3 个为开洞钢板剪力墙试件，分别为中部开洞钢板剪力墙（SPSW-CO），单侧开洞钢板剪力墙（SPSW-SO），两侧开洞钢板剪力墙（SPSW-BSO）。另一个为未开洞钢板剪力墙对比试件（SPSW-BS）。4 个试件均由方钢管混凝土柱-H 型钢梁框架与钢板剪力墙组成，所有试件的框架完全相同。构件的几何尺寸见表 2.1 与图 2.1。

表 2.1　试件几何尺寸　　　　　　　　　　　　（单位：mm）

跨度	总高	层高	中洞宽度	中洞高度	单侧洞宽度	两侧洞宽度
1350	3780	1400	400	700	400	100

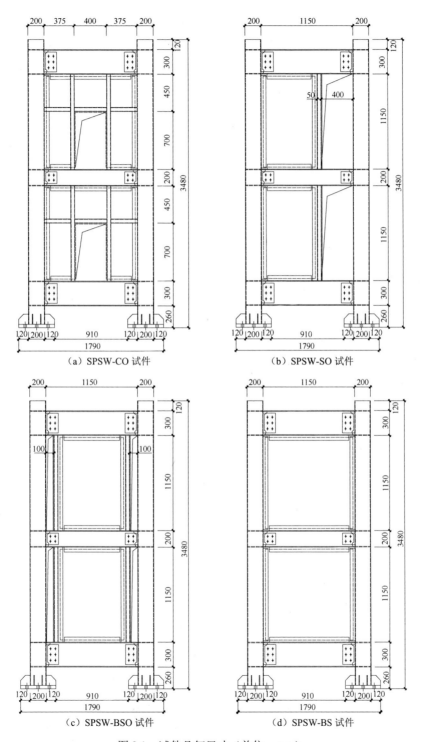

（a）SPSW-CO 试件　　　　　　　（b）SPSW-SO 试件

（c）SPSW-BSO 试件　　　　　　　（d）SPSW-BS 试件

图 2.1　试件几何尺寸（单位：mm）

设计构件截面尺寸时，应同时考虑加工条件、钢板剪力墙充分形成拉力场所需的框架截面及实验室的加载能力。试件钢材均选用 Q235B，混凝土标号为 C30。美国钢结构抗震规范 ANSI/AISC 341-10[1]要求在开洞钢板剪力墙的洞口四周设置贯通的纵、横向局部边缘构件进行加强，承担钢板剪力墙屈曲后拉力场作用。研究表明，将加劲肋设计为槽形截面，贴焊于钢板剪力墙两侧，加劲肋可对钢板剪力墙提供扭转约束，显著提高钢板剪力墙的剪切临界应力[2]。因此，本章采用贴焊于钢板两侧的槽钢对洞口周边加劲。当加劲肋具有足够的刚度时，钢板剪力墙宽厚比可按加劲后的小区格宽厚比考虑，试件 SPSW-CO、试件 SPSW-SO、试件 SPSW-BSO 与试件 SPSW-BS 的宽厚比分别为 133、233、283 和 383。框架和内填钢板的截面尺寸见表 2.2。

表 2.2　试件截面尺寸

钢管/（mm×mm）	底梁、顶梁/（mm×mm×mm×mm）	中梁/（mm×mm×mm×mm）	钢板厚/mm	加劲肋
□200×6	H300×150×10×12	H200×100×10×12	3	槽5

方钢管混凝土柱-H 型钢梁框架的梁柱连接节点采用栓焊连接，钢梁翼缘与方钢管采用带引弧板的坡口焊，腹板与方钢管采用 8.8 级 M18 高强螺栓连接，节点区钢管设置内隔板。柱脚采用钢结构工程中常用的外露式节点，通过 10.9 级 M30 高强螺栓与地梁连接。

因钢管截面尺寸较小，焊接操作不易，采用常规焊接方法需将钢管截断。为使方钢管具有较好的整体性，减少钢管拼接焊缝的数量，在焊接内隔板时，先将节点域钢管外侧剖开，再放入内隔板施焊，最后将剖开处封口。试件节点和内隔板详图如图 2.2 所示。

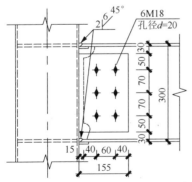

（a）梁柱节点

图 2.2　试件节点和内隔板详图（单位：mm）

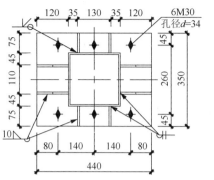

（b）柱脚节点

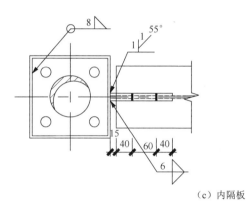

（c）内隔板

图 2.2 试件节点和内隔板详图（单位：mm）（续）

研究表明，当钢板剪力墙与周边框架采用螺栓连接时，在循环荷载作用下，螺栓的滑移会产生令人不适的巨大声响[3]，且螺栓滑移导致结构初始刚度、屈服荷载减小[4-6]。因此，试件中钢板剪力墙与鱼尾板采用双面角焊缝连接。综合考虑加工条件和实验室的加载能力，钢板剪力墙厚度取为 3mm。

2.1.3 材料力学性能

1. 钢材力学性能

试验所用钢材均为 Q235B，根据《钢及钢产品力学性能试验取样位置及试样制备》（GB/T 2975—1998）[7]中的相关规定取样制作材性试验试样。拉伸试样取样位置及试样尺寸如图 2.3 所示。共进行了 4 组 12 个标准试样的拉伸试验，试件编号见表 2.3。

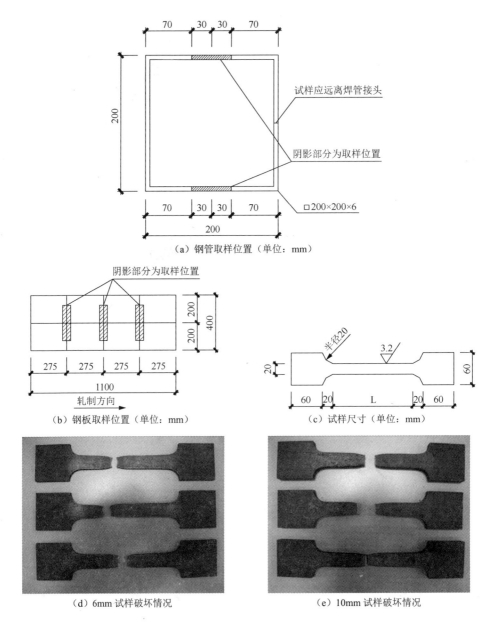

（a）钢管取样位置（单位：mm）

（b）钢板取样位置（单位：mm）　　（c）试样尺寸（单位：mm）

（d）6mm 试样破坏情况　　　　　（e）10mm 试样破坏情况

图 2.3　取样位置及试样尺寸

钢材力学性能根据《金属材料室温拉伸试验方法》（GB/T 228.1—2010）[8]中的要求确定。材性试验结果（表 2.3）表明，试验所用钢材具有明显的屈服平台，满足《碳素结构钢》（GB/T 700—2006）[9]中对钢材屈服强度、抗拉强度、伸长率等力学性能的要求。

表 2.3　材性试验结果

试件编号	试样尺寸/mm				屈服荷载 F_y/kN	极限荷载 F_{max}/kN	屈服强度 f_y/MPa	抗拉强度 f_u/MPa	伸长率 δ/%	弹性模量 $E/\times10^5$MPa	强屈比 f_u/f_y
	宽度 B	厚度 t	断后长度 L	截面积 A							
3-1	20.01	2.88	67.18	57.66	19.52	28.03	338.53	486.18	34.36	2.17	1.44
3-2	20.02	2.91	66.96	58.21	19.49	28.29	334.91	485.99	33.92	2.23	1.45
3-3	20.00	2.89	66.88	57.78	19.06	27.83	329.85	481.64	33.76	2.09	1.46
3-平均	20.01	2.89	67.01	57.88	19.36	28.05	334.43	484.60	34.01	2.16	1.45
6-1	19.94	5.42	67.77	107.99	33.92	49.54	314.15	458.73	35.54	2.16	1.46
6-2	19.99	5.40	69.02	107.72	32.75	48.79	304.01	452.96	38.04	2.17	1.49
6-3	20.00	5.46	68.22	108.85	33.99	49.68	312.26	456.41	36.43	2.08	1.46
6-平均	19.97	5.43	68.33	108.19	33.55	49.34	310.14	456.03	36.67	2.14	1.47
10-1	20.00	9.88	70.88	197.68	54.42	84.04	275.27	425.12	41.75	2.02	1.54
10-2	20.03	9.90	70.02	197.96	55.73	85.44	281.53	431.62	40.04	2.50	1.53
10-3	19.73	9.89	68.22	194.09	56.40	84.17	290.58	433.68	36.44	2.04	1.49
10-平均	19.92	9.89	69.55	196.58	55.52	84.55	282.46	430.14	39.09	2.05	1.52
12-1	20.02	11.92	72.27	238.39	65.13	104.16	273.21	436.91	44.55	1.92	1.60
12-2	20.02	11.90	72.04	237.85	64.57	104.28	271.50	438.45	44.08	2.00	1.61
12-3	20.02	11.92	71.83	238.52	64.57	104.95	270.72	439.99	43.65	2.00	1.63
12-平均	20.02	11.92	72.05	238.25	64.76	104.46	271.81	438.45	44.09	1.98	1.61

2. 混凝土力学性能

方钢管内灌 C30 混凝土，浇筑钢管内混凝土的同时按《普通混凝土力学性能试验方法标准》（GB/T 50081—2002）[10]要求制作了 2 组 6 个边长为 150mm 的立方体混凝土试块。养护 28d 后进行混凝土立方体抗压试验，测得混凝土立方体抗压强度为 33.9MPa。

2.2　试　验　方　法

2.2.1　试验装置及加载方案

试验在西安建筑科技大学结构与抗震实验室进行，采用拟静力方法加载。通过两个顶部可单向转动的 2000kN 油压千斤顶在方钢管混凝土柱顶施加轴向压力，模拟实际工程中结构所承受的竖向荷载。油压千斤顶通过平面滚轴系统与反力梁相连，使柱顶在平面内可自由移动。水平加载采用美国 MTS 公司的电液伺服加载系统，水平低周往复荷载通过两个 1000kN 的 MTS 电液伺服程控加载作动器提供，作动器行程±250mm，作动器位于试件两侧，一端与反力墙连接，另一端与加载分配梁相连。加载分配梁与试件顶梁上的加载头相连，该加载系统可以保证两个MTS 作动器协同工作，顶梁上部加载可以避免传统梁端加载导致的试件整体扭转。在每层框架柱两侧分别设置带轴承的侧向支撑，防止试件在加载过程中发生平面外失稳。试验加载装置如图 2.4、图 2.5 所示[11]。

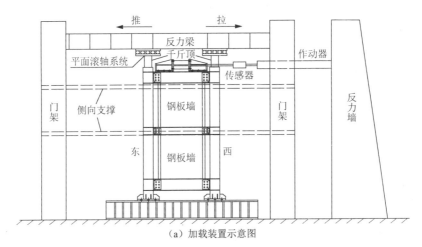

（a）加载装置示意图

（b）加载装置照片图

图 2.4　加载装置

（a）压梁与地梁

（b）侧向支撑

（c）加载分配梁与加载端

图 2.5　加载装置局部

根据《建筑抗震试验方法规程》（JGJ 101—96）[12]制定加载程序，水平往复荷载采取荷载和变形双控制的加载方法。试件屈服前采用荷载控制加载，屈服后采用位移控制加载。具体的加载程序为：

（1）预加载：首先通过竖向千斤顶在柱顶施加 100kN 的竖向荷载，检查各仪表工作是否正常。然后通过 MTS 水平作动器施加±50kN、±100kN 两级往复水平荷载，每级循环 1 圈，每级加载结束时，检查各测量仪表数据是否正常，钢板剪力墙是否发生屈曲，地梁与试件是否发生滑移。待确认无异常后卸载至零，准备正式加载。

（2）在两个方钢管混凝土柱顶施加 400kN 竖向荷载。

（3）通过两个 MTS 作动器施加水平往复荷载。试件屈服前加载采用荷载控制。400kN 前每级荷载增量为 100kN，400kN 后每级荷载增量取 50kN，加载至屈服荷载 P_y，每级循环 1 圈。试件屈服后采用位移控制加载，以屈服位移 Δ_y 的 1/2 作为每级加载位移，每级循环 3 圈[12]。加载制度如图 2.6 所示。荷载先推后拉。

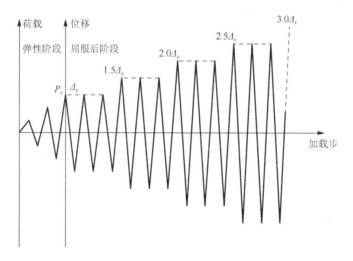

图 2.6　加载制度

2.2.2 测量装置

试验数据采集系统由传感器、TDS-630 数据采集仪和计算机三部分组成。位移、应变、荷载等均采用电测传感器测量，数据采集采用全自动静态采集仪和相配套的数据采集系统。

1. 位移测量

试件的位移计测点布置见图 2.7。在顶梁两端各布置 1 个量程为±150mm 的位移计，用于测量试件在水平往复荷载作用下的位移，在中梁两端各布置 1 个量程为±100mm 的位移计，以测量一、二层层间位移。考虑到试验过程中试件与地梁、地梁与地面间可能出现滑移，在柱脚底板与地梁一端分别布置 1 个量程为 50mm 的电子百分表。地梁一端布置的百分表可监测地梁与地面的滑移情况，当百分表数据异常时，应停止试验并进行检查，避免地梁滑移影响试验结果。

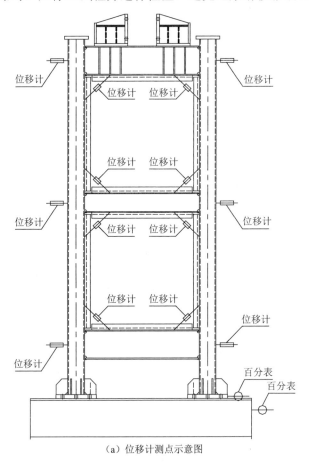

（a）位移计测点示意图

图 2.7　位移计测点布置

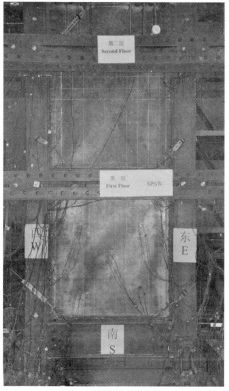

（b）位移计测点照片图

图 2.7　位移计测点布置（续）

2. 应变测量

　　试件钢板厚度均较小，各部位均可看作平面应力状态。根据试件上粘贴的单向应变片测得的应变 ε 可求得对应位置的单轴应力 σ。通过试件上粘贴的直角应变花可计算出 von Mises 应力。直角应变花测得的沿水平、竖直和 45° 三个方向的应变分别记为 ε_0、ε_{90}、ε_{45}。由式（2.1）～式（2.3）可确定对应的正应变 ε_x、ε_y与剪应变 γ_{xy}。

$$\varepsilon_x = \varepsilon_0 \tag{2.1}$$

$$\varepsilon_y = \varepsilon_{90} \tag{2.2}$$

$$\gamma_{xy} = 2\varepsilon_{45} - \left(\varepsilon_0 + \varepsilon_{90}\right) \tag{2.3}$$

根据广义胡克定律，由式（2.4）～式（2.6）可得正应力σ_x、σ_y与剪应力τ_{xy}：

$$\sigma_x = \frac{E}{\left(1-\nu^2\right)}\left(\varepsilon_x + \nu\varepsilon_y\right) \tag{2.4}$$

$$\sigma_y = \frac{E}{\left(1-\nu^2\right)}\left(\varepsilon_y + \nu\varepsilon_x\right) \tag{2.5}$$

$$\tau_{xy} = G\gamma_{xy} \tag{2.6}$$

式中：E为弹性模量；G为剪切模量；ν为泊松比。

根据式（2.7）可求得平面应力状态下的 von Mises 应力。

$$\sigma_m = \sqrt{\sigma_x^2 + \sigma_y^2 - \sigma_x\sigma_y + 3\tau_{xy}^2} \tag{2.7}$$

由ε_x、ε_y与γ_{xy}可根据式（2.8）求得主应变方向：

$$\tan 2\alpha = \frac{2\varepsilon_{45} - \left(\varepsilon_0 + \varepsilon_{90}\right)}{\varepsilon_0 - \varepsilon_{90}} \tag{2.8}$$

为考察方钢管混凝土柱-钢梁框架在试验过程中的应力分布及其变化情况，在梁柱节点区中心，方钢管柱腹板上布置如图 2.8 所示的应变花，测定节点域方钢管柱壁的应变，了解节点域在往复加载过程中的受力状态，并在底梁对应框架柱外侧翼缘布置应变片，以监测框架柱底部在试验过程中的应力状态。在框架梁两端截面上下翼缘均沿纵向布置单向应变片，腹板上布置应变花[11]。节点、梁端应变片布置如图 2.8、图 2.9 所示。

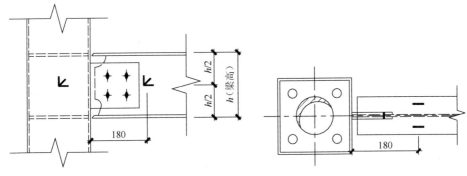

图 2.8　节点域柱壁、梁腹板应变片　　　　图 2.9　梁端翼缘应变片
　　　　布置（单位：mm）　　　　　　　　　　布置（单位：mm）

为考察钢板剪力墙的应力状态，在钢板剪力墙上布置应变片和应变花（图 2.10）。设置应变片时，近似地沿拉力带倾角方向斜向布置。

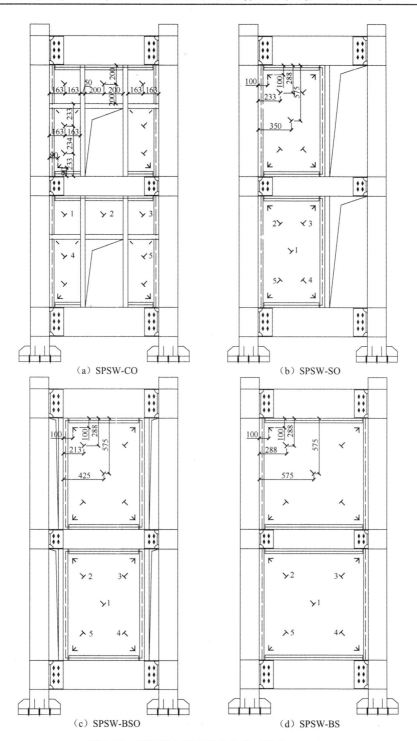

（a）SPSW-CO

（b）SPSW-SO

（c）SPSW-BSO

（d）SPSW-BS

图 2.10 钢板剪力墙应变片布置（单位：mm）

2.3 试 验 现 象

2.3.1 未开洞钢板剪力墙（试件 SPSW-BS）

加载前测得试件 SPSW-BS 一层墙板的初始面外变形为 3mm，二层墙板的初始面外变形为 5mm。在预加载过程中试件未出现异常。

首先在两个柱顶分别施加 400kN 竖向荷载，之后进行荷载控制的水平加载。当水平荷载小于 300kN 时，试件无明显现象。推向加载至 300kN 时，两层钢板剪力墙均产生轻微的平面外屈曲变形。由应变片数据可知，二层中部偏左上位置的钢板剪力墙屈服（1.635×10^{-6}）。推向加载至 400kN 时，二层钢板剪力墙左上角处屈服（1.598×10^{-6}），随后卸载至荷载接近零时，钢板剪力墙产生"呼吸效应"，伴随发出"嗡嗡"的响声。拉向加载至 400kN 时，二层中部偏右上位置的钢板剪力墙屈服（1.704×10^{-6}），此时二层钢板剪力墙的面外变形大于一层。推向加载至 450kN 时，一层中部与中部偏左上位置钢板剪力墙屈服，二层中部、偏右下位置钢板剪力墙屈服（1.667×10^{-6}、1.703×10^{-6}）。拉向加载至 450kN 时，二层右上至左下对角线上钢板剪力墙均屈服。推向加载至 500kN 时，两层钢板剪力墙均沿对角线方向形成 3 个明显的屈曲半波，钢板剪力墙内力形成"拉力带"。推向加载至 550kN 时，试件的荷载-顶层位移曲线出现明显的刚度退化，结合试验曲线和前期数值分析结果，取试件 SPSW-BS 屈服位移 Δ_y 为 16mm，此时一层钢板剪力墙最大面外变形为 8mm，二层钢板剪力墙最大面外变形为 17mm。试件屈服时一层钢板剪力墙的变形如图 2.11 所示。

试件屈服后采用位移控制加载，钢板剪力墙的四角存在应力集中现象，这些高应力区在低周水平往复荷载的作用下，随着加载位移的增大，先后被拉裂。$1.5\Delta_y$ 位移（顶层位移 24mm）第一循环推向加载完成时，左柱柱脚外侧钢管屈服（-1.631×10^{-6}）。第一循环拉向加载完成时，右柱柱脚外侧钢管屈服（-1.795×10^{-6}），二层左侧鱼尾板下端与柱壁连接焊缝开裂。第二循环推向加载完成时，一层左侧鱼尾板上端与柱壁焊缝开裂。第三循环推向加载完成时，一层右侧鱼尾板下部与柱壁焊缝开裂。

$2.0\Delta_y$ 位移（顶层位移 32mm）第一循环拉向加载完成时，二层右上、右下角钢板剪力墙沿拉力场方向撕裂，裂缝长度约 25mm，如图 2.12 所示。第三循环推向加载完成时，一层左上、二层左下角钢板剪力墙与鱼尾板的焊缝撕裂。

$2.5\Delta_y$ 位移（顶层位移 40mm）第一循环推向加载完成时，一层钢板剪力墙四角均被撕裂，二层左侧鱼尾板上端与柱壁焊缝撕裂（图 2.13），钢板剪力墙沿斜对角线方向产生明显的塑性变形，一层钢板剪力墙最大面外变形为 44mm，二层钢板剪力墙最大面外变形为 30mm。

图 2.11　屈服时一层钢板剪力墙屈曲形态　　　图 2.12　二层右上角钢板剪力墙撕裂

随着循环位移的增大，钢板剪力墙四周的裂缝持续发展，$3.0\Delta_y$ 位移（顶层位移 48mm）第一循环拉向加载完成时，右柱柱脚外侧发生轻微鼓曲，在随后的循环拉向加载中鼓曲加重，而鼓曲在推向加载时恢复。

$3.5\Delta_y$ 位移（顶层位移 56mm）第一循环试件达到峰值荷载，推、拉两个方向的最大荷载分别为 724kN、−735kN。第一循环推向加载完成时，中梁右端下翼缘与柱壁焊缝开裂。第二循环推向加载完成时，左柱柱脚外侧发生轻微鼓曲。第二循环拉向加载完成时，中梁右端上翼缘与柱壁焊缝开裂，如图 2.14 所示，二层钢板剪力墙右上至左下对角线两个三分点处的钢板剪力墙在反复弯折作用下被撕裂。第三循环推向加载完成时，中梁左端上翼缘与柱壁焊缝开裂。

图 2.13　鱼尾板与柱壁焊缝撕裂　　　　　图 2.14　翼缘与柱壁焊缝撕裂

$4.0\Delta_y$ 位移（顶层位移 64mm）第一循环推向加载完成时，二层钢板剪力墙中心被撕裂，裂缝长度约 5mm，钢管柱壁在拉力场的作用下轻微鼓曲。第二循环推向加载完成时，顶梁右端下翼缘与柱壁焊缝开裂。第二循环拉向加载完成时，一层钢板剪力墙中部偏左上位置被撕裂，中梁左端下翼缘与柱壁焊缝开裂。第三循环拉向加载完成时，一层钢板剪力墙中部偏右下位置被撕裂。

随着位移的增大，两层钢板剪力墙中部产生了更多裂缝，且裂缝随着位移增大而增多，如图 2.15 所示。$4.5\Delta_y$ 位移（顶层位移 72mm）第一循环推向加载完成时，顶梁左端下翼缘与柱壁焊缝开裂。第三循环拉向加载完成时，底梁左侧上翼缘轻微屈曲，左右两柱柱脚均严重鼓曲。

加载至 $6.0\Delta_y$ 位移（顶层位移 96mm）第三循环时，右柱柱脚钢管角部在往复荷载作用下被拉断。反向加载时左柱柱脚钢管亦被拉断，如图 2.16 所示。顶部位移达到 $6.5\Delta_y$（104mm）时，水平荷载为 618kN，降到峰值荷载的 85%，试验结束。

图 2.15　一层钢板剪力墙中部多处撕裂　　　　图 2.16　柱脚鼓曲与钢管拉断

2.3.2　中部开洞钢板剪力墙（试件 SPSW-CO）

加载前测得试件 SPSW-CO 一层墙板的初始面外变形为 6mm，二层墙板的初始面外变形为 2mm。在预加载过程中试件未出现异常。

首先在两个柱顶分别施加 400kN 竖向荷载，之后进行荷载控制的水平加载。当水平荷载小于 300kN 时，试件无明显现象。推向加载至 300kN 时，一层洞口上方区格钢板剪力墙产生了轻微的面外变形。由应变片数据可知，该区格的右上和中心测点处钢板剪力墙屈服（1.848×10^{-6}、1.588×10^{-6}），一层洞口左侧区格左下角处钢板剪力墙屈服（1.894×10^{-6}）。拉向加载至 300kN 时，二层洞口上方区格钢板剪力墙产生了轻微的面外变形。推向加载至 400kN 时，一层洞口右侧区格中部偏上位置钢板剪力墙屈服（$1.864×10^{-6}$），二层洞口左侧区格左下角处、洞口上侧区格右下角处及洞口右侧区格中部偏上位置的钢板剪力墙均屈服（$1.549×10^{-6}$、$1.976×10^{-6}$、$1.683×10^{-6}$），二层洞口左侧区格的钢板剪力墙及左上角区格钢板剪力墙产生了轻微的面外变形。拉向加载至 400kN 时，一层洞口左侧区格右上角处钢板剪力墙屈服（$1.559×10^{-6}$），一层洞口右侧区格的钢板剪力墙产生了轻微的面外变形。推向加载至 450kN 时，一层洞口左侧区格中部和二层洞口左侧区格中部偏下、洞口上侧区格左上角与中心、右侧区格左上角屈服，一层洞口左侧区格钢板剪力墙发生了轻微的屈曲，左侧柱脚进入塑性（$-1.507×10^{-6}$）。拉向加载至 450kN时，右侧柱脚进入塑性（$-1.520×10^{-6}$）。推向加载至 500kN 时，荷载-顶层位移曲线出现明显的刚度退化，结合试验曲线和前期数值分析结果，取试件 SPSW-CO屈服位移 Δ_y 为 16mm，此时一层钢板剪力墙最大面外变形为 9mm，二层钢板剪力墙最大面外变形为 7mm。随后的卸载过程中，荷载接近零时，钢板剪力墙产生"呼吸效应"，伴随发出"嗡嗡"的响声。拉向加载至 500kN 时，二层右上角区格钢板产生了轻微的面外变形。

试件屈服后采用位移控制加载。由于钢板剪力墙洞口周边设置了加劲肋，每层钢板剪力墙被划分为 5 个小区格，减小了钢板剪力墙的宽厚比，使钢板剪力墙的受力机理发生改变，各个小区格钢板屈曲时大部分钢板剪力墙已屈服。$1.5\Delta_y$ 位移（顶层位移 24mm）第一循环拉向加载完成时，一、二层洞口左、右两侧钢板均严重屈曲，沿 45° 方向形成明显的屈曲半波，如图 2.17 所示，板中内力形成"拉力带"。第二循环推向加载完成时，左柱脚外侧钢管轻微内凹。第二循环拉向加载完成时，右柱柱脚轻微鼓曲，在随后的拉向加载中右柱柱脚鼓曲加重，推向加载时鼓曲恢复。

$2.0\Delta_y$ 位移（顶层位移 32mm）第一循环加载过程中，试件达到峰值荷载，推、拉两个方向的最大荷载分别为 593kN、-545kN，此时两层钢板剪力墙最大面外变形均为 14mm。第一循环推向加载完成时，在拉力场的作用下，两层洞口左侧的竖向槽钢加劲肋下部均向左弯曲，相应位置的中梁上翼缘向上轻微弯曲，两层洞口右侧的竖向槽钢加劲肋中部均向右弯曲。第一循环拉向加载完成时，右柱柱脚鼓曲。

$3.0\Delta_y$ 位移（顶层位移 48mm）第一循环推向加载完成时，一层右侧鱼尾板下端与柱壁焊缝开裂。第一循环拉向加载完成时，一层洞口上方、洞口左右两侧区格钢板及二层洞口左右两侧钢板均沿各小区格的对角线方向形成不可恢复的折痕，一层洞口右侧竖向槽钢加劲肋下端与底梁上翼缘的焊缝拉裂，如图 2.18 所示，一层洞口右上角区格钢板剪力墙轻微屈曲。

由于加劲肋与框架刚性连接，框架侧移时加劲肋共同受力，第二循环推向加载完成时，一层槽钢加劲肋严重变形，如图 2.19 所示，一层洞口右侧区格右上角钢板剪力墙撕裂，二层左侧鱼尾板下端与柱壁焊缝开裂，洞口位置的中梁腹板在较大的剪力作用下产生起皮现象，如图 2.20 所示。第二循环拉向加载完成时，一、

图 2.17　一层钢板剪力墙塑性变形　　　　图 2.18　加劲肋与钢梁翼缘焊缝开裂

图 2.19　加劲肋弯曲变形　　　　　　图 2.20　中梁腹板起皮

二层洞口左侧区格左上角钢板剪力墙均被撕裂。第三循环推向加载完成时，二层洞口右侧区格右上角钢板剪力墙被撕裂，一层右侧鱼尾板下端在钢板剪力墙变形的影响下屈曲。第三循环拉向加载完成时，一层洞口两侧竖向槽钢加劲肋发生面外弯曲。

4.0Δ_y位移（顶层位移 64mm）第一循环推向加载完成时，一层洞口左右两侧区格钢板在多次反复弯折后，中部产生裂纹，但未完全撕开。第一循环拉向加载完成时，右柱柱脚钢管鼓曲严重，其南面角部在往复作用下被撕裂，一层洞口左右两侧区格的中部各有两处钢板剪力墙撕裂。第二循环推向加载完成时，左侧柱脚的钢管南面角部撕裂。第三循环推向加载完成时，中梁右端下翼缘与柱壁焊缝开裂。

顶部位移达到 $5.0\Delta_y$，即 80mm 时，水平荷载 444.95kN，降到峰值荷载的 85% 以下，试验结束。在本级循环中，左右两柱柱脚外侧钢管均被完全撕开。由于框架柱受压鼓曲后产生压缩变形，导致一层层高减小，一层钢板剪力墙受压，最终钢板剪力墙在压剪共同作用下破坏。

2.3.3　单侧开洞钢板剪力墙（试件 SPSW-SO）

试件 SPSW-SO 的洞口位于左侧。加载前测得试件 SPSW-SO 一层墙板的最大初始面外变形为 5mm，二层墙板的最大初始面外变形为 3mm。在预加载过程中试件未出现异常。

首先在两个柱顶分别施加 400kN 竖向荷载，之后进行荷载控制的水平加载。当水平荷载小于 300kN 时，无明显现象。推向加载至 300kN 时，两层钢板剪力墙均发生了微小的面外变形。由应变片数据可知，一层中部偏左上位置的钢板剪力墙屈服（1.644×10^{-6}），二层中心及左上角的钢板剪力墙屈服（1.642×10^{-6}、1.684×10^{-6}）。随后卸载至荷载接近零时，钢板剪力墙产生"呼吸效应"，伴随发出"嗡嗡"的响声。拉向加载至 300kN 时，一、二层右上至左下对角线测点的应变数据表明，对角线处的钢板均已屈服。推向加载至 400kN 时，钢板剪力墙的屈曲变形更加明显，底梁左侧位于洞口下方。由于缺少钢板剪力墙的支撑作用，且洞口处的钢梁受力类似于连梁，试件发生侧移时，底梁左侧上翼缘轻微弯起。拉向加载至 400kN 时，右柱柱脚外侧钢管屈服（-1.610×10^{-6}），一、二层左上至右下对角线处的钢板均屈服。推向加载至 450kN 时，两层钢板剪力墙均沿对角线方向形成多道明显的屈曲半波，板中内力形成"拉力带"，由于钢板剪力墙面外变形较大，荷载-顶层位移曲线出现了明显的刚度退化，结合试验曲线和前期数值分析结果，取试件 SPSW-SO 屈服位移 Δ_y 为 24mm，此时一层钢板剪力墙最大面外变形为 20mm，二层钢板剪力墙最大面外变形为 16mm。卸载至零点时，两层钢板均沿拉力场方向产生了塑性变形。

试件屈服后采用位移控制加载。$1.0\Delta_y$ 位移（顶层位移 24mm）第三循环推向加载完成时，一层槽钢加劲肋在钢板剪力墙拉力场的作用下平面内轻微弯曲，一层槽钢加劲肋底部与底梁上翼缘的焊缝产生轻微裂纹。

$1.5\Delta_y$ 位移（顶层位移 36mm）第一循环拉向加载完成时，在钢板剪力墙的斜向拉力场作用下，一层槽钢加劲肋底部与底梁上翼缘围焊焊缝的南侧被拉开。第二循环拉向加载完成时，一、二层钢板剪力墙均产生了较大的面外变形，此时框架未出现可观察到的变形，应变数据显示钢管与钢梁均处于弹性阶段，一层槽钢加劲肋底部与底梁上翼缘的焊缝被拉开，槽钢加劲肋与框架脱开后，钢板剪力墙角部出现应力集中现象，一层下部鱼尾板左侧与底梁上翼缘焊缝被拉开。第三循环拉向加载完成时，二层右侧鱼尾板上端屈曲，二层下侧鱼尾板左端与底梁上翼缘焊缝产生轻微裂纹，中梁左侧上翼缘轻微弯起。

$2.0\Delta_y$ 位移（顶层位移48mm）第一循环推向加载完成时，一层下侧鱼尾板右端明显屈曲，鱼尾板与底梁上翼缘焊缝产生轻微裂纹。第一循环拉向加载完成时，左柱柱脚外侧钢管屈服（1.530×10^{-6}）。第二循环推向加载完成时，在拉力场和框架侧移内力的共同作用下，二层槽钢加劲肋顶部与顶梁下翼缘焊缝断裂，如图2.21所示，右柱柱脚轻微鼓曲。第三循环推向加载完成时，二层钢板剪力墙右上角沿对角线方向撕裂，如图2.22所示，中梁左端腹板轻微鼓曲，左柱柱脚轻微鼓曲。由于钢板屈曲后在往复荷载作用下被多次弯折，第三循环拉向加载完成时，二层钢板剪力墙中心沿厚度方向产生裂纹，但钢板未完全裂开。

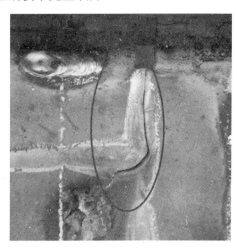

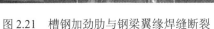

图2.21　槽钢加劲肋与钢梁翼缘焊缝断裂　　　图2.22　二层右上角钢板剪力墙撕裂

$2.5\Delta_y$ 位移（顶层位移60mm）第一循环试件达到峰值荷载，推、拉两个方向的最大荷载分别为516kN、-479kN，峰值荷载时一层钢板剪力墙最大面外变形为40mm，二层钢板剪力墙最大面外变形为38mm。后续加载过程中，随着循环位移的增大，鱼尾板与框架间的裂缝，以及钢板剪力墙角部、中部的裂缝继续发展，鱼尾板与框架焊缝拉断后，鱼尾板失去锚固，在拉力场的作用下卷起，如图2.23所示，由于钢板剪力墙与框架的连接焊缝长度逐渐减小，可承受水平荷载作用的钢板剪力墙面积随之减少，试件承载力逐渐下降。第一循环拉向加载完成时，中梁左端下翼缘与柱壁焊缝被拉断，如图2.24所示。第二循环推向加载完成时，二层钢板剪力墙中心位置撕裂。第三循环推向加载完成时，一层钢板剪力墙中心位置撕裂，如图2.25所示。第三循环拉向加载完成时，中梁右端下翼缘与柱壁焊缝被拉断。

图 2.23　鱼尾板与钢梁翼缘焊缝拉断　　　　图 2.24　中梁与柱壁焊缝撕裂

　　$3.0\Delta_y$ 位移（顶层位移 72mm）第一循环拉向加载完成时，二层上侧鱼尾板左端屈曲，鱼尾板与顶梁下翼缘焊缝被拉断，顶梁左端下翼缘与柱壁焊缝被拉断。第二循环推向加载完成时，一层钢板剪力墙右上角沿对角线方向撕裂。第二循环拉向加载完成时，二层槽钢加劲肋底部与中梁上翼缘焊缝产生微小裂纹，右柱柱脚鼓曲加重。

　　$3.5\Delta_y$ 位移（顶层位移 84mm）第一循环推向加载完成时，水平荷载为 414kN，降至峰值荷载的 85%以下，一层槽钢加劲肋顶部与中梁下翼缘焊缝出现微小裂纹。第一循环拉向加载完成时，右柱柱脚未与钢板剪力墙连接的三面鼓曲严重，如图 2.26 所示，中梁右端上翼缘与柱壁焊缝产生微小裂纹。顶梁左端下翼缘与柱壁焊缝被拉断，二层槽钢加劲肋底部与中梁上翼缘焊缝被拉断。第二循环推向加载完成时，左柱柱脚外侧鼓曲严重。加载至 $4.0\Delta_y$ 位移（顶层位移 96mm）第三循环结束时，试件破坏严重，荷载下降幅度较大，试验结束。

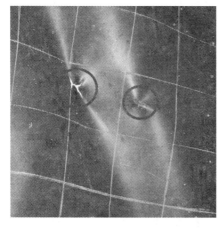　　　　

图 2.25　一层钢板剪力墙中部撕裂　　　　图 2.26　柱脚鼓曲

2.3.4　两侧开洞钢板剪力墙（试件 SPSW-BSO）

加载前测得试件 SPSW-BSO 一层墙板的初始面外变形为 3mm，二层墙板的初始面外变形为 5mm。在预加载过程中试件未出现异常。

首先在两个柱顶分别施加 400kN 竖向荷载，之后进行荷载控制的水平加载。当水平荷载小于 200kN 时，试件无明显现象。推向加载至 200kN 时，两层钢板剪力墙均产生了轻微的面外变形，二层钢板剪力墙向北鼓曲，一层钢板剪力墙向南鼓曲。由应变片数据可知，二层钢板剪力墙沿左上至右下对角线方向均屈服。随后卸载至荷载接近零时，两层钢板剪力墙均产生"呼吸效应"，伴随发出"嗡嗡"的响声。推向加载至 300kN 时，二层钢板剪力墙屈曲形成 1 个屈曲半波，一层钢板剪力墙屈曲形成 3 个屈曲半波，钢板剪力墙中内力形成"拉力带"。推向加载至 350kN 时，左柱柱脚钢管外侧屈服（-1.796×10^{-6}）。推向加载至 400kN时，拉力带上的应变数据表明，钢板剪力墙已大部分屈服，荷载-顶梁位移曲线出现明显的刚度退化。结合试验曲线和前期数值分析结果，取试件 SPSW-BSO 屈服位移 Δ_y 为 20mm，此时一层钢板剪力墙最大面外变形为 15mm，二层钢板剪力墙最大面外变形为 16mm。拉向加载至 400kN 时，右柱柱脚外侧钢管屈服（-1.618×10^{-6}）。

试件屈服后采用位移控制加载。$1.5\Delta_y$ 位移（顶层位移 30mm）第一循环拉向加载过程中，一层左侧槽钢加劲肋下端与底梁上翼缘焊缝由轻微开裂逐渐发展为完全拉开，如图 2.27 所示，同时相邻的鱼尾板与底梁上翼缘焊缝被拉开。第二循环推向加载完成时，一层右侧槽钢加劲肋下端与底梁上翼缘焊缝产生裂纹。第二循环拉向加载完成时，右柱柱脚外侧轻微鼓曲。第三循环推向加载完成时，一层右侧槽钢加劲肋下端焊缝被完全拉开。第三循环拉向加载完成时，一层左下角钢板剪力墙与鱼尾板焊缝开裂。

$2.0\Delta_y$ 位移（顶层位移 40mm）第一循环推向加载完成时，荷载达到峰值，推、拉峰值荷载分别为 468kN、-444kN。此时一层钢板剪力墙最大面外变形为 24mm，二层钢板剪力墙最大面外变形为 29mm，左柱柱脚轻微鼓曲。第一循环拉向加载完成时，一层下部鱼尾板左侧与底梁裂缝长度为 25mm，随着循环次数的增加，焊缝开裂长度逐渐增大。第三循环推向加载完成时，一层下部鱼尾板右侧焊缝开裂，框架发生侧移，洞口处的钢梁缺少钢板剪力墙的约束，中梁发生了明显的弯曲变形，右端上翼缘与柱壁焊缝被拉开，如图 2.28 所示。

图 2.27　槽钢加劲肋与底梁翼缘焊缝撕裂　　　图 2.28　中梁右端变形及焊缝撕裂

在随后的加载过程中，各处已开裂焊缝的裂缝长度继续发展，钢板剪力墙面外变形持续增大。$2.5\Delta_y$ 位移（顶层位移 50mm）第一循环拉向加载完成时，右柱柱脚鼓曲加重。第二循环推向加载完成时，左柱柱脚鼓曲亦继续增大。第二循环拉向加载完成时，一层右侧槽钢加劲肋上端与中梁下翼缘焊缝拉开。第三循环拉向加载完成时，底梁上翼缘上方约 50mm 处右柱脚四周均鼓曲，一层下侧鱼尾板两端与钢板剪力墙焊缝均被拉开，左端长度约 60mm，右端长度约 15mm，如图 2.29 所示。

$3.0\Delta_y$ 位移（顶层位移 60mm）第一循环加载过程中，推、拉方向荷载分别为 402kN，-377kN，均接近峰值荷载的 85%。此时，一层钢板剪力墙最大面外变形为 34mm，二层钢板剪力墙最大面外变形为 37mm。第一循环推向加载完成时，中梁左端下翼缘和腹板与柱壁焊缝开裂，中梁右端腹板与柱壁焊缝开裂。第二循环推向加载完成时，中梁右端上翼缘与柱壁焊缝开裂，一层钢板剪力墙中部偏右下位置撕裂，如图 2.30 所示，二层左侧槽钢加劲肋上端与顶梁下翼缘焊缝拉开，鱼尾板与顶梁下翼缘焊缝亦被拉开。在随后的循环加载中，一层钢板剪力墙中部裂缝逐渐增多，裂缝长度不断增大。

加载至 $3.5\Delta_y$ 位移（顶层位移 70mm）第一循环时，推、拉方向荷载分别为 361kN，-343kN，水平荷载低于破坏荷载。此时左、右两柱柱脚均严重鼓曲，试验结束。

 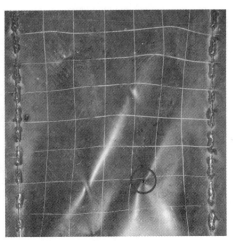

图 2.29　钢板与鱼尾板焊缝撕裂　　　　　图 2.30　一层钢板剪力墙撕裂

2.4　试验结果分析

2.4.1　滞回曲线

滞回曲线是试件在低周往复荷载作用下的荷载-位移曲线，它综合体现了结构的抗震性能，也是结构弹塑性动力反应的主要依据[13]。试验采集了试件各层梁中心线高度处的水平位移。以水平荷载为纵坐标，分别以顶梁梁端位移、中梁与底梁间位移差、顶梁与中梁位移差为横坐标，得到了各个试件的整体、一层层间及二层层间滞回曲线。

1. 未开洞钢板剪力墙（试件 SPSW-BS）

试件 SPSW-BS 的滞回曲线如图 2.31 所示。当水平荷载较小时，荷载与位移呈线性关系。当水平荷载为 300kN 时，钢板剪力墙屈曲，试件刚度略微降低，钢板剪力墙屈曲后荷载仍可继续上升，滞回环面积很小，试件仍处于弹性阶段，此时二层层间位移较大，为 3.20mm，对应层间位移角为 1/438。

随着水平荷载的增加，试件进入弹塑性阶段。钢板剪力墙内主应力形成沿对角线方向的拉力场，钢板剪力墙面外变形增大，靠近框架的周边区域和对角线上的钢板剪力墙首先屈服，试件刚度逐渐下降。当水平荷载达到 550kN 时，二层层间位移为 8.36mm，对应层间位移角为 1/167，滞回环面积增大，屈服时荷载-顶梁位移滞回环如图 2.32（a）所示。

进入位移控制加载阶段后，滞回环逐渐张开。顶层位移超过 40mm 后，滞回曲线出现捏缩，滞回环大部分面积位于坐标图中的一、三象限，呈反"S"型。产

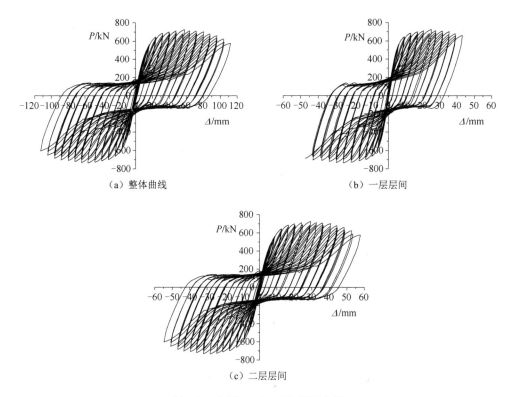

（a）整体曲线　　　　　　　（b）一层层间

（c）二层层间

图 2.31　试件 SPSW-BS 滞回曲线

生捏缩效应的原因是：正向加载使钢板剪力墙屈曲后形成拉力场，卸载并反向加载过程中，钢板剪力墙产生"呼吸效应"，形成反向拉力场，此时钢板剪力墙失去承载能力，水平荷载主要由方钢管混凝土框架承担。反映到滞回曲线（图 2.31）中，即为推向（或拉向）卸载时存在一段趋于水平的曲线，荷载增长缓慢，反向拉力场形成后，曲线刚度突然增大，水平荷载随之加速上升。随着加载位移的增大，滞回曲线中水平段的长度增大。

当顶层位移小于 56mm 时，钢板剪力墙尚未完全屈服，框架梁端、柱脚均未屈曲，随着加载位移的增大，荷载持续增大。峰值荷载时，二层层间位移为 29.37mm（层间位移角 1/48），一层层间位移为 25.05mm（层间位移角 1/56），二层层间位移角超过《建筑抗震设计规范》（以下简称《抗规》）中多、高层钢结构建筑弹塑性层间位移角的限值（1/50），一层层间位移角也接近 1/50，表明钢板剪力墙结构在满足结构变形要求的同时，具有较好的承载能力，且承载力退化较为平缓，峰值荷载时荷载-顶梁位移滞回环如图 2.32（b）所示。

达到峰值荷载时，钢板剪力墙的材料性能已充分发挥，此时框架承担的水平荷载逐渐增加，柱脚发生鼓曲，导致水平荷载下降。峰值荷载后的下降段，滞回曲线稳定。当顶梁位移为 104mm 时，水平荷载降至峰值荷载的 85%，二层层间位移为 52.78mm（层间位移角 1/27），一层层间位移为 51.40mm（层间位移角 1/27），极限荷载时荷载–顶梁位移滞回环如图 2.32（c）所示。

由图 2.31（b）、（c）可知，两层钢板剪力墙的层间滞回曲线较为接近，表明两层钢板剪力墙的性能均得到了发挥。在每一级荷载循环中，二层的层间侧移略大于一层。试件在弹性阶段时，二层钢板剪力墙的面外变形大于一层钢板剪力墙。试件屈服后，一层钢板剪力墙的面外变形逐渐大于二层钢板剪力墙。由两层的滞回曲线对比也可看出，达到峰值荷载后，一层钢板剪力墙滞回环的面积略大于二层，表现出更好的滞回性能。

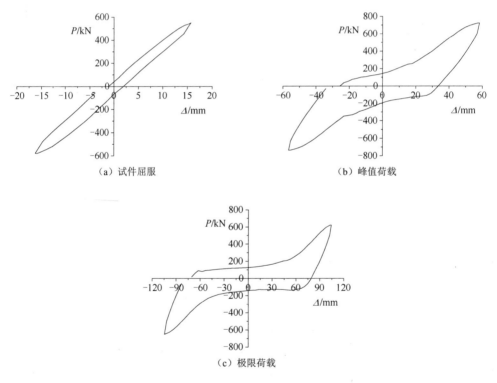

（a）试件屈服　　　　　　　　　　　　（b）峰值荷载

（c）极限荷载

图 2.32　试件 SPSW-BS 典型滞回环

2. 中部开洞钢板剪力墙（试件 SPSW-CO）

试件 SPSW-CO 的滞回曲线如图 2.33 所示。当水平荷载较小时，荷载与位移呈线性关系。与试件 SPSW-BS 相比，试件 SPSW-CO 洞口周围设置了贯通的纵、横向局部边缘构件，将每层钢板剪力墙划分为 5 个区格，钢板剪力墙的宽厚比

减小，转变为屈服先于屈曲的中厚板或厚板。同时，加劲肋与框架焊接连接，
当试件发生侧移时，槽钢一定程度上参与了抵抗水平荷载。因此试件 SPSW-CO
的滞回曲线在试件屈服前未发生刚度退化，且屈服后试件 SPSW-CO 的滞回环
较试件 SPSW-BS 更为饱满。峰值荷载前后，试件 SPSW-CO 各级滞回环呈梭形，
如图 2.34（b）。随着加载位移的继续增大，加载后期钢板剪力墙发生弹塑性屈
曲，钢板剪力墙屈曲后滞回曲线开始出现捏缩现象，滞回环变为反"S"型，如
图 2.34（c）。

　　由图 2.33（b）、（c）可以看出，两层钢板剪力墙的层间滞回曲线差别较大，
二层层间变形小于一层。由于柱脚较早进入弹塑性，在竖向荷载和倾覆弯矩的共
同作用下，柱脚鼓曲严重。一层产生竖向压缩变形，导致一层钢板剪力墙同时承
担了较大的剪力和竖向压力，因此其刚度小于二层钢板剪力墙。达到极限荷载时，
一层层间位移为 51.64mm，对应层间位移角 1/27，二层层间位移为 29.51mm，对
应层间位移角 1/47，均大于《抗规》中 1/50 的弹塑性层间位移角限值。

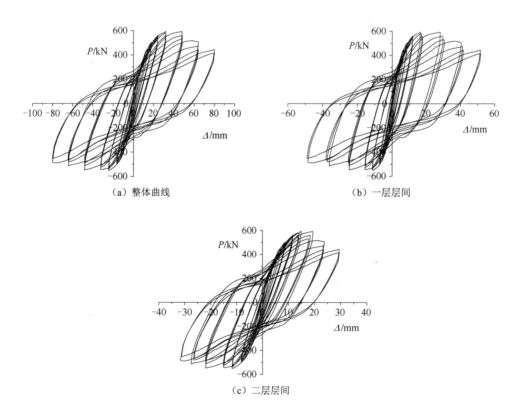

（a）整体曲线　　　　　　　　　　　　　（b）一层层间

（c）二层层间

图 2.33　试件 SPSW-CO 滞回曲线

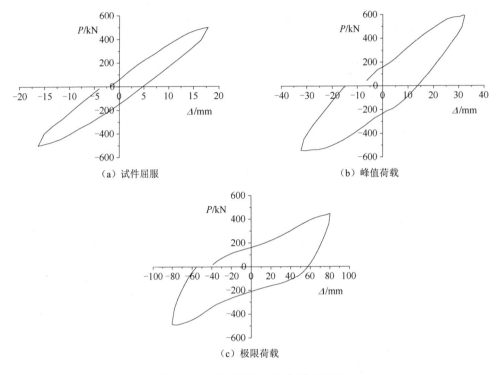

（a）试件屈服　　　　　　　　　　　（b）峰值荷载

（c）极限荷载

图 2.34　试件 SPSW-CO 典型滞回环

3. 单侧开洞钢板剪力墙（试件 SPSW-SO）

试件 SPSW-SO 的滞回曲线与试件 SPSW-BS 相似，曲线呈反"S"型（图 2.35）。试件屈服后，随着加载位移的增加，钢板剪力墙开洞一侧设置的槽钢加劲肋与框架梁之间的焊缝逐一拉断，导致屈曲后钢板剪力墙内拉力场缺少足够的锚固，部分钢板剪力墙的性能未能充分发挥。由于以上原因，达到峰值荷载后，钢板剪力墙分担水平荷载的比例迅速减少，框架分担水平荷载的比例增加，导致框架的破坏加快（图 2.36）。在滞回曲线的荷载下降段，试件 SPSW-BS 的水平荷载主要由钢板剪力墙承担，而试件 SPSW-SO 主要由框架承担，因此试件 SPSW-SO 下降段的刚度小于试件 SPSW-BS，荷载下降较快。

对比图 2.35（b）、（c）可知，试件 SPSW-SO 二层层间变形大于一层。两层层间滞回曲线的差异表明，与未开洞钢板剪力墙试件相比，钢板剪力墙单侧开洞同时降低了试件的刚度和承载力，其抵抗水平荷载的能力低于未开洞钢板剪力墙试件，且开洞侧槽钢加劲肋连接破坏较早，导致钢板剪力墙后期承担水平荷载较少。试件 SPSW-SO 最终的破坏形态可看做发生弯曲破坏的弱支撑框架。达到极限荷载时，一层层间位移为 35.38mm，对应层间位移角 1/40，二层层间位移为 46.99mm，对应层间位移角 1/30，均大于《抗规》中 1/50 的弹塑性层间位移角限值。

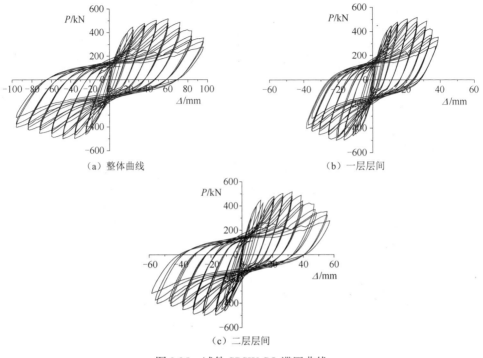

（a）整体曲线　　　　　　　　　　　　（b）一层层间

（c）二层层间

图 2.35　试件 SPSW-SO 滞回曲线

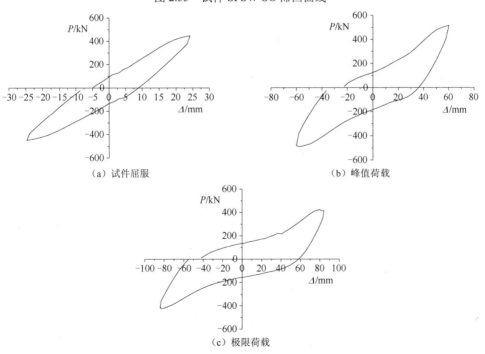

（a）试件屈服　　　　　　　　　　　　（b）峰值荷载

（c）极限荷载

图 2.36　试件 SPSW-SO 典型滞回环

4. 两侧开洞钢板剪力墙（试件 SPSW-BSO）

试件 SPSW-BSO 的滞回曲线与试件 SPSW-SO 相似，曲线呈反"S"型（图 2.37），峰值荷载后荷载下降较快（图 2.38）。试件 SPSW-BSO 采用了两边开洞的构造形式，虽然可有效避免拉力场对框架柱的附加弯矩作用，但开洞降低了钢板剪力墙自身的承载力，同时加载后期竖向加劲肋未能给拉力场提供足够锚固，因此试件 SPSW-BSO 承载力低于试件 SPSW-BS。试件 SPSW-BSO 达到极限荷载时，一层层间位移为 34.49mm，对应层间位移角 1/41，二层层间位移为 27.97mm，对应层间位移角 1/50。

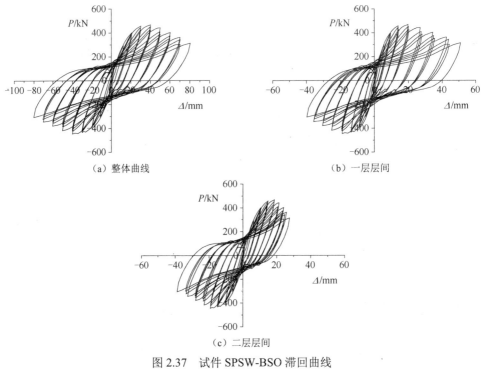

（a）整体曲线　　　　　　　　　　　（b）一层层间

（c）二层层间

图 2.37　试件 SPSW-BSO 滞回曲线

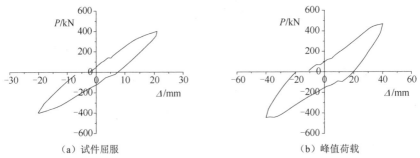

（a）试件屈服　　　　　　　　　　　（b）峰值荷载

图 2.38　试件 SPSW-BSO 典型滞回环

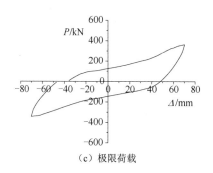

（c）极限荷载

图 2.38　试件 SPSW-BSO 典型滞回环（续）

2.4.2　骨架曲线

将滞回曲线上同向（拉或压）各级加载第一圈循环的荷载极值点依次相连得到的包络曲线称为骨架曲线。骨架曲线是每级循环加载达到的水平力最大峰值的轨迹，反映了构件受力与变形的各个不同阶段及特性（强度、刚度、延性、耗能及抗倒塌能力等），也是确定恢复力模型中特征点的重要依据[14]。

各试件的骨架曲线如图 2.39～图 2.42 所示。可以看出，4 个试件均有明确的弹性阶段、弹塑性阶段和极限破坏阶段。加载初期，框架处于弹性阶段，骨架曲线接近直线。钢板剪力墙屈曲后刚度略有下降。加载至屈服荷载时，钢板剪力墙大部分屈服，3 个开洞钢板剪力墙试件的柱脚钢管外侧也已屈服，试件的刚度逐渐降低。随着位移的增大，钢板剪力墙继续发挥其屈曲后强度，荷载继续升高。

对比 4 个试件的骨架曲线可知，在钢板剪力墙上开设洞口降低了试件的承载能力。由于中部开洞试件设置了较密的加劲肋且加劲肋与框架连接共同抵抗水平荷载，因此试件 SPSW-CO 的承载力降低较小。达到峰值荷载后，荷载逐渐降低，而试件 SPSW-BS 荷载下降平缓。试件 SPSW-CO 柱脚较早形成塑性铰，导致荷载下降稍快。试件 SPSW-SO 与试件 SPSW-BSO 由于洞口加劲肋与框架的连接破坏较早，钢板剪力墙失去锚固，荷载下降较快。对比各试件的层间骨架曲线可知，试件 SPSW-BS 两层的刚度和变形较为接近，表明两层钢板剪力墙的性能均得到了充分发挥。3 个开洞钢板剪力墙试件进入弹塑性阶段后，由于柱脚屈服或加劲肋连接的破坏，两层层间刚度差异较大，其中一层刚度下降较快，随着加载位移的增大，刚度小的一层塑性变形较大，试件破坏时，刚度较大的一层部分钢板剪力墙性能未得到充分发挥。同时表明，在加劲肋与框架的连接强度足够时，开洞钢板剪力墙结构也具有较高的承载力和后期刚度。

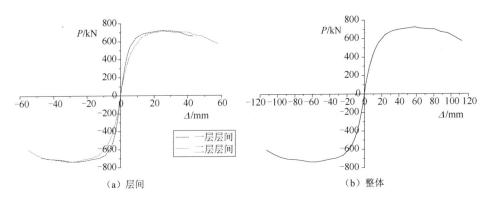

（a）层间　　　　　　　　　　（b）整体

图 2.39　试件 SPSW-BS 骨架曲线

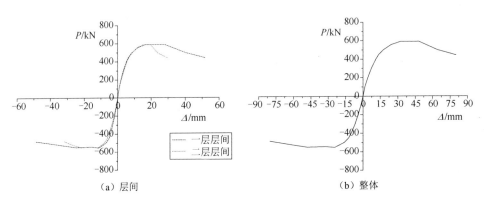

（a）层间　　　　　　　　　　（b）整体

图 2.40　试件 SPSW-CO 骨架曲线

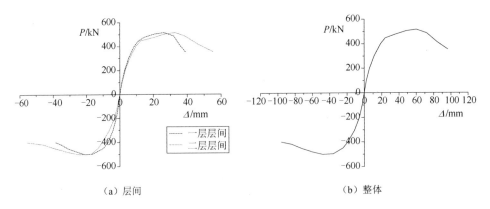

（a）层间　　　　　　　　　　（b）整体

图 2.41　试件 SPSW-SO 骨架曲线

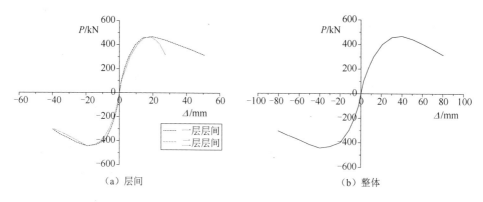

（a）层间　　　　　　　　　　　（b）整体

图 2.42　试件 SPSW-BSO 骨架曲线

2.4.3　延性

　　结构、构件或构件的某个截面从屈服开始到达最大承载能力或达到最大承载以后承载力没有显著下降期间的变形能力，即为延性。在抗震设计中，延性是一个重要的指标，通常用延性系数 μ_Δ 来表示。延性系数 μ_Δ 为极限位移 Δ_u 与屈服位移 Δ_y 之比。延性系数越大，构件在塑性变形阶段继续抵抗外界荷载的能力就越好。国外规范对延性系数的要求高于耗能能力指标[15]。由于材料的非线性，荷载-位移骨架曲线往往没有明显屈服点，国际上也暂无确定屈服位移的统一标准，研究者常用的方法有能量等效面积法、通用屈服弯矩法等[16]。采用通用屈服弯矩法确定试件的屈服位移 Δ_y。根据各试件骨架曲线求得的延性见表 2.4～表 2.7。

　　由表 2.4 可知，极限荷载时的层间侧移角超过《抗规》中的弹塑性层间位移角限值，试件 SPSW-BS 的整体延性系数平均为 6.2，延性系数大于钢框架内置钢板剪力墙结构[17,18]，表明方钢管混凝土框架内置钢板剪力墙结构能够充分发挥两类结构构件的性能，具有优异的延性。

表 2.4　试件 SPSW-BS 主要试验结果

加载方向		屈服			峰值			极限			μ_Δ
		P_y	Δ_y	Δ_y/H	P_{max}	Δ_{max}	Δ_{max}/H	P_u	Δ_u	Δ_u/H	
整体	推	569.8	17.41	1/184	724.8	58.25	1/55	616.1	104.62	1/31	6.0
	拉	588.4	16.97	1/189	734.6	56.47	1/57	624.4	109.14	1/29	6.4
	平均	579.1	17.19	1/187	729.7	57.36	1/56	620.3	106.88	1/30	6.2
一层	推	584.3	7.05	1/199	724.8	25.05	1/56	659.3	43.18	1/32	6.1
	拉	595.8	6.55	1/214	734.6	25.66	1/55	684.4	47.30	1/30	7.2
	平均	590.1	6.80	1/206	729.7	25.36	1/55	671.9	45.24	1/31	6.7
二层	推	571.2	9.29	1/151	724.8	29.37	1/48	616.1	53.04	1/26	5.7
	拉	586.4	9.31	1/150	734.6	28.33	1/49	624.4	53.03	1/26	5.7
	平均	578.8	9.30	1/151	729.7	28.85	1/49	620.3	53.04	1/26	5.7

注：P、Δ 分别代表荷载和位移，单位分别为 kN、mm；角标 y、max、u 分别代表屈服、峰值和极限状态。余同。

试件 SPSW-CO 推向加载时左柱受压柱脚钢管内凹屈曲，影响了试件的承载力和延性。拉向加载时左柱受拉，柱脚屈曲恢复，钢管的受拉性能未受到影响，因此，试件 SPSW-CO 拉向的承载力和延性均大于推向（表 2.5），拉向极限荷载时的层间侧移角超过《抗规》限值，表明方钢管混凝土框架内置中部开洞钢板剪力墙结构具有良好的承载力和延性。

表 2.5 试件 SPSW-CO 主要试验结果

加载方向		屈服			峰值			极限			μ_Δ
		P_y	Δ_y	Δ_y/H	P_{max}	Δ_{max}	Δ_{max}/H	P_u	Δ_u	Δ_u/H	
整体	推	476.5	15.85	1/203	590.0	48.08	1/67	501.5	63.74	1/50	4.0
	拉	476.6	14.50	1/221	551.6	24.37	1/132	480.6	80.23	1/40	5.5
	平均	476.6	15.18	1/212	570.8	36.23	1/89	491.1	71.99	1/45	4.8
一层	推	472.7	7.40	1/189	590.0	28.07	1/50	501.5	39.98	1/35	5.4
	拉	478.8	6.25	1/224	551.6	11.18	1/125	480.6	48.56	1/29	7.8
	平均	475.8	6.83	1/205	570.8	19.63	1/71	491.1	44.27	1/32	6.6
二层	推	479.0	7.88	1/178	590.0	19.43	1/72	501.5	23.70	1/59	3.0
	拉	479.2	7.35	1/190	551.6	11.74	1/119	480.6	31.60	1/44	4.3
	平均	479.1	7.62	1/184	570.8	15.59	1/90	491.1	27.65	1/51	3.7

试件 SPSW-SO 与试件 SPSW-BSO 骨架曲线的特征点分别见表 2.6、表 2.7。试件 SPSW-SO 与 SPSW-BSO 的洞口槽钢加劲肋与框架连接焊缝在反复荷载作用下撕裂，部分钢板剪力墙由于失去锚固退出工作，试件达到极限荷载。此时钢板剪力墙的材料性能尚未充分发挥，框架柱脚也未形成塑性铰。由于试件的水平荷载主要由钢板剪力墙承担，荷载下降较快。《建筑抗震试验方法规程》（JGJ 101—96）中规定破坏荷载为峰值荷载的 85%，试件降至破坏荷载缘于钢板剪力墙退出工作，而框架未发生严重的破坏。因此，当对加劲肋的连接构造进行合理设计后，方钢管混凝土框架内置侧边开洞钢板剪力墙结构也将具有更好的延性。

表 2.6 试件 SPSW-SO 主要试验结果

加载方向		屈服			峰值			极限			μ_Δ
		P_y	Δ_y	Δ_y/H	P_{max}	Δ_{max}	Δ_{max}/H	P_u	Δ_u	Δ_u/H	
整体	推	415.0	20.47	1/157	516.5	60.30	1/53	439.0	80.09	1/40	3.9
	拉	403.1	19.31	1/166	499.5	48.22	1/67	424.5	81.37	1/39	4.2
	平均	409.1	19.89	1/161	508.0	54.26	1/59	431.8	80.73	1/40	4.1
一层	推	417.2	9.45	1/148	516.5	26.42	1/53	439.0	34.26	1/41	3.6
	拉	401.5	7.23	1/194	499.5	21.04	1/67	424.5	34.40	1/41	4.8
	平均	409.4	8.34	1/168	508.0	23.73	1/59	431.8	34.33	1/41	4.2
二层	推	415.9	10.52	1/133	516.5	32.87	1/43	439.0	44.16	1/32	4.2
	拉	415.2	11.41	1/123	499.5	24.47	1/57	242.5	44.26	1/32	3.8
	平均	415.6	10.97	1/128	508.0	28.67	1/49	340.8	44.21	1/32	4.0

表 2.7　试件 SPSW-BSO 主要试验结果

加载方向		屈服			峰值			极限			μ_Δ
		P_y	Δ_y	Δ_y/H	P_{max}	Δ_{max}	Δ_{max}/H	P_u	Δ_u	Δ_u/H	
整体	推	379.6	19.16	1/168	467.9	40.16	1/80	397.7	61.70	1/52	3.2
	拉	358.4	16.44	1/195	444.4	40.04	1/80	377.8	60.33	1/53	3.7
	平均	369.0	17.80	1/180	456.2	40.10	1/80	387.8	61.02	1/53	3.5
一层	推	387.2	8.98	1/156	467.9	19.77	1/71	397.7	35.49	1/39	3.9
	拉	352.7	7.00	1/200	444.4	19.03	1/74	377.8	30.51	1/46	4.4
	平均	370.0	7.99	1/175	456.2	19.40	1/72	387.8	33.00	1/42	4.4
二层	推	384.4	9.90	1/141	467.9	18.58	1/75	397.7	24.32	1/58	2.5
	拉	369.0	8.94	1/157	444.4	19.22	1/73	377.8	27.97	1/50	3.1
	平均	376.7	9.42	1/149	456.2	18.90	1/74	387.8	26.15	1/54	2.8

2.4.4　耗能能力

　　结构的耗能能力是指其在地震荷载作用下吸收和消耗能量的能力，这种能力体现为结构或构件在经历反复的塑性变形后，仍具有一定的承载能力。试件的能量耗散能力可以用等效黏滞阻尼系数 h_e 来衡量，其值越大，表明试件的耗能能力越好。等效黏滞阻尼系数 h_e 受荷载-变形滞回曲线所包围的面积影响，可按式（2.9）计算，各部分面积如图 2.43 所示[13]。

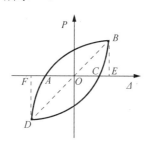

图 2.43　能量耗散系数

$$h_e = \frac{1}{2\pi} \cdot \frac{S_{\triangle ABC} + S_{\triangle CDA}}{S_{\triangle OBE} + S_{\triangle ODF}} \tag{2.9}$$

式中：$S_{\triangle ABC} + S_{\triangle CDA}$ 为滞回环的面积；$S_{\triangle OBE} + S_{\triangle ODF}$ 为相应三角形的面积，代表结构的弹性应变能。

　　各试件的耗能能力指标见表 2.8～表 2.11 与图 2.44～图 2.47。试件 SPSW-BS 达到峰值荷载前（水平荷载 724kN，顶梁位移 56mm），二层钢板剪力墙耗散的能量大于一层钢板剪力墙。而达到峰值荷载后，随着位移的增加，一层钢板剪力墙耗散的能量逐渐超过二层钢板剪力墙（表 2.8、图 2.44）。产生以上现象的原因是：达到峰值荷载时钢板剪力墙已大面积屈服，其材料性能已充分发挥。同时由于柱脚形成塑性铰导致一层刚度下降，上下两层刚度出现差异。随着加载位移增大，刚度小的一层通过塑性变形吸收了更多的能量。总体而言，一、二层消耗的能量基本相同，表明该试件设计较为合理，两层钢板剪力墙均充分发挥了材料的耗能能力。

表 2.8　试件 SPSW-BS 耗能能力

加载位移/mm	整体		一层		二层	
	耗能/（kN·mm）	h_e	耗能/（kN·mm）	h_e	耗能/（kN·mm）	h_e
1.5	84.51	0.090	40.98	0.098	43.53	0.083
3.6	224.27	0.054	86.07	0.048	138.20	0.059
6.0	450.29	0.044	158.74	0.037	291.55	0.049
9.1	876.61	0.043	277.35	0.033	599.26	0.050
10.7	1 148.29	0.043	336.15	0.031	812.14	0.051
13.0	1 796.46	0.050	530.31	0.037	1 266.15	0.059
15.7	3 257.86	0.064	1 055.10	0.051	2 202.76	0.072
24.0	9 833.83	0.108	4 153.40	0.109	5 680.43	0.108
32.0	17 052.95	0.132	7 773.14	0.139	9 279.81	0.126
40.0	23 840.12	0.144	11 306.59	0.153	12 533.53	0.137
48.0	31 740.77	0.156	15 763.36	0.169	15 977.41	0.145
56.0	40 289.31	0.162	20 109.03	0.173	20 180.28	0.153
64.0	44 815.77	0.162	22 317.25	0.172	22 498.52	0.153
72.0	50 764.68	0.165	25 592.06	0.176	25 172.62	0.156
80.0	56 674.08	0.167	28 975.32	0.178	27 698.76	0.156
88.0	60 584.38	0.165	31 357.32	0.177	29 227.06	0.154
96.0	62 025.47	0.158	31 339.12	0.164	30 686.35	0.153
104.0	67 065.97	0.161	35 011.50	0.167	32 054.47	0.155
112.0	74 357.62	0.178	38 006.65	0.182	36 350.97	0.175

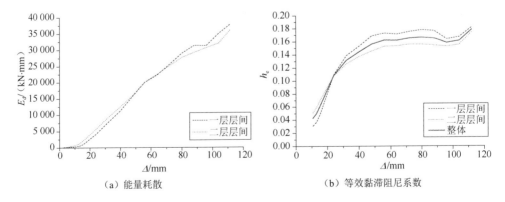

（a）能量耗散　　　　　　　　　（b）等效黏滞阻尼系数

图 2.44　试件 SPSW-BS 耗能能力曲线

试件 SPSW-CO 在峰值荷载（顶梁位移 32mm）前，上下两层耗散的能量几乎相同。达到峰值荷载后，由于柱脚破坏严重，一层刚度下降，层间位移角增大加快，一层在塑性变形中吸收了更多的能量（表 2.9、图 2.45）。

表 2.9　试件 SPSW-CO 耗能能力

加载位移/mm	整体		一层		二层	
	耗能/（kN·mm）	h_e	耗能/（kN·mm）	h_e	耗能/（kN·mm）	h_e
1.8	152.40	0.117	66.62	0.110	74.35	0.113
4.2	474.00	0.087	183.92	0.075	247.18	0.089
7.4	1 034.60	0.075	405.80	0.066	521.71	0.074
11.2	2 265.00	0.083	969.15	0.080	1 079.92	0.079
14.0	3 540.00	0.093	1 607.05	0.095	1 659.02	0.088
18.0	6 375.10	0.119	3 008.22	0.123	2 950.62	0.112
24.0	13 227.60	0.156	6 535.24	0.163	5 764.84	0.142
32.0	21 378.10	0.191	12 099.45	0.218	9 242.41	0.178
48.0	41 386.80	0.242	25 226.23	0.269	16 343.04	0.223
64.0	58 080.60	0.291	36 437.74	0.306	21 944.02	0.277
80.0	56 799.20	0.250	36 128.83	0.255	20 993.89	0.242

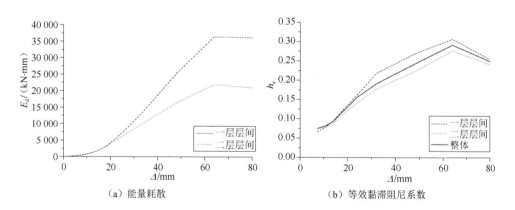

（a）能量耗散　　　　　　　　　　（b）等效黏滞阻尼系数

图 2.45　试件 SPSW-CO 耗能能力曲线

试件 SPSW-SO 和 SPSW-BSO 在加载过程中，洞口加劲肋连接破坏导致部分钢板剪力墙退出工作，整体刚度下降。洞口加劲肋连接破坏最先发生在试件 SPSW-SO 的二层和试件 SPSW-BSO 的一层，因此，从两个试件的耗能能力图表可以看出，对于试件 SPSW-SO，二层吸收的能量大于一层，对于试件 SPSW-BSO，一层吸收的能量大于二层（表 2.10、表 2.11，图 2.46、图 2.47）。

表 2.10　试件 SPSW-SO 耗能能力

加载位移/mm	整体		一层		二层	
	耗能/（kN·mm）	h_e	耗能/（kN·mm）	h_e	耗能/（kN·mm）	h_e
2.4	69.44	0.070	69.44	0.107	37.24	0.043
6.0	250.61	0.067	250.61	0.080	227.58	0.057
11.5	807.48	0.084	807.48	0.090	932.28	0.079
18.8	2 292.42	0.112	2 292.42	0.117	2 731.88	0.107
24.2	4 071.54	0.132	4 071.54	0.137	4 556.65	0.127
36.0	7 560.72	0.153	7 560.72	0.158	8 641.31	0.148
48.0	11 816.31	0.173	11 816.31	0.180	13 555.34	0.168
60.0	16 053.81	0.187	16 053.81	0.198	18 005.88	0.178
72.0	18 347.00	0.193	18 347.00	0.197	21 645.33	0.191
84.0	19 284.57	0.206	19 284.57	0.209	24 795.68	0.204
96.0	19 210.55	0.206	19 210.55	0.210	26 650.89	0.204

表 2.11　试件 SPSW-BSO 耗能能力

加载位移/mm	整体		一层		二层	
	耗能/（kN·mm）	h_e	耗能/（kN·mm）	h_e	耗能/（kN·mm）	h_e
2.6	132.00	0.080	78.00	0.108	54.00	0.062
7.1	672.30	0.079	321.00	0.086	355.00	0.076
12.4	2 104.50	0.095	1 056.00	0.104	1 062.00	0.090
20.9	6 244.90	0.127	3 162.00	0.138	3 332.00	0.128
30.0	12 472.00	0.153	6 675.00	0.172	6 174.00	0.149
40.0	19 817.60	0.181	11 077.00	0.199	9 166.00	0.169
50.0	26 781.90	0.206	15 938.00	0.226	11 256.00	0.189
60.0	31 728.80	0.221	18 793.00	0.235	13 164.00	0.207
70.0	34 552.20	0.228	20 787.00	0.239	13 944.00	0.216

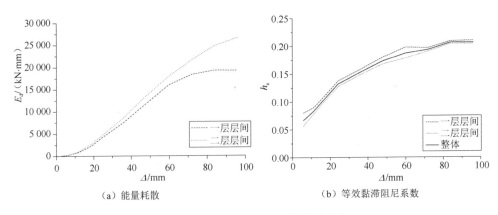

（a）能量耗散　　　　　　　　　　　　　（b）等效黏滞阻尼系数

图 2.46　试件 SPSW-SO 耗能能力曲线

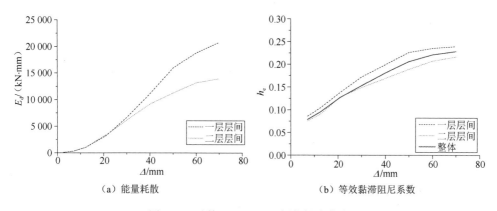

（a）能量耗散　　　　　　　　　　（b）等效黏滞阻尼系数

图 2.47　试件 SPSW-BSO 耗能能力曲线

试件 SPSW-CO 钢板剪力墙上的加劲肋布置较密，钢板剪力墙宽厚比较小，在水平荷载作用下先屈服后屈曲，因此滞回曲线最饱满，耗能能力最好。其他 3 个试件宽厚比较大，属于先屈曲后屈服的薄板，在卸载后的反向加载过程中，钢板剪力墙产生"呼吸效应"，失去承载能力，曲线出现较严重的捏缩。开洞钢板剪力墙试件 SPSW-SO 与 SPSW-BSO 的耗能能力优于未开洞薄钢板剪力墙试件 SPSW-BS。

2.4.5　刚度与承载力退化

试件进入弹塑性阶段后，刚度随着位移的增加而逐渐退化，这种退化性质反映了结构的积累损伤[12]。试件的刚度可用割线刚度 K_i 来表示，K_i 按式（2.10）计算：

$$K_i = \frac{\left|+P_i\right| + \left|-P_i\right|}{\left|+\varDelta_i\right| + \left|-\varDelta_i\right|} \tag{2.10}$$

式中：$+P_i$、$-P_i$ 分别为第 i 次循环时推向、拉向峰值点的荷载；$+\varDelta_i$、$-\varDelta_i$ 分别为第 i 次循环时推向、拉向峰值点的位移。

各试件的割线刚度如图 2.48 所示。在屈服荷载前，随着荷载的增加，钢板剪力墙逐渐屈服，各试件的刚度退化较快。试件屈服后，钢板剪力墙承担荷载的比例逐渐减小，框架承担荷载的比例逐渐增大，由于钢管混凝土框架前期承担荷载较少，尚未达到框架自身的峰值荷载，且延性较好，结构整体的刚度下降趋势逐渐变缓。

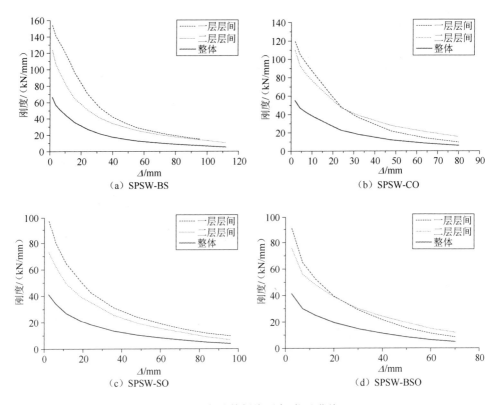

图 2.48   各试件割线刚度-位移曲线

试件 SPSW-BS 和 SPSW-SO 在加载全过程中，一层层间刚度始终大于二层。在未达到峰值荷载时，两个试件的上下两层刚度退化趋势较为一致。达到峰值荷载后，试件 SPSW-BS 一层刚度降低较快，试件 SPSW-SO 后期两层刚度-位移曲线斜率基本相同。试件 SPSW-CO 和 SPSW-BSO 在屈服荷载前一层刚度大于二层，但一层刚度下降较快，两个试件刚度-位移曲线均在屈服位移处相交，超过屈服位移后，一层刚度小于二层，且一层刚度降低较快。

在同级加载的各循环中，试件的承载力会随反复加载次数的增加而降低，结构刚度和承载力的退化可用承载力降低系数 λ_i 来表征[12]，λ_i 可按式（2.11）计算：

$$\lambda_i = \frac{P_j^{i+1}}{P_j^i} \tag{2.11}$$

式中：P_j^i、P_j^{i+1} 分别为 j 倍屈服位移加载时，第 i、$i+1$ 次循环的峰值荷载。

各试件的承载力退化系数如表 2.12～表 2.15 与图 2.49 所示。可以看出，承载力退化系数最小值为 0.848，在峰值荷载前承载力退化系数均大于 0.95。方钢管混凝土框架内置钢板剪力墙结构强度退化小，不会发生突然的强度破坏。由于洞口加劲肋的构造破坏，开洞钢板剪力墙结构的承载力退化程度略大于未开洞钢板剪力墙结构。

表 2.12　试件 SPSW-BS 承载力退化系数

位移/mm	16	−16	24	−24	32	−32	40	−40	48	−48	56	−56
λ_1	0.983	1.007	0.971	0.983	0.978	0.971	0.980	0.973	0.970	0.969	0.954	0.954
λ_2	0.993	0.984	0.978	0.973	0.982	0.980	0.971	0.982	0.981	0.970	0.976	0.976

位移/mm	64	−64	72	−72	80	−80	88	−88	96	−96	104	−104
λ_1	0.948	0.950	0.965	0.976	0.955	0.954	0.952	0.973	0.955	0.958	0.935	0.950
λ_2	0.986	0.984	0.974	0.980	0.970	0.969	0.975	0.969	0.963	0.967	—	—

表 2.13　试件 SPSW-CO 承载力退化系数

位移/mm	18	−18	24	−24	32	−32	48	−48	64	−60	80	−80
λ_1	1.000	0.985	1.000	0.980	0.976	0.964	0.945	0.934	0.916	0.935	0.931	0.927
λ_2	0.970	0.985	0.985	0.975	0.965	0.975	0.948	0.952	0.934	0.968	—	—

表 2.14　试件 SPSW-SO 承载力退化系数

位移/mm	24	−24	36	−36	48	−48	60	−60	72	−72	84	−84	96	−96
λ_1	0.943	1.029	0.970	0.942	0.955	0.959	0.932	0.941	0.906	0.935	0.896	0.956	0.912	0.938
λ_2	0.903	0.967	0.979	0.986	0.977	0.966	0.960	0.958	0.929	0.962	0.918	0.956	0.859	0.848

表 2.15　试件 SPSW-BSO 承载力退化系数

位移/mm	20	−20	30	−30	40	−40	50	−50	60	−60	70	−70
λ_1	0.975	0.975	0.979	0.972	0.944	0.964	0.923	0.925	0.931	0.928	0.939	0.948
λ_2	0.982	0.982	0.981	0.957	0.964	0.942	0.945	0.949	0.96	0.936	0.929	0.88

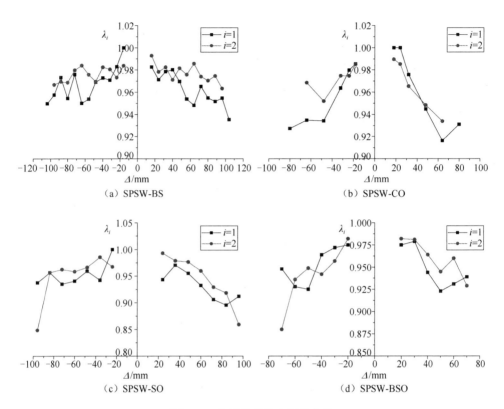

（a）SPSW-BS　　　　　　　　　　　　（b）SPSW-CO

（c）SPSW-SO　　　　　　　　　　　　（d）SPSW-BSO

图 2.49　各试件承载力退化曲线

2.4.6　应力

1. 试件 SPSW-BS

试件 SPSW-BS 框架与钢板剪力墙的应力发展情况如图 2.50 所示。图中 ε 为测点处的单轴应变；ε_m 为应力对应的应变，由式（2.7）求得；ε_y 为材料的屈服应变。试件 SPSW-BS 的屈服位移为 16mm，由图 2.50（a）、（b）可以看出，试件达到屈服位移时，柱脚钢管翼缘的边缘纤维应力已接近屈服，而各层钢梁的翼缘、腹板在试验过程中受力较小。钢板剪力墙拉力场的水平分力使腹板受剪，竖直分力使腹板受拉，因此腹板的应力大于翼缘。

钢板剪力墙应变片的测点编号见图 2.10。将钢板剪力墙看作单轴受力状态，当正反两个方向加载时，分别取与主应力方向相同的应变数据。由图 2.50（c）、（d）可以看出，达到屈服荷载时，一、二层钢板剪力墙的大部分测点处均已屈服。其中，一层钢板剪力墙各测点的屈服较为同步，表明拉力场的分布较均匀。推向加载时，二层钢板剪力墙与拉力场方向相同的对角线上测点 1、3、5 屈服较早，而

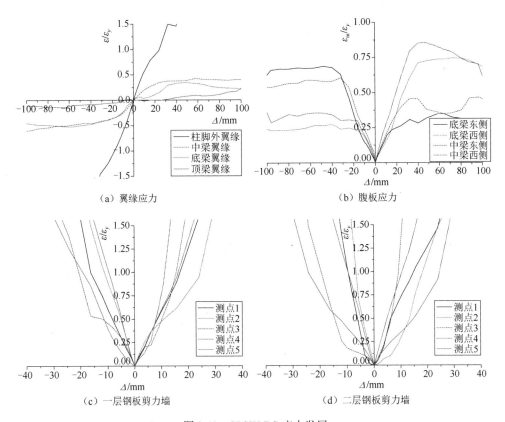

（a）翼缘应力　　　　　　　　　　　　（b）腹板应力

（c）一层钢板剪力墙　　　　　　　　　　（d）二层钢板剪力墙

图 2.50　SPSW-BS 应力发展

对角线两侧的测点 2、4 屈服较晚。拉向加载时情况相同，对角线上的测点 1、2、4 屈服较早，两侧的测点 3、5 屈服较晚。表明加载初期，对角线处的钢板剪力墙受力较大，随着位移的增大，拉力场逐渐向两侧扩展，钢板剪力墙内力逐渐分布均匀。

　　以上应力发展情况表明，侧向荷载主要由钢板剪力墙承担，框架承担的比例较小。一、二两层钢板剪力墙均充分发挥了屈曲后性能。虽然钢管屈服较早，但钢管边缘纤维屈服时，截面仍可继续承受荷载。由试件的荷载-位移曲线可以看出，钢管屈服后，结构的水平荷载仍在继续上升，直至柱脚形成塑性铰。

　　2. 试件 SPSW-CO

　　试件 SPSW-CO 框架与钢板剪力墙的应力发展情况如图 2.51 所示。由图 2.51（a）、（b）可以看出，试件 SPSW-CO 与试件 SPSW-BS 钢板剪力墙边框的应力分布相似。柱脚钢管屈服较早，各层钢梁应力较小。由图 2.51（c）、（d）可以看出，二层钢板剪力墙测点 2、4、5 屈服较早。一层钢板剪力墙测点 1、3 在较大的位移时才发生屈服。加载过程中，推向加载时二层钢板剪力墙测点 1、3 未发生屈服，拉向加载时二层钢板剪力墙测点 3 未发生屈服。应变监测结果与试验观察到的现象一致，洞口左侧、右侧与上方区格钢板剪力墙的应力和平面外变形较大，洞口左上、右上区格钢板剪力墙的应力和平面外变形较小，一层钢板剪力墙受力和变形大于二层钢板剪力墙。

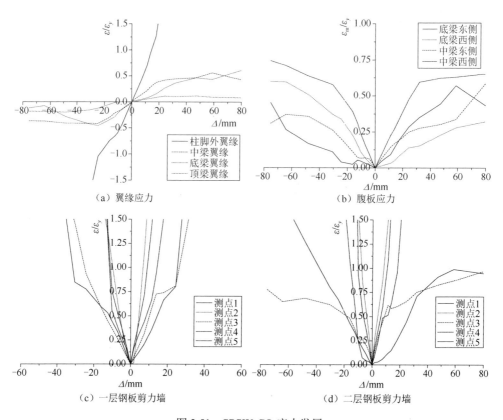

图 2.51　SPSW-CO 应力发展

3. 试件 SPSW-SO

试件 SPSW-SO 框架与钢板剪力墙的应力发展情况如图 2.52 所示。由图 2.52（a）可以看出，试件 SPSW-SO 柱脚和钢梁翼缘的应力分布与试件 SPSW-BS 相似。由于洞口上下的钢梁受力机理与连梁相似，水平荷载产生的倾覆弯矩使左右两柱分别承受拉力和压力。两柱间的反向轴力在开洞处由钢梁传递，导致该段短梁承受了较大的剪力。试件 SPSW-SO 的洞口位于左侧，由图 2.52（b）可知，推向加载至屈服荷载时，中梁和底梁左侧腹板屈服。拉向加载至屈服荷载时中梁左侧腹板屈服，此时底梁左侧腹板应力较大但未发生屈服。当位移继续增大时，由于结构其他部位屈服，内力发生重分布，底梁腹板的应力不再增大。中梁和底梁右侧腹板受力较小，未发生屈服。由图 2.52（c）、（d）可知，试件 SPSW-SO 钢板剪力墙内力分布与试件 SPSW-BS 相似，初期对角线上的钢板剪力墙受力较大。随着位移的增大，拉力场逐渐向两侧扩展，钢板剪力墙内力分布逐渐均匀。

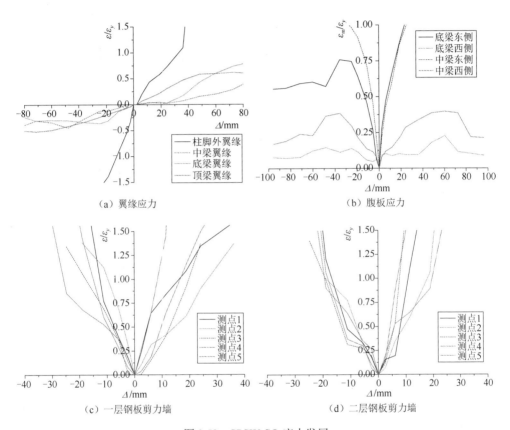

（a）翼缘应力　　　　　　　　　　　　　（b）腹板应力

（c）一层钢板剪力墙　　　　　　　　　　（d）二层钢板剪力墙

图 2.52　SPSW-SO 应力发展

4. 试件 SPSW-BSO

试件 SPSW-BSO 中框架与钢板剪力墙的应力发展情况如图 2.53 所示。由于试件 SPSW-BSO 两侧开洞较小，洞口位于钢梁腹板与节点板的螺栓连接处，而腹板的测点位置未在开洞处。因此，测得的腹板应力小于试件 SPSW-SO 开洞处钢梁腹板应力。在加载过程中，钢梁腹板未达到屈服应力。试件 SPSW-BSO 内力分布与试件 SPSW-BS 相似。

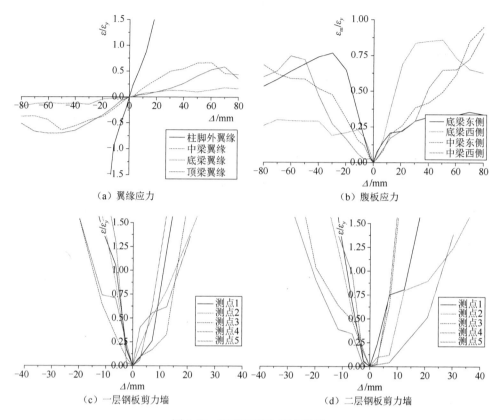

图 2.53　SPSW-BSO 应力发展

2.4.7　受力机理与破坏机制

在方钢管混凝土框架内置开洞钢板剪力墙结构体系中，方钢管混凝土框架为钢板剪力墙提供了足够的锚固，使钢板剪力墙的拉力带得到了充分的发展，同时框架本身也具有较高的承载力和延性，满足抗震设计中"二道防线"的要求。

对于方钢管混凝土框架内置未开洞钢板剪力墙（试件 SPSW-BS），当水平荷载小于钢板剪力墙的屈曲荷载时，钢板剪力墙处于平面应力状态。由骨架曲线和刚度退化曲线可知，钢板剪力墙屈曲对结构的刚度影响较小。当水平位移较小时，钢板剪力墙刚度大，框架刚度小，水平荷载主要由钢板剪力墙承担。随着荷载的增加，当达到结构的屈服荷载时，大部分钢板剪力墙屈服。试件屈服后，钢板剪力墙形成明显的沿主拉应力场方向的折痕，随着加载方向的交替，钢板剪力墙产生"呼吸效应"，滞回曲线在位移零点附近呈一段水平线，此时水平荷载主要由框架承担，滞回环出现捏缩现象。进入位移控制加载后，由于钢板剪力墙的四角存在应力集中，钢板剪力墙角部相继发生撕裂，裂缝随着循环次数和加载位移的增加而不断发展。由于试件冗余度高，钢板剪力墙角部撕裂并未影响试件的承载力，水平荷载随着位移的增大而增加。由于方钢管混凝土框架具有较高的承载力和延性，达到峰值荷载时，钢板剪力墙已充分发挥其屈曲后性能，破坏较为严重，此时框架柱脚发生鼓曲。峰值荷载后，随着加载位移的继续增加，钢板剪力墙和柱脚的塑性变形继续发展，而钢梁未发生明显的破坏，最终柱脚鼓曲严重形成塑性铰，导致试件破坏。薄钢板剪力墙的滞回曲线呈反 "S" 型，耗能能力略差。研究表明，与耗能能力相比，延性对结构抗震性能的贡献更大[19]，试件 SPSW-BS 延性系数为 6.2，表明方钢管混凝土框架内置钢板剪力墙结构具有较好的延性。

　　钢板剪力墙的周边框架不同于通常意义的抗弯框架，水平荷载大部分由钢板剪力墙承担，钢板剪力墙周边框架的梁柱节点处弯矩较小。倾覆弯矩转化为边框柱中较大的轴力，导致柱脚先于梁端破坏。方钢管混凝土框架主要作为钢板剪力墙的边缘构件，不完全等同于框架内置剪力墙结构中的框架，故作者认为设计时可不必完全遵守 "强柱弱梁" 的设计理念。

　　方钢管混凝土框架内置中部开洞钢板剪力墙（试件 SPSW-CO）设置了较密的加劲肋，钢板剪力墙被分隔成宽厚比较小的小区格。试件屈服时，各小区格面外变形较小，钢板剪力墙的屈曲与屈服几乎同时发生。虽然钢板剪力墙宽厚比较小，在较大的侧移下，钢板剪力墙内主应力仍形成了拉力场。较高的屈曲荷载使试件具有较好的耗能能力，减轻了滞回曲线的捏缩现象。加劲肋与框架焊接连接，使加劲肋与框架共同抵抗水平荷载，一定程度上弥补了钢板剪力墙开洞的承载力损失。

　　方钢管混凝土框架内置单侧开洞钢板剪力墙（试件 SPSW-SO）和方钢管混凝土框架内置两侧开洞钢板剪力墙（试件 SPSW-BSO）的受力机理与普通薄钢板剪力墙类似。试验中加劲肋与周边框架的焊缝破坏较早，之后由于应力集中，导致钢板剪力墙角部与框架的连接发生破坏。当无法保证加劲肋与框架可靠的刚性连接时，可采用铰接连接。加劲肋与框架断开后，洞口一侧的钢板剪力墙失去锚固，试件 SPSW-SO 和 SPSW-BSO 可分别看做三边连接、一边自由的钢板剪力墙和两边连接、两边自由的钢板剪力墙，如图 2.54 所示。对于三边连接钢板剪力墙 [图 2.54（a）]，由于一侧边缘缺少锚固，在向右的水平剪力作用下，拉力场主要在 B、C 区域形成，在向左的水平剪力作用下，拉力场主要在 A、B 区域形成，D 区域的钢板剪力墙无法得到充分利用。对于两边连接钢板剪力墙 [图 2.54（b）]，在向右的水平剪力作用下，钢板剪力墙仅能在阴影区域形成拉力场，大部分钢板剪力墙无法得到充分利用，且主应力与水平方向夹角较大，水平方向受力较差。因此，为了充分发挥钢板剪力墙的屈曲后性能，必须确保洞口加劲肋具有足够的强度和刚度，并与周边框架可靠连接。同时，由于钢板剪力墙与框架的连接破坏，钢板剪力墙承担的水平荷载减少，框架承担的荷载增加，进入弹塑性阶段后，框架的刚度较小，在水平荷载作用下框架变形较大。因此，试件 SPSW-BSO 破坏时，二层钢板剪力墙的破坏并不明显。各试件的最终破坏形态如图 2.55 所示。

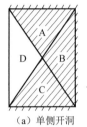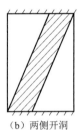

（a）单侧开洞　　　（b）两侧开洞

图 2.54　开洞钢板剪力墙受力

（a）SPSW-BS　　　　　　　　　　（b）SPSW-CO

图 2.55　各试件破坏形态

（c）SPSW-SO　　　　　　　　　　　　（d）SPSW-BSO

图 2.55　各试件破坏形态（续）

2.5　本　章　小　结

本章进行了 3 种不同开洞形式的方钢管混凝土框架内置开洞钢板剪力墙试件与一个方钢管混凝土框架内置未开洞钢板剪力墙对比试件的拟静力试验，研究了开洞钢板剪力墙的抗震性能，得到以下结论：

（1）在往复水平荷载作用下，3 个开洞钢板剪力墙试件与未开洞钢板剪力墙试件能够较为充分地发挥钢板剪力墙的屈曲后强度。钢板剪力墙角部、中部先发生撕裂，随后由于柱脚形成塑性铰导致试件破坏。滞回曲线呈反"S"型，滞回性能稳定，延性较好。

（2）中部开洞钢板剪力墙被加劲肋分隔成宽厚比较小的小区格，钢板剪力墙屈曲与屈服几乎同时发生。由于试件屈曲荷载较高，前期滞回曲线较饱满。之后由于钢板剪力墙屈曲，滞回曲线逐渐"捏缩"，中部开洞钢板剪力墙的耗能能力优于其他 3 个试件。

（3）钢板剪力墙开洞在一定程度上降低了结构的承载力，但提高了结构的耗能能力。中部开洞试件由于设置了较密的加劲肋，且加劲肋参与抵抗水平荷载，承载力下降较少。

（4）为充分发挥开洞钢板剪力墙的性能，钢板剪力墙洞口侧应设置加劲肋，并确保加劲肋具有足够的强度、刚度及可靠连接。

（5）3个开洞钢板剪力墙试件与未开洞钢板剪力墙试件性能稳定，在屈服位移前，一层刚度大于二层，试件屈服后一层刚度降低。试件的承载力退化平缓，不会发生突然的强度破坏。

参 考 文 献

[1] ANSI/AISC 341-10. Seismic provisions for structural steel buildings[S]. Chicago，USA：American Institute of Steel Construction，2010.

[2] 童根树，陶文登. 竖向槽钢加劲钢板剪力墙剪切屈曲[J]. 工程力学，2013，30(9)：1-9.

[3] 聂建国，樊健生，黄远，等. 钢板剪力墙的试验研究[J]. 建筑结构学报，2010，31(9)：1-8.

[4] ELGAALY M. Thin steel plate shear walls behavior and analysis[J]. Thin-Walled Structures，1998，32(3)：151-180.

[5] CACCESE V，ELGAALY M，CHEN R B. Experimental study of thin steel plate shear walls under cyclic load[J]. Journal of Structural Engineering，1993，119(2)：573-587.

[6] ELGAALY M，LIU Y B. Analysis of thin-steel plate shear walls[J]. Journal of Structural Engineering，1997，123(11)：1487-1496.

[7] GB/T 2975—1998. 钢及钢产品力学性能试验取样位置及试样制备[S]. 北京：中国标准出版社，1999.

[8] GB/T 228.1—2010. 金属材料室温拉伸试验方法[S]. 北京：中国标准出版社，2011.

[9] GB/T 700—2006. 碳素结构钢[S]. 北京：中国标准出版社，2007.

[10] GB/T 50081—2002. 普通混凝土力学性能试验方法标准[S]. 北京：中国建筑工业出版社，2003.

[11] 王先铁，郝际平，周观根，等. 方钢管混凝土柱-钢梁平面框架抗震性能试验研究[J]. 建筑结构学报，2010，31(8)：8-14.

[12] JGJ 101—96. 建筑抗震试验方法规程[S]. 北京：中国建筑工业出版社，1997.

[13] 熊仲明，王社良. 土木工程结构试验[M]. 北京：中国建筑工业出版社，2006.

[14] 姚振纲. 建筑结构试验[M]. 上海：同济大学出版社，1996.

[15] CHOPRA A K. 结构动力学：理论及其在地震工程中的应用[M]. 2版. 谢礼立，吕大刚，等，译. 北京：高等教育出版社，2007.

[16] 梁兴文，马恺泽，李菲菲，等. 型钢高强混凝土剪力墙抗震性能试验研究[J]. 建筑结构学报，2011，32(6)：68-75.

[17] 郝际平，郭宏超，解崎，等. 半刚性连接钢框架-钢板剪力墙结构抗震性能试验研究[J]. 建筑结构学报，2011，32(2)：33-40.

[18] 邵建华，顾强. 三层钢框架-薄钢板剪力墙结构抗震性能试验[J]. 沈阳建筑大学学报(自然科学版)，2012，28(5)：803-809.

[19] 童根树. 钢结构设计方法[M]. 北京：中国建筑工业出版社，2007.

第 3 章　方钢管混凝土框架内置开洞钢板剪力墙的受力性能分析

3.1　有限元模型的建立与求解

3.1.1　材料本构模型

采用有限元分析软件 ABAQUS 6.10 对第 2 章中的试件进行数值模拟,将计算结果与试验结果进行对比,并利用有限元软件研究不同参数对开洞钢板剪力墙滞回性能的影响。钢材本构关系选用 ABAQUS 中基于经典金属塑性理论的等向弹塑性模型。在定义材料属性时,程序将输入的单轴应力-应变数据直线连接,并根据 von Mises 屈服准则自动确定其三维应力应变关系[1]。钢材材性参数选用第 2 章中的材性试验值,钢材单向应力(σ)-应变(ε)曲线如图 3.1 所示。材料选用弹性-线性强化模型和随动强化法则,强化模量 E_t=0.02E,E 为钢材弹性模量,弹性阶段泊松比为 0.3。

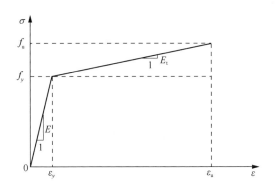

图 3.1　钢材单向拉伸应力-应变曲线

ABAQUS 软件中 Standard 分析模块提供了两种混凝土本构模型,分别是混凝土弹塑性断裂模型(Concrete Smeared Cracking Model)和混凝土塑性损伤模型(Concrete Damaged Plasticity Model)。本书采用塑性损伤模型定义混凝土材料,这种模型综合了非关联多轴硬化塑性和各向同性线性损伤,可以用来模拟往复荷载作用下,混凝土开裂和压碎引起的不可恢复损伤。

混凝土弹性模量（E_c）根据美国规范 ACI 318[2]由式（3.1）求得。

$$E_c = 4730\sqrt{f_c} \qquad (3.1)$$

式中：f_c 为混凝土圆柱体抗压强度，取 30MPa[3]。

钢管混凝土构件中的核心混凝土在钢管的被动约束作用下，处于三轴受压状态，其材料性能与无约束混凝土有所不同，采用无约束混凝土单轴应力-应变本构模型无法描述钢管套箍作用对混凝土材料性能的改变。刘威[4]通过大量的试验和理论分析，提出了一种考虑钢管约束效应的混凝土单轴应力-应变模型，采用该本构模型在 ABAQUS 中对钢管混凝土结构进行有限元分析时，可以得到良好的结果[4]。本章建立有限元模型时，混凝土本构采用文献[4]的模型，模型中材料强度取第 2 章混凝土立方体抗压试验得到的混凝土强度，其单轴受压应力-应变曲线如图 3.2 所示。约束混凝土单轴受压时，其应力-应变关系可由式（3.2）确定。

$$y = \begin{cases} 2x - x^2 & (x \leqslant 1) \\ \dfrac{x}{\beta_0(x-1)^\eta + x} & (x > 1) \end{cases} \qquad (3.2)$$

$$x = \frac{\varepsilon}{\varepsilon_0} ; \quad y = \frac{\sigma}{\sigma_0}$$

$$\sigma_0 = f_c$$

$$\varepsilon_0 = \varepsilon_c + 800\xi^{0.2} \times 10^{-6}$$

$$\varepsilon_c = (1300 + 12.5f_c) \times 10^{-6}$$

$$\eta = 1.6 + 1.5/x$$

$$\beta_0 = \frac{f_c^{0.1}}{1.2\sqrt{1+\xi}}$$

$$\xi = \frac{A_s f_y}{A_c f_{ck}}$$

式中：A_s、A_c 分别为钢管、核心混凝土的横截面积；f_y 为钢材屈服强度；f_{ck} 为混凝土轴心抗压强度标准值；f_c 为混凝土圆柱体抗压强度。

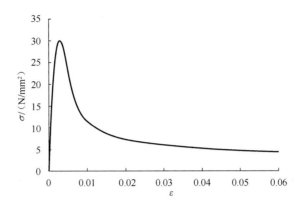

图 3.2　混凝土单轴受压应力-应变曲线

当钢管混凝土受轴心拉力时，需要定义混凝土受拉软化性能。ABAQUS 软件中提供了 3 种定义混凝土受拉软化性能的方法：①采用混凝土受拉的应力-应变关系；②采用混凝土应力-裂缝宽度关系；③采用混凝土破坏能量准则考虑混凝土受拉软化性能即应力-断裂能关系。通常，采用能量破坏准则定义混凝土受拉软化性能时具有较好的计算收敛性。该准则基于脆性破坏概念定义开裂的单位面积作为材料参数，因此，混凝土脆性性能应用应力-断裂能关系来描述。该模型假定混凝土开裂后应力线性减小，本书采用该模型模拟混凝土受拉软化性能，如图 3.3 所示，图中 G_f 和 σ_{t0} 分别为混凝土的断裂能（每单位面积内产生一条连续裂缝所需的能量值）和破坏应力，当 f_c=20MPa 时，破坏能 G_f 为 40N/m；当 f_c=40MPa 时，破坏能 G_f 为 120N/m，中间插值计算。破坏应力 σ_{t0} 按混凝土抗拉强度的计算公式（3.3）确定[4]。

$$\sigma_{t0} = 0.26\sqrt[3]{1.5 f_c^2} \tag{3.3}$$

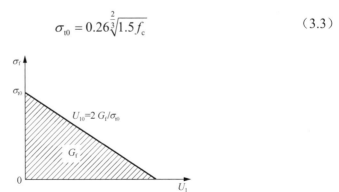

图 3.3　混凝土受拉应力-断裂能模型

ABAQUS 根据输入的多轴模型控制参数，通过非相关的流动法则和相应的屈服面方程，将单轴应力-应变关系转化为多轴应力-应变关系，来解决混凝土在复杂应力状态下的各种问题。混凝土塑性损伤模型的双轴和三轴应力-应变关系模型分别如图 3.4 和图 3.5 所示[5]。

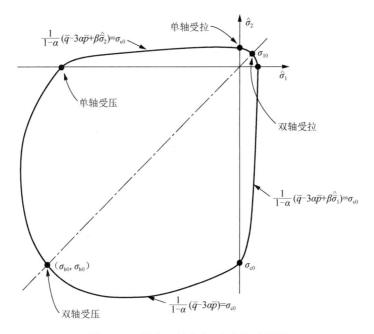

图 3.4　混凝土双轴应力-应变关系模型

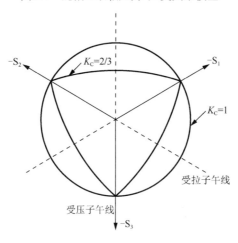

图 3.5　混凝土三轴应力-应变关系模型

混凝土塑性损伤模型采用非相关塑性势能流动法则，模型中塑性势能 G 是 Drucker-Prager 双曲函数，见式（3.4）。

$$G = \sqrt{\left(\varepsilon\sigma_{t0}\tan\varphi\right)^2 + \overline{q}^2} - \overline{p}\tan\varphi \tag{3.4}$$

式中：$\bar{p}$ 为静水压力；$\bar{q}$ 为 Mises 等效应力；φ 为材料在高围压下的扩张角；σ_{t0} 为材料受拉失效时的应力；e 为偏心率。

混凝土屈服面方程由 Lublinear 等提出，之后由 Lee 和 Fenves 修正。考虑混凝土拉伸和压缩下不同性能的有效应力表达式见式（3.5）[1]。

$$F = \frac{1}{1-\alpha}\left(\bar{q} - 3\alpha\bar{p} + \beta\left\langle\hat{\bar{\sigma}}_{\max}\right\rangle - \gamma\left\langle-\hat{\bar{\sigma}}_{\max}\right\rangle\right) - \bar{\sigma}_c = 0 \tag{3.5}$$

式中：$\alpha = \dfrac{(\sigma_{b0}/\sigma_{c0})-1}{2(\sigma_{b0}/\sigma_{c0})-1}$，$0 \leqslant \alpha \leqslant 0.5$；$\beta = \dfrac{\bar{\sigma}_c}{\bar{\sigma}_t}(1-\alpha) - (1+\alpha)$；$\gamma = \dfrac{3(1-K_c)}{2K_c - 1}$；尖括号 $\langle\cdot\rangle$ 定义为 $\langle x\rangle = 0.5(|x|+x)$；$\hat{\bar{\sigma}}_{\max}$ 为有效应力张量的最大主值；σ_{b0}/σ_{c0} 为初始等效双轴抗压强度与初始单轴抗压强度之比；K_c 为形状系数，为受拉子午线与受压子午线上应力张量第二不变量的比值；$\bar{\sigma}_t$ 为有效受拉黏结应力；$\bar{\sigma}_c$ 为有效受压黏结应力。

混凝土塑性损伤模型中参数见表 3.1。

表 3.1　混凝土材料塑性参数

膨胀角/（°）	偏心率 e	σ_{b0}/σ_{c0}	形状系数 K_c	黏性系数
30	0.1	1.16	0.667	0.0005

当混凝土的单轴受力处于应力-应变曲线的软化段时，混凝土的卸载响应会因材料损伤而削弱，其卸载刚度会随之降低。卸载刚度的降低程度可以通过损伤因子来衡量，d_c、d_t 分别为混凝土材料单轴受压和单轴受拉状态下的损伤因子，可按式（3.6）、式（3.7）确定。试验证明，当 $b_c=0.3\sim0.7$、$b_t=0.1$ 时可以获得较好的计算结果，对于钢管混凝土，损伤系数还应适当减小[6]。本书取 $b_c=0.5$，$b_t=0.1$。

$$d_c = 1 - \frac{\sigma_c E_c^{-1}}{\varepsilon_c^{pl}(1/b_c - 1) + \sigma_c E_c^{-1}} \tag{3.6}$$

$$d_t = 1 - \frac{\sigma_t E_c^{-1}}{\varepsilon_t^{pl}(1/b_t - 1) + \sigma_t E_c^{-1}} \tag{3.7}$$

3.1.2　有限元模型的单元与网格

钢管与钢梁选用壳单元或实体单元均可以得到较好的应力计算结果。但选用实体单元时，沿钢材厚度方向需划分至少 4 个单元才能得到较好的变形计算结果，此时为了控制单元的长宽比，网格尺寸极小。本书分析模型在加载过程中钢板剪力墙与框架均会产生较大的局部变形，为了更好地模拟结构的变形情况，所有钢材均选用考虑大变形的线性缩减薄壳单元（S4R）。

　　ABAQUS 中的实体单元分为完全积分单元和缩减积分单元。完全积分单元的高斯积分点数目可对单元刚度矩阵中的多项式进行精度积分。承受弯曲荷载时，线性完全积分单元会出现剪切自锁问题，导致单元过于刚硬，细化网格后计算精度仍然较差。缩减积分单元在各个方向比完全积分单元少一个积分点。本书模型中钢管内混凝土选用八节点缩减积分实体单元（C3D8R），由于模型中存在钢管与混凝土的接触问题，采用线性单元有利于减少计算时间。

　　按照第 2 章试件尺寸建立了 4 个钢板剪力墙试件的精细化有限元模型，命名规则与第 2 章相同。为提高计算精度和计算速度，建模时对各部件进行了细致的分区，使模型具有整齐的网格。图 3.6 为有限元模型网格。

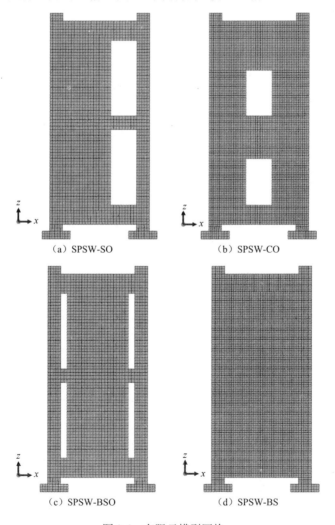

(a) SPSW-SO　　　　　　　　　(b) SPSW-CO

(c) SPSW-BSO　　　　　　　　(d) SPSW-BS

图 3.6　有限元模型网格

3.1.3　边界条件与荷载

有限元模型的边界条件与试验一致。*xoy* 平面为地面，方钢管混凝土框架位于 *xoz* 平面内。在柱脚设置限制 *x*、*y*、*z* 三个方向平动的约束，模拟柱脚刚接。在每层试验试件侧向支撑高度处，于模型的钢管壁设置平面外约束（平面外位移 UY=0），防止框架平面外失稳。

施加荷载时，第一分析步将两个钢管混凝土柱的顶面分别与一个参考点耦合，在参考点处分别施加 400kN 的竖向荷载。第二分析步中，在顶梁上翼缘顶面施加位移控制的水平荷载。水平往复荷载的施加与第 2 章试验研究加载制度相同。模型的边界条件和加载方式见图 3.7。

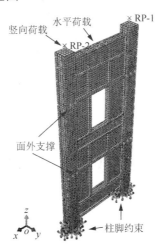

图 3.7　边界条件与加载方式

钢管混凝土构件中钢与混凝土的相互作用包括界面法线方向的接触和切线方向的黏结滑移和摩擦。有限元模型中钢管与核心混凝土接触面的法线方向设置为"硬"接触，这种接触属性可以传递接触面间的压力和变形。接触面的切线方向采用库仑摩擦模型，通过定义界面摩擦系数 μ 来模拟钢材与混凝土间的化学黏结与滑移，钢材与混凝土间 μ 取 0.6[3]。

3.1.4　初始几何缺陷

钢板剪力墙不可避免地存在初始变形。在侧向荷载作用下，由于存在初始几何缺陷，钢板剪力墙的剪力-变形曲线初始刚度将小于理想平板。在进行有限元分析时应考虑初始几何缺陷对钢板剪力墙结构性能的影响。

有限元分析中的初始几何缺陷通常通过屈曲分析得到。取屈曲分析得到的一阶模态或多阶模态叠加作为结构的初始几何形态,再根据试验前测得的各试件钢板剪力墙的初始面外变形确定有限元模型初始变形的大小。选择模态时,应根据屈曲分析计算结果,结合模型特点确定。有限元模型中,模型 SPSW-CO 被加劲肋分隔成多个区格,应选择多阶模态叠加,使各个区格都有一定的初始面外变形,模型 SPSW-SO、SPSW-BSO 与 SPSW-BS 钢板剪力墙均为整块大区格,前两阶屈曲模态即为一、二层钢板剪力墙的面外屈曲,因此可取前两阶模态的叠加。各模型典型屈曲模态如图 3.8 所示。

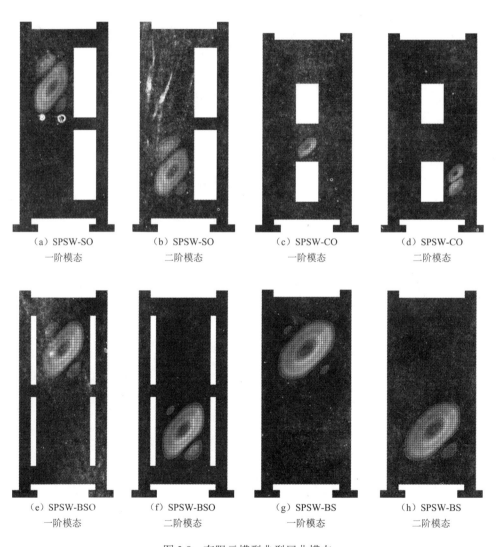

<table>
<tr><td>(a) SPSW-SO
一阶模态</td><td>(b) SPSW-SO
二阶模态</td><td>(c) SPSW-CO
一阶模态</td><td>(d) SPSW-CO
二阶模态</td></tr>
<tr><td>(e) SPSW-BSO
一阶模态</td><td>(f) SPSW-BSO
二阶模态</td><td>(g) SPSW-BS
一阶模态</td><td>(h) SPSW-BS
二阶模态</td></tr>
</table>

图 3.8　有限元模型典型屈曲模态

3.2　有限元结果分析及与试验结果对比

3.2.1　滞回曲线对比

图 3.9 为有限元和试验荷载-顶梁位移滞回曲线对比。有限元模拟了试件的理想情况，而试件材料强度的离散性、试件加工质量、试验装置间的缝隙、支撑系统对试件的摩擦力等因素都将对结构的性能产生影响。因此，有限元计算所得的试件刚度、承载力、滞回环面积等均略大于试验结果。由于 ABAQUS 中提供的金属材料本构模型未考虑材料在高应力状态下循环加载导致的材料刚度退化与断裂，有限元计算滞回曲线较为饱满，"捏缩"并不严重。试件 SPSW-CO 中钢板剪力墙屈曲与屈服同时发生，耗能能力较好，有限元结果与试验结果差别更加明显［图 3.9（b）］。由于有限元模拟中未能考虑试验中钢板剪力墙反复弯折撕裂、焊缝拉裂以及试件 SPSW-CO 柱脚钢管内凹等不利条件的影响，图 3.9 中各有限元模型的滞回曲线在达到峰值荷载后，未出现明显的下降段。虽然有限元计算结果与试验结果略有差距，但有限元模拟可以较好地体现试件的承载力、变形、受力机理等在往复荷载作用下发展的全过程。

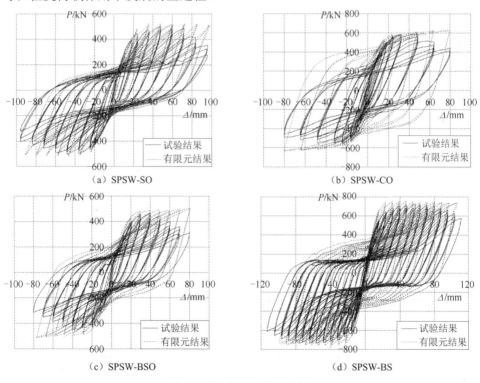

（a）SPSW-SO　　　　　　　　　　（b）SPSW-CO

（c）SPSW-BSO　　　　　　　　　　（d）SPSW-BS

图 3.9　各试件滞回曲线对比

图 3.10 为有限元和试验耗能能力对比。加载过程中，水平荷载做功由材料的塑性变形吸收。有限元模型中未模拟钢材和焊缝的断裂，材料的塑性可以无限开展，因此有限元模型的耗能能力均大于试验试件。

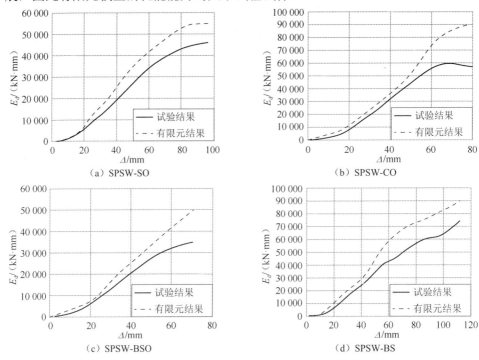

（a）SPSW-SO （b）SPSW-CO

（c）SPSW-BSO （d）SPSW-BS

图 3.10 各试件耗能能力对比

图 3.11、图 3.12 分别为有限元和试验的刚度、承载力退化对比。由图 3.11 可以看出，有限元模型的刚度均略大于试验，但刚度退化的趋势基本一致。有限元模拟了试件的理想状态，而试验中材料均匀性、边界条件、构件几何尺寸均存在一定误差。因此，有限元模型承载力退化均较为稳定，计算承载力退化系数 λ_i 均大于 0.96。

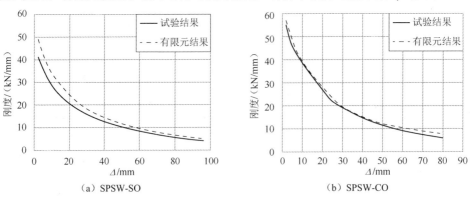

（a）SPSW-SO （b）SPSW-CO

图 3.11 各试件刚度退化对比

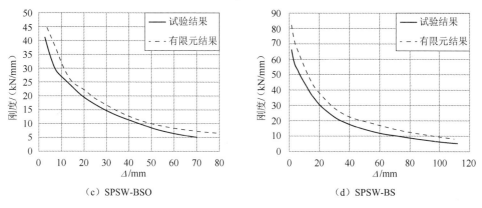

（c）SPSW-BSO　　　　　　　　　　（d）SPSW-BS

图 3.11　各试件刚度退化对比（续）

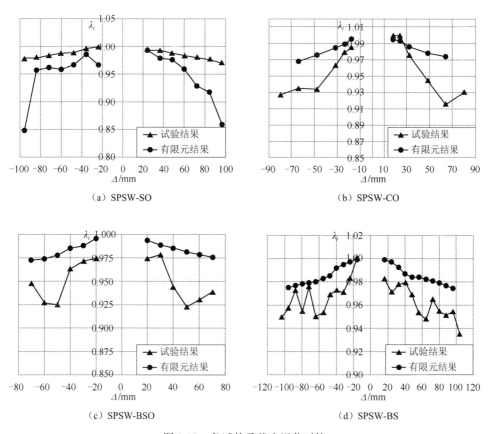

（a）SPSW-SO　　　　　　　　　　（b）SPSW-CO

（c）SPSW-BSO　　　　　　　　　　（d）SPSW-BS

图 3.12　各试件承载力退化对比

3.2.2　骨架曲线对比

图 3.13 为有限元和试验荷载-顶梁位移骨架曲线对比。可以看出，在 3 个试

件 SPSW-BS、SPSW-SO、SPSW-BSO 的弹性阶段，数值计算结果与试验结果吻合较好；试件屈服后，计算骨架曲线的刚度退化与试验曲线相比更为平缓。试件 SPSW-CO 在达到峰值荷载前，有限元结果与试验结果较为吻合。达到峰值荷载后，4 个试件有限元计算曲线均未出现明显的下降段，而试验曲线由于材料和焊缝的破坏导致荷载下降。

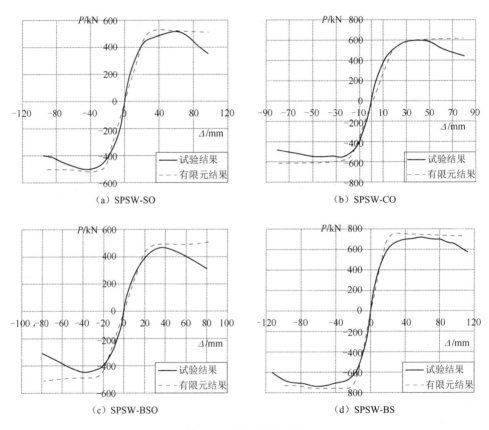

图 3.13　骨架曲线对比

有限元和试验主要结果的对比见表 3.2～表 3.5。由于有限元计算结果没有明显的下降段，表中仅对屈服状态和峰值状态进行对比。对于骨架曲线无下降段的计算结果，取与试验相同峰值点位移对应的荷载值为计算峰值荷载。由表中数据可知，计算承载力与试验结果较为一致，误差在±10%以内。计算屈服荷载、屈服位移均大于试验结果，计算峰值位移小于试验结果，除 SPSW-CO 拉向计算屈服位移和 SPSW-SO 推向计算峰值位移与试验结果误差较大（大于 20%），其余误差在±20%以内。

表 3.2 SPSW-SO 结果对比

项目	方向	屈服		峰值	
		P_y	Δ_y	P_{max}	Δ_{max}
试验结果	推	415.0	20.47	516.5	60.30
	拉	403.1	19.31	499.5	48.22
有限元结果	推	477.1	2.87	527.6	47.74
	拉	458.6	22.3	518.5	46.52
有限元结果 /试验结果	推	1.149	1.166	1.021	0.792
	拉	1.138	1.155	1.038	0.965

表 3.3 SPSW-CO 结果对比

项目	方向	屈服		峰值	
		P_y	Δ_y	P_{max}	Δ_{max}
试验结果	推	476.5	15.85	590.0	48.08
	拉	476.6	14.50	551.6	24.37
有限元结果	推	482.7	17.68	620.5	48.08
	拉	492.6	17.96	552.8	24.37
有限元结果 /试验结果	推	1.013	1.115	1.052	1.000
	拉	1.034	1.239	1.002	1.000

表 3.4 SPSW-BSO 结果对比

项目	方向	屈服		峰值	
		P_y	Δ_y	P_{max}	Δ_{max}
试验结果	推	379.6	19.16	467.9	40.16
	拉	358.4	1.44	444.4	40.04
有限元结果	推	431.0	19.77	493.7	40.16
	拉	426.1	19.47	488.9	40.04
有限元结果 /试验结果	推	1.135	1.032	1.055	1.000
	拉	1.189	1.180	1.100	1.000

表 3.5 SPSW-BS 结果对比

项目	方向	屈服		峰值	
		P_y	Δ_y	P_{max}	Δ_{max}
试验结果	推	569.8	17.41	724.8	58.25
	拉	588.4	16.97	734.6	56.47
有限元结果	推	676.4	18.86	75.9	47.42
	拉	679.3	18.23	758.5	46.50
有限元结果 /试验结果	推	1.170	1.083	1.045	0.814
	拉	1.154	1.074	1.033	0.823

3.3 开洞钢板剪力墙的受力机理分析

3.3.1 未开洞钢板剪力墙（SPSW-BS）的受力机理分析

模型 SPSW-BS 在加载过程中不同阶段的应力、应变及变形如图 3.14 所示，图中所示应力为 von Mises 应力。加载初期，随着水平位移的增加，钢板剪力墙应力逐渐增大。推向加载达到屈服荷载时，两层钢板剪力墙沿左下至右上对角线方向发生平面外屈曲，形成 3 个屈曲半波，板中内力形成拉力场，此时沿对角线方向大部分钢板剪力墙已经屈服。从图中可以看出，钢板剪力墙左上和右下角部受力较小，尚未屈服。在随后的反向加载中，右下至左上对角线方向钢板剪力墙亦形成拉力场，发生屈服。

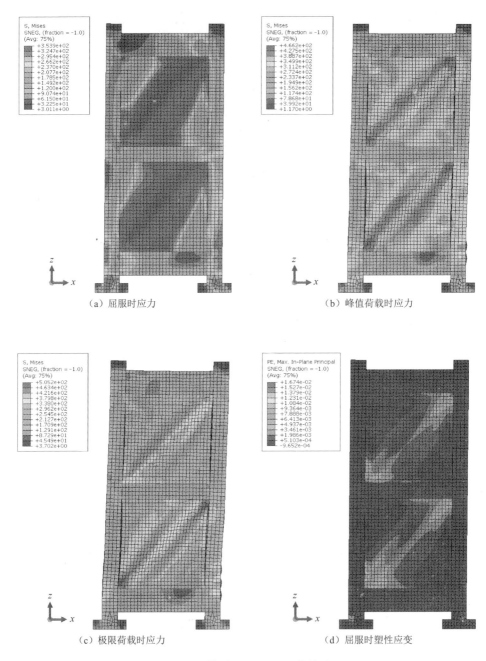

(a) 屈服时应力 　　　　　　　　　　　　　　(b) 峰值荷载时应力

(c) 极限荷载时应力 　　　　　　　　　　　　(d) 屈服时塑性应变

图 3.14　模型 SPSW-BS 计算结果

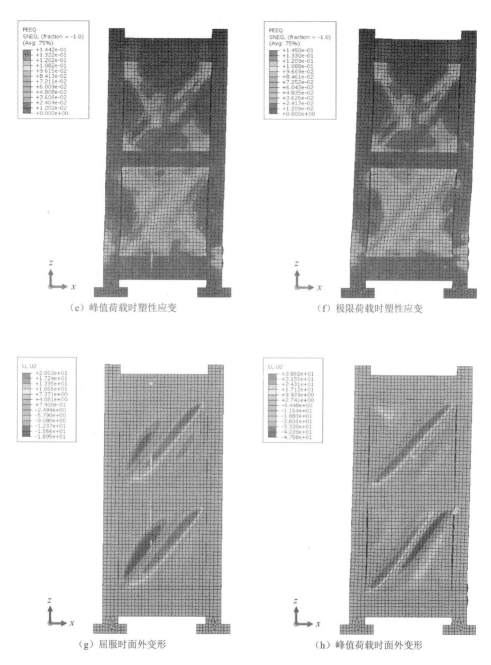

（e）峰值荷载时塑性应变　　　　　　　（f）极限荷载时塑性应变

（g）屈服时面外变形　　　　　　　　（h）峰值荷载时面外变形

图 3.14　模型 SPSW-BS 计算结果（续）

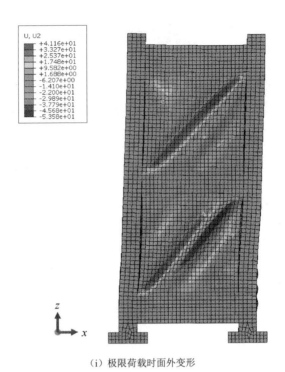

（i）极限荷载时面外变形

图 3.14　模型 SPSW-BS 计算结果（续）

　　钢板剪力墙内形成的拉力场如图 3.15 所示，此时框架柱脚也有小部分屈服。随着位移的增大，柱脚屈服区域逐渐增大。当达到峰值荷载时，钢板剪力墙基本完全屈服，在往复荷载作用下形成不可恢复的残余变形。一层钢板剪力墙的屈服程度大于二层。柱脚大部分区域屈服，形成塑性铰。由于有限元模型荷载下降较为平缓，有限元计算取与试验相同的极限位移作为极限状态。达到极限荷载时，柱脚发生更大面积的屈服。结构最终破坏时，钢板剪力墙破坏严重，柱脚鼓曲。有限元模型与试验变形对比如图 3.16 所示。有限元未能模拟焊缝和钢板的断裂，但模型加载的全过程与试验现象吻合。在整个受力过程中，周边框架为内置钢板剪力墙提供了良好的锚固作用，使钢板剪力墙的屈曲后性能得到了充分发挥，表明方钢管混凝土框架内置钢板剪力墙是一种合理的双重抗侧力体系，能够充分发挥二者的结构性能。

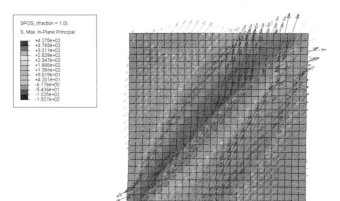

（a）正向加载

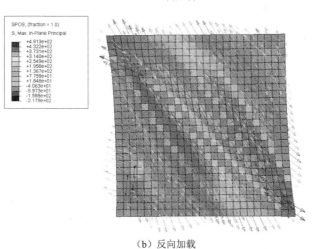

（b）反向加载

图 3.15　一层钢板剪力墙主应力

（a）试验试件变形

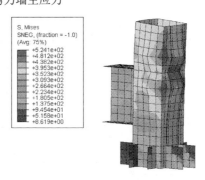

（b）有限元模型变形

图 3.16　柱脚变形对比

3.3.2 单侧开洞钢板剪力墙（SPSW-SO）的受力机理分析

模型 SPSW-SO 在加载过程中不同阶段的应力、应变及变形如图 3.17 所示。可以看出，其受力、变形发展趋势与 SPSW-BS 相似。模型 SPSW-SO 在循环加载的全过程中，上下两层钢板剪力墙的应力发展和变形基本一致。洞口处的钢梁受力机理与连梁相似，水平荷载产生的倾覆弯矩使左右两柱分别承受拉力和压力。两柱间的反向轴力在洞口处由钢梁传递，从而导致该段短梁承受较大的剪力。试验中，中梁腹板由于较大的剪力出现起皮现象。从有限元计算结果可以看出，达到峰值荷载时，洞口处中梁腹板已屈服。达到极限状态时，钢板剪力墙的屈服区域沿对角线发展，呈 "X" 型。钢板剪力墙的上下左右各有部分区域未发生屈服。开洞后钢板剪力墙刚度降低，周边框架承担了更多的荷载。由于框架受力较大，柱脚较早出现塑性铰。因此，在设计开洞钢板剪力墙时，应选择合理的边框刚度，确保钢板剪力墙性能的充分发挥。

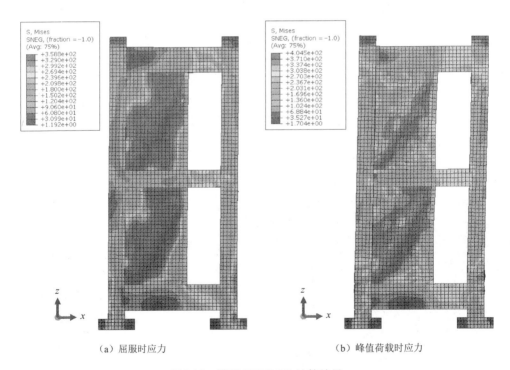

（a）屈服时应力　　　　　　　　　　（b）峰值荷载时应力

图 3.17　模型 SPSW-SO 计算结果

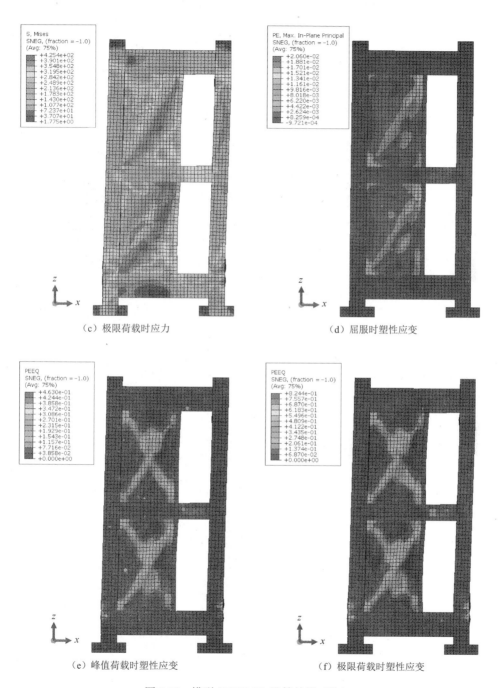

（c）极限荷载时应力　　　　　　　　　（d）屈服时塑性应变

（e）峰值荷载时塑性应变　　　　　　　　（f）极限荷载时塑性应变

图 3.17　模型 SPSW-SO 计算结果（续）

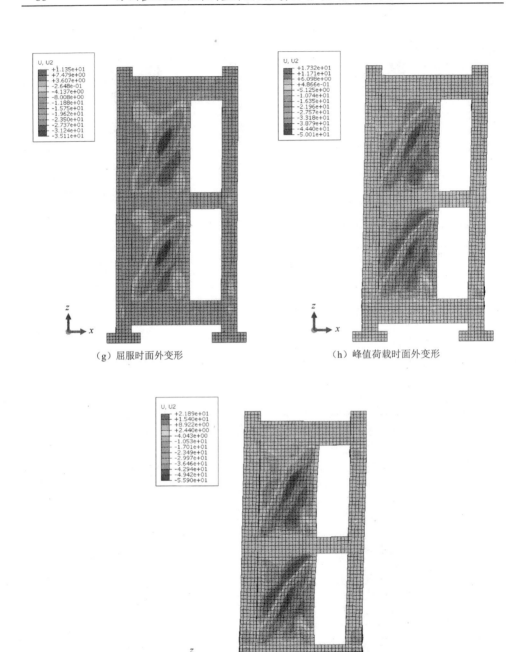

（g）屈服时面外变形　　　　　　　　　　　　（h）峰值荷载时面外变形

（i）极限荷载时面外变形

图 3.17　模型 SPSW-SO 计算结果（续）

3.3.3　中部开洞钢板剪力墙（SPSW-CO）的受力机理分析

模型 SPSW-CO 在加载过程中不同阶段的应力、应变及变形如图 3.18 所示。由于加劲肋将钢板剪力墙分成了若干小区格，导致钢板剪力墙的受力较复杂。在达到屈服荷载时，洞口两侧与洞口上方区格的钢板剪力墙受力较大，已大部分屈服。洞口左上与右上角部区格应力较小，与试验现象一致。达到峰值荷载时，一层钢板剪力墙塑性变形开展较为充分。钢板剪力墙屈服后结构刚度减小，框架逐渐承担更多的水平荷载，柱脚发生屈服且屈服区域不断增大。达到极限荷载时，一层钢板剪力墙基本完全屈服，二层洞口上方、左上、右上区格的应力较小，未完全屈服，柱脚鼓曲严重。由于加劲肋的约束，模型 SPSW-CO 中钢板剪力墙面外变形小于模型 SPSW-BS，表明加劲肋具有较好的屈曲约束作用。

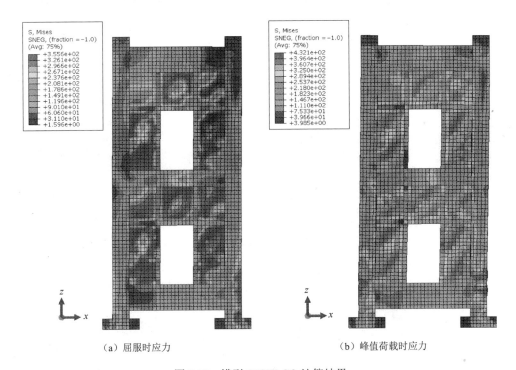

（a）屈服时应力　　　　　　　　　　（b）峰值荷载时应力

图 3.18　模型 SPSW-CO 计算结果

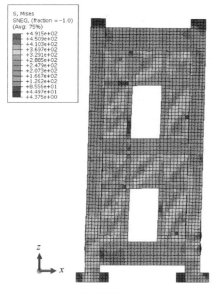

（c）极限荷载时应力

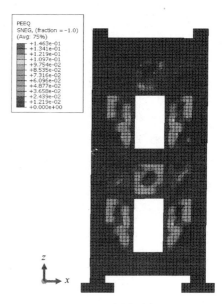

（d）屈服时塑性应变

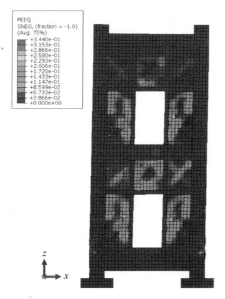

（e）峰值荷载时塑性应变

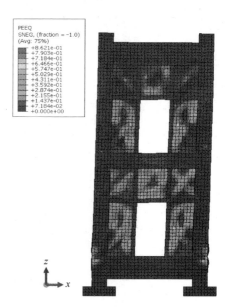

（f）极限荷载时塑性应变

图 3.18　模型 SPSW-CO 计算结果（续）

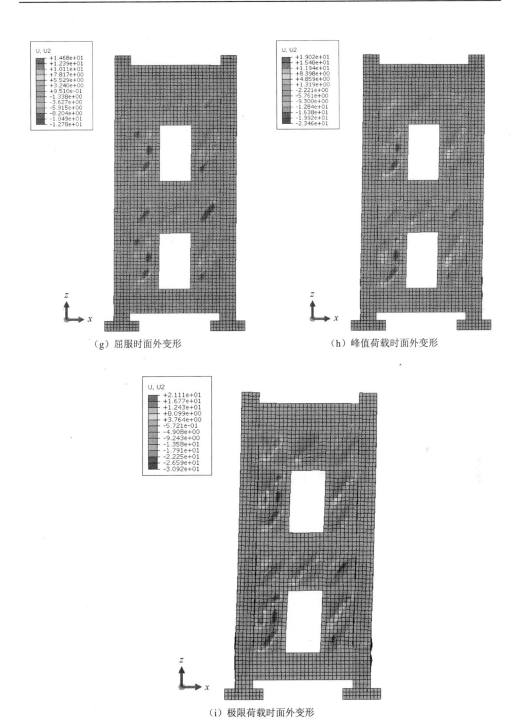

（g）屈服时面外变形　　　　　　　　　（h）峰值荷载时面外变形

（i）极限荷载时面外变形

图 3.18　模型 SPSW-CO 计算结果（续）

3.3.4　两侧开洞钢板剪力墙（SPSW-BSO）的受力机理分析

模型 SPSW-BSO 在加载过程中不同阶段的应力、应变及变形如图 3.19 所示。可将两侧开洞模型看作一个三跨的框架内置钢板剪力墙结构，中间一跨为钢板剪力墙，左右两侧为框架。在同样的倾覆弯矩作用下，跨度较小的框架，钢梁所受的剪力较大。与 SPSW-SO 相比，SPSW-BSO 洞口处钢梁剪力较大。设计时应采用合理的洞口大小，避免开洞过小导致中梁受力过大。同时适当提高开洞处钢梁的承载能力。达到屈服荷载时，左右两边洞口处的中梁腹板已大部分屈服。但模型峰值荷载和极限荷载时的应力和变形图表明，中梁腹板屈服后，并不影响钢板剪力墙性能的发挥，钢板剪力墙的拉力场发展充分。达到峰值荷载时，大部分钢板剪力墙已屈服。

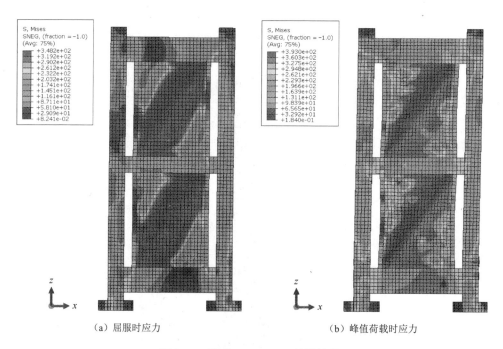

（a）屈服时应力　　　　　　　　　（b）峰值荷载时应力

图 3.19　模型 SPSW-BSO 计算结果

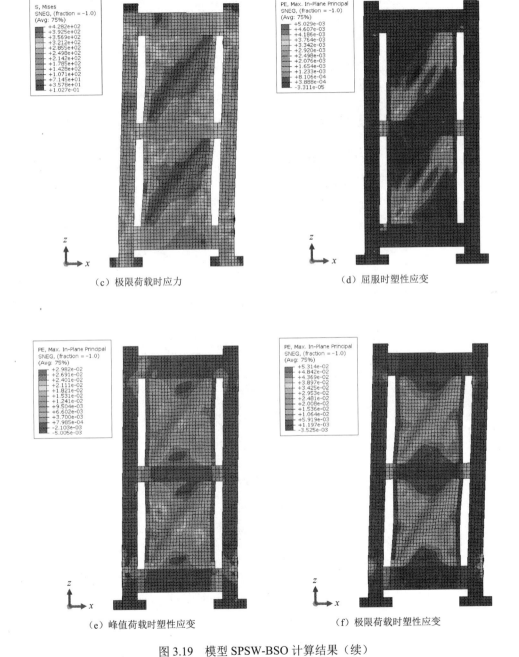

（c）极限荷载时应力　　　　　　　　　　（d）屈服时塑性应变

（e）峰值荷载时塑性应变　　　　　　　　（f）极限荷载时塑性应变

图 3.19　模型 SPSW-BSO 计算结果（续）

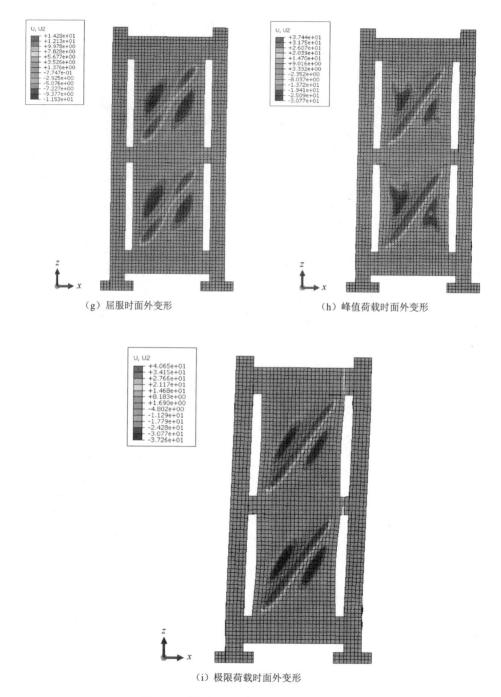

（g）屈服时面外变形   （h）峰值荷载时面外变形

（i）极限荷载时面外变形

图 3.19　模型 SPSW-BSO 计算结果（续）

3.4　开洞钢板剪力墙的参数分析

为进一步明确结构中各参数对方钢管混凝土框架内置开洞钢板剪力墙抗震性能的影响，利用非线性有限元软件 ABAQUS 分析钢板剪力墙宽厚比、轴压比、开洞率、洞口高度比等因素对开洞钢板剪力墙滞回性能的影响。

3.4.1　分析模型

参考天津津塔工程的钢板剪力墙尺寸，建立足尺三层单跨钢板剪力墙有限元模型，建模方法与前文相同。为充分发挥钢板剪力墙的性能，同时使钢板剪力墙周边框架具有足够的强度和刚度，有限元模型中钢板剪力墙和加劲肋屈服强度为 $235N/mm^2$，方钢管和钢梁屈服强度为 $345N/mm^2$，均采用理想弹塑性模型，弹性模量 $E=2.06\times10^5 N/mm^2$。内灌混凝土强度等级 C40。方钢管混凝土柱截面为□700mm×32mm，顶梁截面 H800mm×400mm×25mm×40mm，中梁截面 H700mm×350mm×30mm×35mm，底梁截面 H750mm×350mm×30mm×35mm，洞口加劲肋截面为□200mm×8mm。钢板剪力墙边缘构件具体计算方法见本书第 5 章。由于钢板剪力墙的性能与钢梁腹板相似，模型的初始缺陷参考《钢结构工程施工质量验收规范》（GB 50205—2001）附录 C 中钢梁腹板局部鼓曲的限值，并适当放大，取为 $L_0/250$，L_0 为钢板剪力墙净跨。

所有模型的钢板剪力墙净跨度 L_0 均取 5400mm，净高度 h_0 取 3600mm。分别以钢板剪力墙宽厚比 λ、轴压比 n、开洞率 r、洞口高度比 β 为主要参数。每组参数建立 5 个有限元模型，3 种开洞形式，共计 65 个模型。钢板剪力墙的宽厚比 λ 取钢板剪力墙净跨度 L_0 与钢板剪力墙厚度 t_w 的比值，中部开洞钢板剪力墙被分为多个区格，取宽度最大的区格。轴压比 n 为方钢管混凝土柱顶轴力 N 与截面抗压承载力 N_u 的比值。开洞率 r 为洞口宽度 b 与框架净跨 L_0 的比值，对于模型 SPSW-BSO 而言为两侧洞口宽度之和。洞口高度比 β 为洞口高度 h_d 与框架净高 h_0 的比值。当其中一个参数变化时，其他参数取值不变。3 种开洞钢板剪力墙的典型模型如图 3.20 所示。各参数取值如表 3.6、表 3.7 所示。模型的命名规则为"开洞类型-系列号+编号"，如"CO-A1"中 CO 代表中部开洞钢板剪力墙，A 代表变化参数为宽厚比，编号 1 代表对应模型的序号。B、C、D 分别代表轴压比、开洞率及洞口高度比。

（a）SPSW-SO　　　　　　　（b）SPSW-CO　　　　　　　（c）SPSW-BSO

图 3.20　开洞钢板剪力墙的参数分析模型

表 3.6　模型 SPSW-SO、SPSW-BSO 的尺寸

编号	宽厚比	轴压比	开洞率
	λ	n	r
SO(BSO)-A1	450	0.4	0.3
SO(BSO)-A2	525	0.4	0.3
SO(BSO)-A3	600	0.4	0.3
SO(BSO)-A4	675	0.4	0.3
SO(BSO)-A5	750	0.4	0.3
SO(BSO)-B1	675	0.1	0.3
SO(BSO)-B2	675	0.2	0.3
SO(BSO)-B3	675	0.3	0.3
SO(BSO)-B4	675	0.4	0.3
SO(BSO)-B5	675	0.5	0.3
SO(BSO)-C1	675	0.4	0.1
SO(BSO)-C2	675	0.4	0.2
SO(BSO)-C3	675	0.4	0.3
SO(BSO)-C4	675	0.4	0.4
SO(BSO)-C5	675	0.4	0.5

表 3.7　模型 SPSW-CO 的尺寸

编号	宽厚比 λ	轴压比 n	开洞率 r	洞口高度比 β
CO-A1	450	0.4	0.3	0.5
CO-A2	525	0.4	0.3	0.5
CO-A3	600	0.4	0.3	0.5
CO-A4	675	0.4	0.3	0.5
CO-A5	750	0.4	0.3	0.5
CO-B1	675	0.1	0.3	0.5
CO-B2	675	0.2	0.3	0.5
CO-B3	675	0.3	0.3	0.5
CO-B4	675	0.4	0.3	0.5
CO-B5	675	0.5	0.3	0.5
CO-C1	675	0.4	0.3	0.5
CO-C2	675	0.4	0.4	0.5
CO-C3	675	0.4	0.5	0.5
CO-C4	675	0.4	0.6	0.5
CO-C5	675	0.4	0.7	0.5
CO-D1	675	0.4	0.3	0.3
CO-D2	675	0.4	0.3	0.4
CO-D3	675	0.4	0.3	0.5
CO-D4	675	0.4	0.3	0.6
CO-D5	675	0.4	0.3	0.7

3.4.2　宽厚比对钢板剪力墙滞回性能的影响

薄钢板剪力墙屈曲后结构整体刚度降低，在循环加载至零位移附近时，钢板剪力墙产生"呼吸效应"，失去承载能力，导致滞回环出现一段水平曲线，滞回曲线产生"捏缩"现象。当钢板剪力墙宽厚比减小时，钢板剪力墙厚度增大，其屈曲荷载亦增大，受力机理发生改变，由先屈曲后屈服逐渐转变为屈曲伴随屈服或先屈服后屈曲。当钢板剪力墙宽度不变时，随着宽厚比的减小，钢板剪力墙厚度增加。墙板厚度是钢板剪力墙刚度和承载力最直接的影响因素。

不同宽厚比的 3 种开洞钢板剪力墙滞回曲线如图 3.21～图 3.23 所示，骨架曲线的特征点见表 3.8。结果表明，随着宽厚比的减小，开洞钢板剪力墙结构的刚度增大，承载力显著提高，相同位移下滞回环的面积增大。

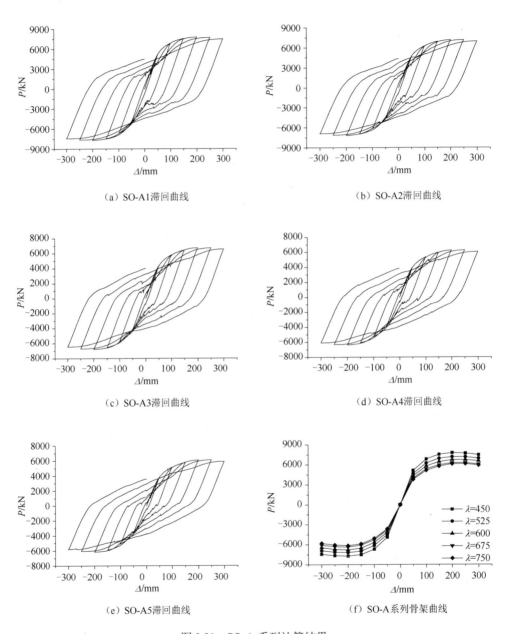

（a）SO-A1滞回曲线　　　　　　　　　　　　（b）SO-A2滞回曲线

（c）SO-A3滞回曲线　　　　　　　　　　　　（d）SO-A4滞回曲线

（e）SO-A5滞回曲线　　　　　　　　　　　　（f）SO-A系列骨架曲线

图 3.21　SO-A 系列计算结果

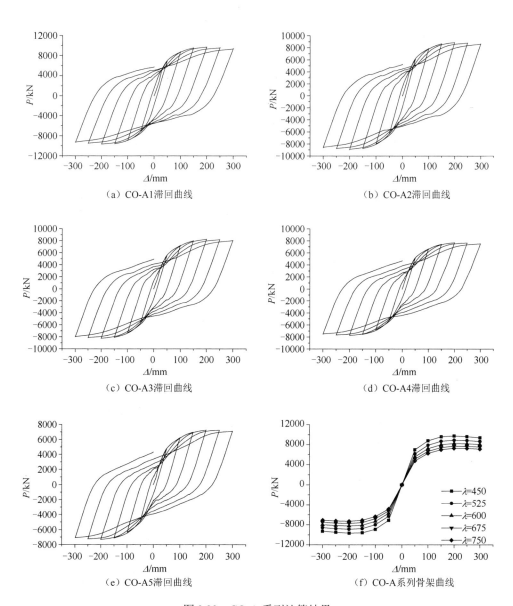

（a）CO-A1滞回曲线　　　　　　　　　　（b）CO-A2滞回曲线

（c）CO-A3滞回曲线　　　　　　　　　　（d）CO-A4滞回曲线

（e）CO-A5滞回曲线　　　　　　　　　　（f）CO-A系列骨架曲线

图 3.22　CO-A 系列计算结果

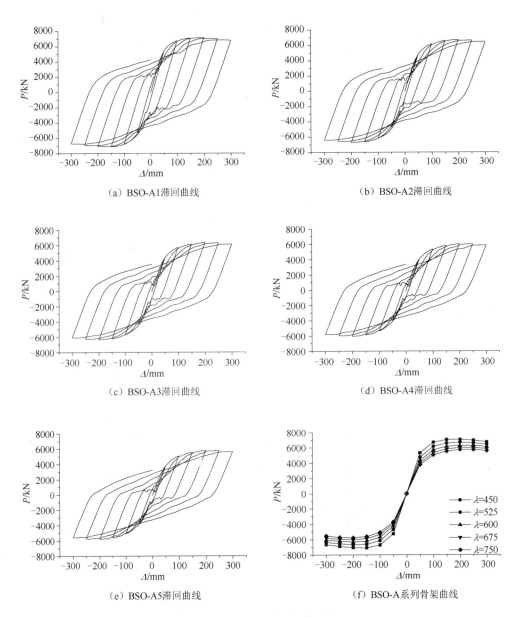

（a）BSO-A1滞回曲线

（b）BSO-A2滞回曲线

（c）BSO-A3滞回曲线

（d）BSO-A4滞回曲线

（e）BSO-A5滞回曲线

（f）BSO-A系列骨架曲线

图 3.23　BSO-A 系列计算结果

表 3.8 不同宽厚比模型的骨架曲线特征点

编号	宽厚比 λ	方向	屈服		峰值		$P_{y,i}/P_{y,1}$	$P_{max,i}/P_{max,1}$
			P_y/kN	Δ_y/mm	P_{max}/kN	Δ_{max}/mm		
SO-A1	450	推	4523	38.54	7756	200.00	1.000	1.000
		拉	4567	36.32	7711	200.00	1.000	1.000
SO-A2	525	推	4129	37.46	7159	200.00	0.913	0.923
		拉	4257	38.87	7191	200.00	0.932	0.933
SO-A3	600	推	3903	36.53	6721	200.00	0.863	0.867
		拉	3996	37.42	6791	200.00	0.875	0.881
SO-A4	675	推	3627	36.53	6264	200.00	0.802	0.808
		拉	3640	34.32	6363	200.00	0.797	0.825
SO-A5	750	推	3478	38.76	6112	200.00	0.769	0.788
		拉	3530	37.88	6154	200.00	0.773	0.798
CO-A1	450	推	6475	40.21	9715	191.15	1.000	1.000
		拉	6417	37.54	9673	185.53	1.000	1.000
CO-A2	525	推	5595	38.92	8887	194.57	0.864	0.915
		拉	5724	39.74	8892	195.64	0.892	0.919
CO-A3	600	推	4980	37.71	8230	197.23	0.769	0.847
		拉	5185	38.87	8245	198.74	0.808	0.852
CO-A4	675	推	4600	39.26	7692	193.55	0.710	0.791
		拉	4762	39.23	7730	196.72	0.742	0.799
CO-A5	750	推	4339	41.34	7263	200.34	0.670	0.748
		拉	4415	39.97	7306	201.47	0.688	0.755
BSO-A1	450	推	5553	44.19	7099	182.86	1.000	1.000
		拉	5590	45.07	7117	166.77	1.000	1.000
BSO-A2	525	推	5208	49.34	6690	194.72	0.938	0.942
		拉	5098	48.33	6699	177.63	0.912	0.941
BSO-A3	600	推	4452	42.33	6281	224.04	0.802	0.885
		拉	4378	41.91	6327	195.28	0.783	0.889
BSO-A4	675	推	4295	46.15	6015	221.81	0.773	0.847
		拉	4182	44.82	6033	206.32	0.748	0.848
BSO-A5	750	推	4000	45.76	5755	214.91	0.720	0.811
		拉	3968	46.30	5777	206.15	0.710	0.812

不同宽厚比模型的等效黏滞阻尼系数见图 3.24 与表 3.9。随着宽厚比的减小，钢板剪力墙厚度增大，钢板剪力墙屈曲荷载增大，循环加载时滞回曲线的捏缩现象减弱。计算结果表明，减小宽厚比可提高结构的耗能能力。

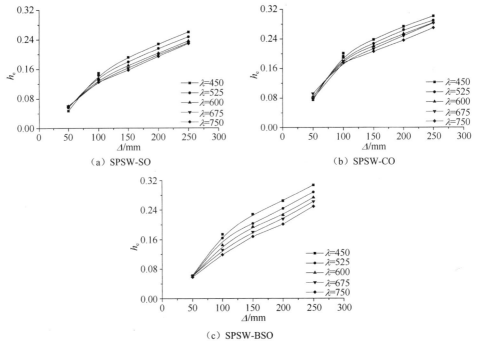

（a）SPSW-SO （b）SPSW-CO

（c）SPSW-BSO

图 3.24 宽厚比对 h_e 的影响

表 3.9 不同宽厚比模型的等效黏滞阻尼系数

编号	宽厚比	等效黏滞阻尼系数				
	λ	h_{e1}	h_{e2}	h_{e3}	h_{e4}	h_{e5}
SO-A1	450	0.047	0.149	0.191	0.228	0.260
SO-A2	525	0.056	0.143	0.179	0.216	0.247
SO-A3	600	0.059	0.134	0.169	0.203	0.236
SO-A4	675	0.060	0.129	0.162	0.199	0.231
SO-A5	750	0.060	0.125	0.157	0.194	0.229
CO-A1	450	0.075	0.201	0.238	0.273	0.301
CO-A2	525	0.083	0.193	0.227	0.264	0.289
CO-A3	600	0.083	0.189	0.220	0.253	0.283
CO-A4	675	0.092	0.180	0.213	0.248	0.282
CO-A5	750	0.079	0.175	0.206	0.236	0.269
BSO-A1	450	0.062	0.174	0.228	0.264	0.307
BSO-A2	525	0.060	0.164	0.203	0.243	0.288
BSO-A3	600	0.060	0.145	0.194	0.226	0.273
BSO-A4	675	0.061	0.132	0.180	0.215	0.262
BSO-A5	750	0.058	0.119	0.168	0.201	0.249

3.4.3 轴压比对钢板剪力墙滞回性能的影响

钢板剪力墙结构在水平荷载作用下发生侧移时，柱顶竖向压力产生的 P-Δ 效应将对结构产生不利影响。随着竖向荷载的增大，P-Δ 效应增大，柱脚在附加弯矩作用下易过早发生破坏，导致钢板剪力墙抵抗水平荷载的能力无法充分发挥。不同轴压比的 3 种开洞钢板剪力墙的滞回曲线如图 3.25～图 3.27 所示，骨架曲线的特征点见表 3.10。加载初期水平荷载主要由钢板剪力墙承担，由图可知，轴压比对钢板剪力墙结构的弹性刚度影响较小。较大的轴压力会加速柱脚塑性铰的形成，因此，随着轴压比的增大，钢板剪力墙结构的承载力降低。单侧开洞钢板剪力墙的轴压比大于 0.4 时，峰值荷载下降幅度较大。

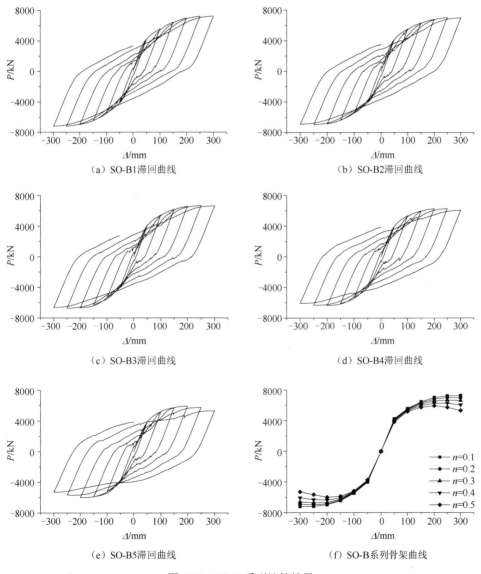

（a）SO-B1滞回曲线　　　　　　　　（b）SO-B2滞回曲线

（c）SO-B3滞回曲线　　　　　　　　（d）SO-B4滞回曲线

（e）SO-B5滞回曲线　　　　　　　　（f）SO-B系列骨架曲线

图 3.25　SO-B 系列计算结果

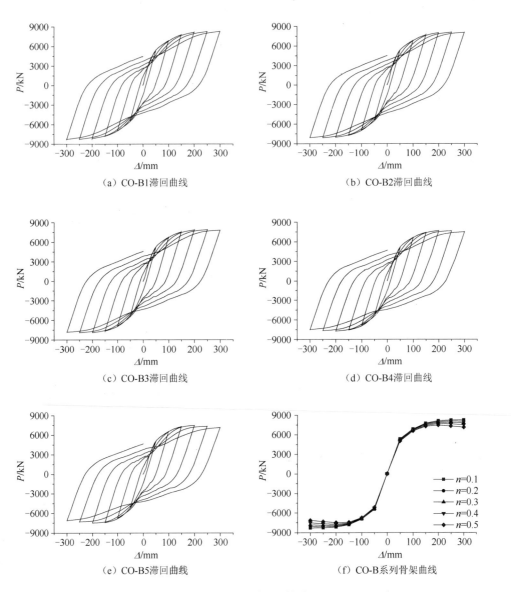

(a) CO-B1滞回曲线

(b) CO-B2滞回曲线

(c) CO-B3滞回曲线

(d) CO-B4滞回曲线

(e) CO-B5滞回曲线

(f) CO-B系列骨架曲线

图 3.26　CO-B 系列计算结果

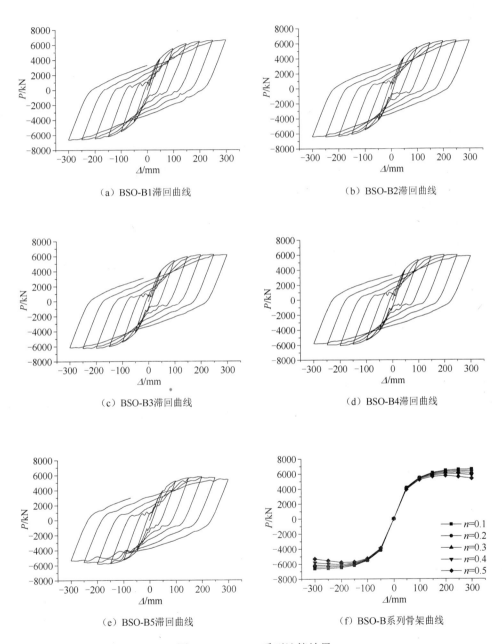

（a）BSO-B1滞回曲线

（b）BSO-B2滞回曲线

（c）BSO-B3滞回曲线

（d）BSO-B4滞回曲线

（e）BSO-B5滞回曲线

（f）BSO-B系列骨架曲线

图 3.27　BSO-B 系列计算结果

表 3.10 不同轴压比模型的骨架曲线特征点

编号	轴压比 n	方向	屈服		峰值		$P_{y,i}/P_{y,1}$	$P_{max,i}/P_{max,1}$
			P_y/kN	Δ_y/mm	P_{max}/kN	Δ_{max}/mm		
SO-B1	0.1	推	3678	37.67	7255	300.00	1.000	1.000
		拉	3654	37.12	7211	300.00	1.000	1.000
SO-B2	0.2	推	3501	36.89	7007	250.00	0.952	0.966
		拉	3310	36.92	6975	250.00	0.906	0.967
SO-B3	0.3	推	3258	36.73	6667	250.00	0.886	0.919
		拉	3149	36.29	6714	250.00	0.862	0.931
SO-B4	0.4	推	2986	35.37	6264	200.00	0.812	0.863
		拉	2886	35.42	6363	200.00	0.790	0.883
SO-B5	0.5	推	2861	35.73	5919	200.00	0.778	0.816
		拉	2780	35.87	6007	200.00	0.761	0.833
CO-B1	0.1	推	4846	38.71	8279	300.06	1.000	1.000
		拉	5058	40.45	8294	299.53	1.000	1.000
CO-B2	0.2	推	4706	39.17	8096	256.36	0.971	0.978
		拉	4982	40.85	8112	249.25	0.985	0.978
CO-B3	0.3	推	4606	39.02	7898	229.34	0.950	0.954
		拉	4894	41.07	7902	238.67	0.967	0.953
CO-B4	0.4	推	4600	39.26	7692	193.55	0.949	0.929
		拉	4762	39.23	7730	196.72	0.941	0.932
CO-B5	0.5	推	4526	39.46	7469	192.32	0.934	0.902
		拉	4706	40.63	7492	191.25	0.930	0.903
BSO-B1	0.1	推	4678	44.94	6595	299.26	1.000	1.000
		拉	4704	45.12	6623	295.23	1.000	1.000
BSO-B2	0.2	推	4500	43.35	6395	277.42	0.962	0.970
		拉	4549	42.23	6401	276.65	0.967	0.966
BSO-B3	0.3	推	4421	42.36	6205	218.69	0.945	0.941
		拉	4455	40.39	6275	221.36	0.947	0.947
BSO-B4	0.4	推	4341	40.78	6106	209.21	0.928	0.926
		拉	4342	39.26	6088	208.23	0.923	0.919
BSO-B5	0.5	推	4182	39.63	5747	198.65	0.894	0.871
		拉	4163	40.26	5718	197.25	0.885	0.863

不同轴压比模型的等效黏滞阻尼系数见图 3.28 与表 3.11。可以看出，随着轴压比的增大，结构的耗能能力提高。在加载位移较小的前两个循环，轴压比变化对单侧开洞、两侧开洞钢板剪力墙耗能能力的影响较小，随着位移的增大，轴压比的影响逐渐增大。由于中部开洞钢板剪力墙小区格的宽厚比较小，钢板剪力墙较厚时耗能能力更加优异，因此，轴压比对中部开洞钢板剪力墙耗能能力的影响小于单侧开洞钢板剪力墙和两侧开洞钢板剪力墙。

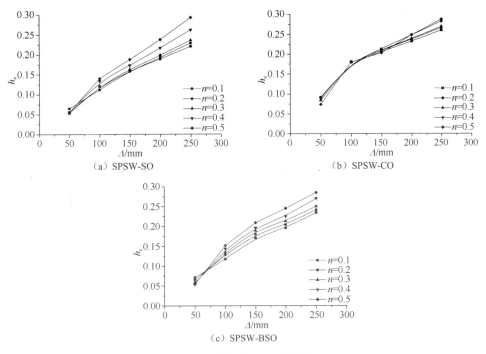

图 3.28　轴压比对 h_e 的影响

表 3.11　不同轴压比模型的等效黏滞阻尼系数

编号	轴压比 n	等效黏滞阻尼系数				
		h_{e1}	h_{e2}	h_{e3}	h_{e4}	h_{e5}
SO-B1	0.1	0.065	0.112	0.160	0.189	0.221
SO-B2	0.2	0.056	0.121	0.158	0.193	0.229
SO-B3	0.3	0.053	0.121	0.163	0.199	0.236
SO-B4	0.4	0.056	0.134	0.173	0.217	0.262
SO-B5	0.5	0.055	0.140	0.188	0.238	0.293
CO-B1	0.1	0.091	0.179	0.206	0.232	0.260
CO-B2	0.2	0.089	0.181	0.209	0.237	0.266
CO-B3	0.3	0.084	0.180	0.210	0.239	0.269
CO-B4	0.4	0.090	0.180	0.213	0.248	0.282
CO-B5	0.5	0.074	0.180	0.203	0.248	0.287
BSO-B1	0.1	0.071	0.118	0.171	0.196	0.234
BSO-B2	0.2	0.065	0.129	0.180	0.204	0.241
BSO-B3	0.3	0.058	0.135	0.189	0.213	0.250
BSO-B4	0.4	0.056	0.144	0.196	0.225	0.270
BSO-B5	0.5	0.054	0.152	0.209	0.245	0.285

3.4.4　开洞率对钢板剪力墙滞回性能的影响

不同开洞率的 3 种开洞钢板剪力墙的滞回曲线如图 3.29～图 3.31 所示，骨架曲线的特征点见表 3.12。钢板剪力墙开洞大小影响其受剪宽度，受剪宽度是影响钢板剪力墙刚度和抗剪承载力的重要因素。随着开洞率的增大，钢板剪力墙结构的初始刚度略有降低，承载力降低明显。

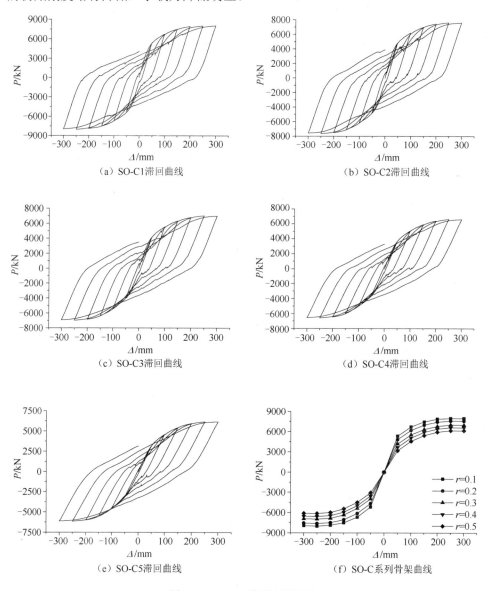

图 3.29　SO-C 系列计算结果

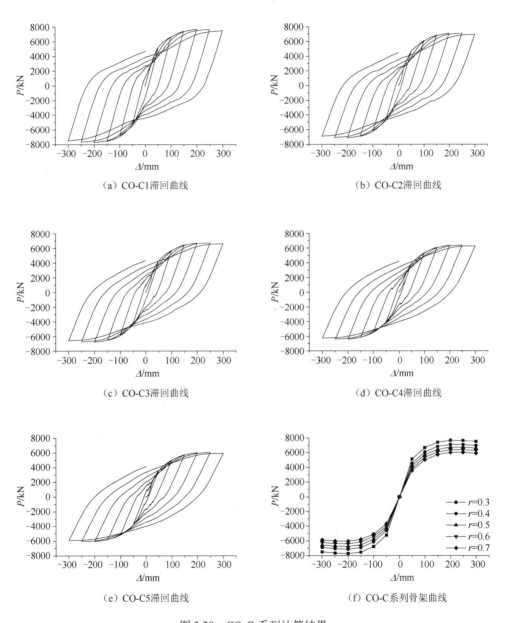

图 3.30　CO-C 系列计算结果

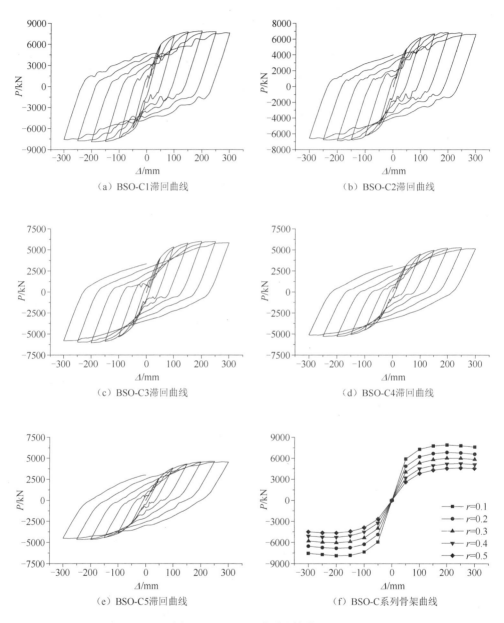

（a）BSO-C1滞回曲线

（b）BSO-C2滞回曲线

（c）BSO-C3滞回曲线

（d）BSO-C4滞回曲线

（e）BSO-C5滞回曲线

（f）BSO-C系列骨架曲线

图3.31　BSO-C系列计算结果

表 3.12 不同开洞率模型的骨架曲线特征点

编号	开洞率 r	方向	屈服		峰值		$P_{y,i}/P_{y,1}$	$P_{max,i}/P_{max,1}$
			P_y/kN	Δ_y/mm	P_{max}/kN	Δ_{max}/mm		
SO-C1	0.1	推	4720	38.15	7980	250	1.000	1.000
		拉	4768	38.23	8021	250	1.000	1.000
SO-C2	0.2	推	4253	37.64	7608	250	0.901	0.953
		拉	4253	37.12	7628	250	0.892	0.951
SO-C3	0.3	推	4135	36.95	7007	250	0.876	0.878
		拉	4138	37.12	6975	250	0.868	0.870
SO-C4	0.4	推	3875	36.34	6597	250	0.821	0.827
		拉	3662	37.25	6587	250	0.768	0.821
SO-C5	0.5	推	4720	38.15	7980	250	1.000	1.000
		拉	4768	38.23	8021	250	1.000	1.000
CO-C1	0.3	推	4600	39.26	7692	193.55	1.000	1.000
		拉	4762	39.23	7730	196.72	1.000	1.000
CO-C2	0.4	推	4252	43.14	7096	194.72	0.924	0.923
		拉	4290	42.01	7138	197.39	0.901	0.923
CO-C3	0.5	推	3887	41.58	6721	204.54	0.845	0.874
		拉	3940	41.09	6769	193.23	0.827	0.876
CO-C4	0.6	推	3420	40.24	6371	210.54	0.744	0.828
		拉	3560	39.01	6406	196.78	0.748	0.829
CO-C5	0.7	推	3214	41.45	6027	212.54	0.699	0.784
		拉	3325	40.33	6057	195.66	0.698	0.784
BSO-C1	0.1	推	6686	67.08	7910	198.53	1.000	1.000
		拉	6602	65.00	7904	192.93	1.000	1.000
BSO-C2	0.2	推	5726	73.36	6854	194.27	0.856	0.867
		拉	5811	73.56	6884	186.68	0.880	0.871
BSO-C3	0.3	推	5043	81.84	6007	198.45	0.754	0.759
		拉	5051	83.11	6052	198.78	0.765	0.766
BSO-C4	0.4	推	4404	93.11	5259	244.29	0.689	0.665
		拉	4409	94.11	5283	197.46	0.668	0.668
BSO-C5	0.5	推	3894	104.11	4619	236.16	0.582	0.584
		拉	3930	103.72	4654	234.57	0.595	0.589

不同开洞率模型的等效黏滞阻尼系数 h_e 见图 3.32 与表 3.13。计算结果表明，增大开洞率降低了开洞钢板剪力墙的耗能能力。

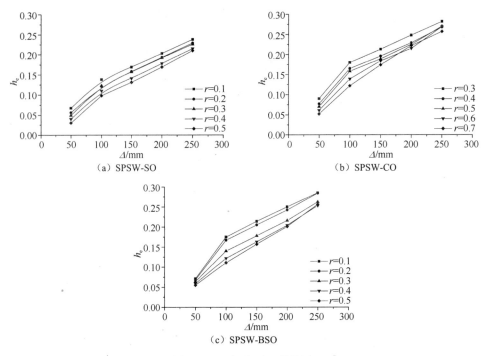

图 3.32　开洞率对 h_e 的影响

表 3.13　不同开洞率模型的等效黏滞阻尼系数

编号	开洞率	等效黏滞阻尼系数				
	r	h_{e1}	h_{e2}	h_{e3}	h_{e4}	h_{e5}
SO-C1	0.1	0.067	0.138	0.169	0.203	0.238
SO-C2	0.2	0.056	0.121	0.158	0.193	0.229
SO-C3	0.3	0.049	0.123	0.157	0.192	0.226
SO-C4	0.4	0.040	0.110	0.141	0.178	0.215
SO-C5	0.5	0.030	0.098	0.131	0.169	0.210
CO-C1	0.3	0.090	0.180	0.213	0.248	0.282
CO-C2	0.4	0.077	0.165	0.196	0.229	0.268
CO-C3	0.5	0.070	0.158	0.189	0.225	0.270
CO-C4	0.6	0.061	0.139	0.184	0.215	0.269
CO-C5	0.7	0.052	0.122	0.174	0.222	0.257
BSO-C1	0.1	0.071	0.175	0.174	0.250	0.285
BSO-C2	0.2	0.068	0.167	0.205	0.242	0.284
BSO-C3	0.3	0.064	0.140	0.178	0.216	0.262
BSO-C4	0.4	0.059	0.122	0.163	0.204	0.253
BSO-C5	0.5	0.055	0.111	0.157	0.201	0.256

3.4.5　洞口高度比对钢板剪力墙滞回性能的影响

对于中部开洞钢板剪力墙，不同洞口高度比 SPSW-CO 的滞回曲线如图 3.33

所示，骨架曲线的特征点见表 3.14。可以看出，随着洞口高度比的增大，中部开洞钢板剪力墙两侧区格的钢板剪力墙宽高比减小。加劲肋减小了钢板剪力墙的宽厚比，使钢板剪力墙的受力性能更趋近于厚板，且单纯增加洞口高度并不影响钢板剪力墙抗剪截面的面积。因此，洞口高度比对 SPSW-CO 刚度的影响较小。随着洞口高度比的增大，结构的水平承载力略有降低。中部开洞钢板剪力墙洞口上方的水平加劲肋将每层钢板分成层内的上下两部分。以上计算结果表明，中部开洞钢板剪力墙的抗剪承载力主要由下层开洞钢板的抗剪能力控制。

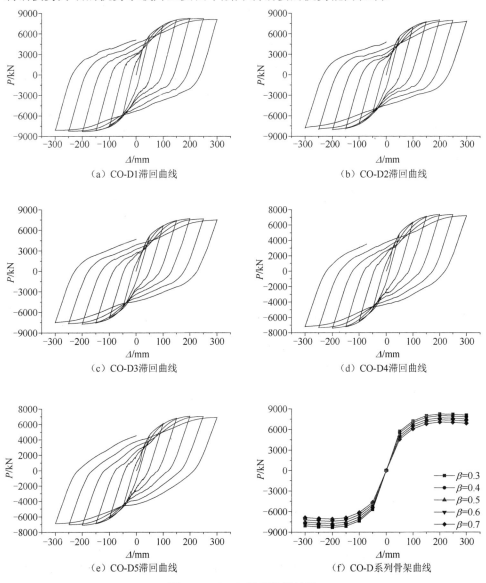

（a）CO-D1滞回曲线　　　　　　　　（b）CO-D2滞回曲线

（c）CO-D3滞回曲线　　　　　　　　（d）CO-D4滞回曲线

（e）CO-D5滞回曲线　　　　　　　　（f）CO-D系列骨架曲线

图 3.33　CO-D 系列计算结果

表 3.14 不同洞口高度比模型的骨架曲线特征点

编号	洞口高度比 β	方向	屈服		峰值		$P_{y,i}/P_{y,1}$	$P_{max,i}/P_{max,1}$
			P_y/kN	Δ_y/mm	P_{max}/kN	Δ_{max}/mm		
CO-D1	0.3	推	5298	40.55	8255	196.57	1.000	1.000
		拉	5365	43.26	8318	198.39	1.000	1.000
CO-D2	0.4	推	5004	39.49	8017	192.33	0.944	0.971
		拉	5030	40.12	8043	195.75	0.938	0.967
CO-D3	0.5	推	4600	39.26	7692	193.55	0.868	0.932
		拉	4762	39.23	7730	196.72	0.888	0.929
CO-D4	0.6	推	4423	41.18	7389	191.51	0.835	0.895
		拉	4485	40.03	7417	193.44	0.836	0.892
CO-D5	0.7	推	4084	39.61	7065	198.25	0.771	0.856
		拉	4148	38.64	7095	194.76	0.773	0.853

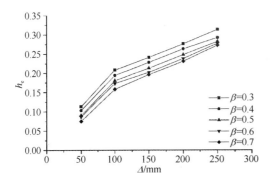

图 3.34 洞口高度比对 h_e 的影响

不同洞口高度比 SPSW-CO 的等效黏滞阻尼系数见图 3.34 与表 3.15。计算结果表明，洞口高度比对 SPSW-CO 耗能能力的影响较小。SPSW-CO 的等效黏滞阻尼系数初期上升较快，当柱脚形成塑性铰后，图 3.34 的曲线逐渐趋于水平，表明柱脚形成塑性铰后，模型的耗能能力未继续随着位移的增大而提高。

表 3.15 不同洞口高度比模型的等效黏滞阻尼系数

编号	洞口高度比 β	等效黏滞阻尼系数				
		h_{e1}	h_{e2}	h_{e3}	h_{e4}	h_{e5}
CO-D1	0.3	0.113	0.208	0.241	0.276	0.313
CO-D2	0.4	0.103	0.194	0.228	0.263	0.292
CO-D3	0.5	0.090	0.180	0.213	0.248	0.282
CO-D4	0.6	0.087	0.173	0.202	0.238	0.277
CO-D5	0.7	0.075	0.158	0.196	0.231	0.272

3.5 改变洞口形式的两侧开洞钢板剪力墙受力分析

钢板剪力墙虽然具有较大抗侧承载力和刚度，但试件 SPSW-BS 的破坏形态 [图 3.35（a）] 表明，主要发挥耗能作用的区域为图 3.35（b）所示阴影部分。

在往复荷载作用下，钢板剪力墙左右两侧区域相对于中部钢板剪力墙为低效区 [图 3.35（c）]。两边连接钢板剪力墙虽能够有效防止框架柱过早破坏，达到理想破坏形态，并且满足建筑使用功能，但会明显降低钢板剪力墙的抗侧承载力。为解决承载力和破坏形态之间的矛盾，王先铁等[7]提出了一种新型的钢板剪力墙开洞形式，并对其进行了受力分析。

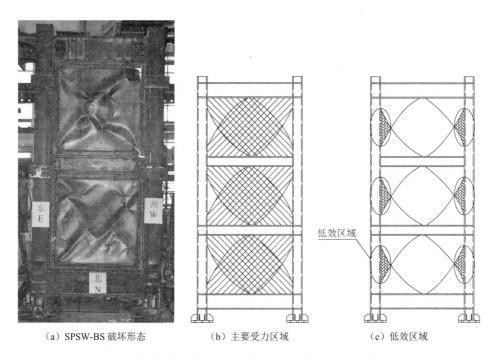

（a）SPSW-BS 破坏形态　　（b）主要受力区域　　（c）低效区域

图 3.35　钢板剪力墙的破坏形态、主要受力区域及低效区域

3.5.1　洞口尺寸对钢板剪力墙性能的影响

为研究洞口尺寸对钢板剪力墙承载力的影响，对 3 组两侧开半椭圆形洞口的方钢管混凝土框架内置钢板剪力墙进行了滞回分析。两侧部分开洞的钢板剪力墙有限元模型如图 3.36 所示，材料强度与边缘构件尺寸同 3.4.1 小节，钢板剪力墙宽厚比$\lambda=720$。钢板剪力墙两侧开半椭圆形洞口，a 为椭圆短半轴长度，h_d 为椭圆长半轴长度。长轴与框架柱壁内侧边缘重合，短轴沿水平向与钢板剪力墙中心水平线重合。钢板剪力墙开洞处加劲肋宽 200mm，厚 20mm，对称布置于钢板剪力墙洞口边缘两侧。柱顶施加轴压比为 0.4 的竖向荷载。荷载-位移曲线如图 3.37 所示，极限荷载如表 3.16 所示。

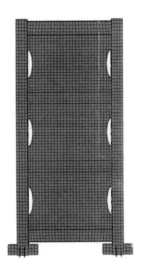

图 3.36　SFPW-BSO 有限元模型

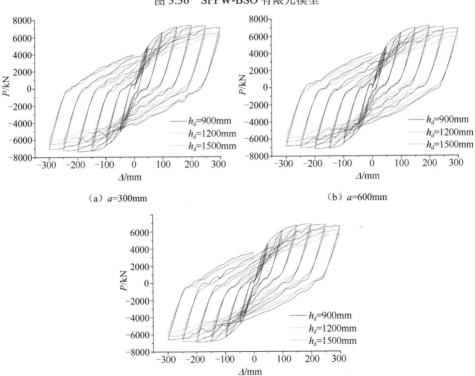

（a）a=300mm

（b）a=600mm

（c）a=900mm

图 3.37　不同洞口尺寸模型的荷载-位移曲线

表 3.16   不同洞口尺寸模型的承载力

承载力/kN h_d/mm a/mm	900	1200	1500
300	7351	6805	6370
600	7143	6617	6158
900	6891	6356	5863

总体而言，结构的荷载-位移曲线趋势相同。当层间位移角小于 1/500 时，各曲线基本重合，表明不同开洞尺寸对结构的初始刚度影响很小。随着侧移增加，各模型承载力出现分岔。当 a 不变时，随着 h_d 的增加，结构承载力逐渐下降。由表 3.16 可知，当 h_d 不变时，随着 a 的增加，结构承载力也呈下降趋势，并且下降趋势较改变长半轴小。

结构承载力随着 a、h_d 的增大而减小，表明开洞率是影响结构承载力的重要因素，并且椭圆长轴尺寸相对于短轴而言影响更大。当椭圆长半轴达到钢板剪力墙总高度的 1/4，短半轴为长半轴的 1/3 后，减小开洞率虽然能够略微增大结构承载力，但钢板剪力墙对框架柱的附加弯矩会显著增加，并且会影响水电管线的布置。在实际工程中，该洞口尺寸能够满足水、电管线等建筑功能的要求，同时可显著减小钢板剪力墙对框架柱的附加弯矩，是合理的洞口尺寸比例。

3.5.2   洞口形状对钢板剪力墙性能的影响

上述开半椭圆形洞口钢板剪力墙受力性能优异，但加工复杂。因此，本书提出了另外两种开洞形式，即矩形和梯形洞口，如图 3.38 所示。

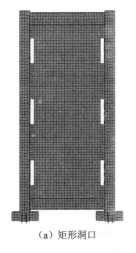
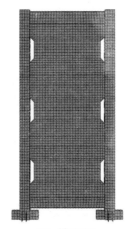

（a）矩形洞口   （b）梯形洞口

图 3.38   洞口形状

为研究不同洞口形状对结构承载力、刚度和破坏形态的影响，本节对以上 3 种不同洞口形状的模型和前文所述的两侧开通高洞口的模型进行对比分析。所有模型洞口宽度 $a=300\text{mm}$，保持不变。荷载-位移曲线如图 3.39 所示，极限荷载如表 3.17 所示。

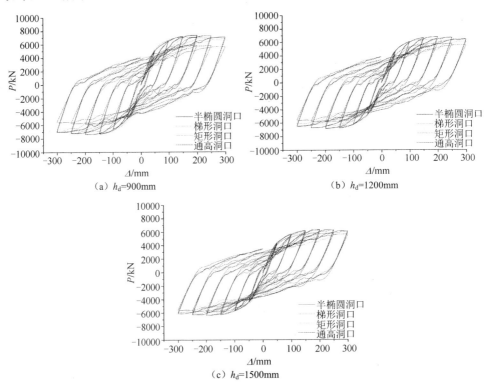

（a）$h_d=900\text{mm}$　　　　　　　　　（b）$h_d=1200\text{mm}$

（c）$h_d=1500\text{mm}$

图 3.39　不同开洞形状模型的荷载-位移曲线

表 3.17　不同洞口形状模型的承载力

洞口形状 \ 承载力/kN \ h_d/mm	900	1200	1500
半椭圆	7351	6805	6370
梯形	7330	6796	6291
矩形	7115	6558	6079
通高	—	5845	—

由图 3.39 可知，当 h_d 不变时，半椭圆形洞口模型与梯形洞口模型的承载力基本相同，矩形洞口一定程度上降低了结构承载力，而采用通高洞口时承载力下降

较大。当 h_d=900mm 时，与半椭圆形洞口模型相比，矩形洞口模型的承载力下降了3.21%，通高洞口模型承载力下降了 21%。

当 a=300mm，h_d=900mm 时各模型的 von Mises 应力云图如图 3.40 所示。对比分析洞口形状对破坏形态的影响，半椭圆形和梯形洞口模型钢板剪力墙几乎全部屈服；中梁两端、顶梁和底梁一端，柱脚都形成明显塑性铰，表明结构具有良好的破坏形态。而矩形洞口模型钢板剪力墙仍有部分面积未屈服，主要是由于矩形洞口更显著地阻断了拉力场的充分开展。

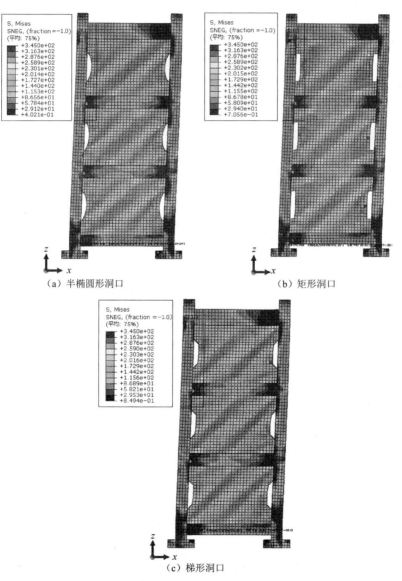

（a）半椭圆形洞口　　　　　　　　　　（b）矩形洞口

（c）梯形洞口

图 3.40　a=300mm，h_d=900mm 时各模型的 von Mises 应力云图

综上所述，在相同洞口尺寸时，半椭圆形和梯形洞口能够有效减轻钢板剪力墙的承载力损失，是较为理想的洞口形状。

3.5.3　洞口对边缘构件的影响

未开洞钢板剪力墙拉力场水平分力会对框架柱产生较大的附加弯矩。为简化分析，作如下基本假定：薄钢板剪力墙完全屈服；框架形成理想的塑性铰机制，即框架梁端形成塑性铰，之后框架柱脚形成塑性铰，如图3.41（a）所示。框架柱所受弯矩由框架侧移和钢板剪力墙拉力场共同产生。图3.41（b）为框架柱计算简图，图3.41（c）为框架侧移产生的弯矩。取中间一层框架柱进行受力分析，由钢板剪力墙拉力场产生的附加弯矩如图3.42所示（q 为钢板剪力墙拉力场作用在框架柱的水平分量；h_0 为钢板剪力墙净高度）。对于中间层框架柱而言，柱下端节点处弯矩为侧移和拉力场产生的弯矩之和，而柱上端弯矩为二者之差。表3.18列出了钢板剪力墙未开洞和两侧开半椭圆形洞口模型框架柱端部与中部弯矩值，以及同一位置处两模型弯矩差值。可以看出，在钢板剪力墙两侧开半椭圆形洞口能够显著降低拉力场产生的附加弯矩，改善受力性能，有效保护框架柱。

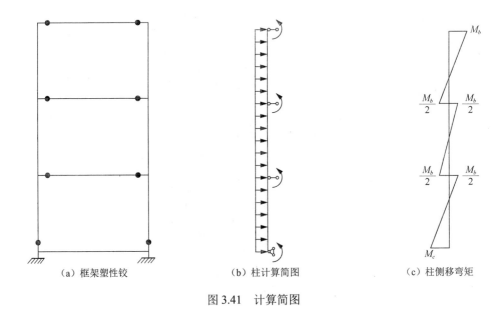

　　（a）框架塑性铰　　　　　（b）柱计算简图　　　　　（c）柱侧移弯矩

图3.41　计算简图

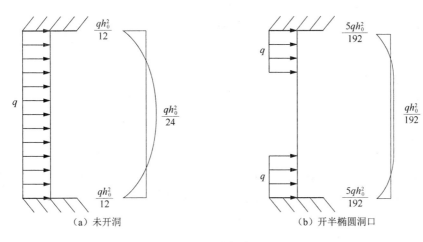

图 3.42　附加弯矩

表 3.18　框架柱弯矩

模型号	钢板剪力墙未开洞	钢板剪力墙开半椭圆洞口	$M_差$
柱端部弯矩	$M_{C端} = \dfrac{M_b}{2} + \dfrac{qh_0^2}{12}$	$M_{C端} = \dfrac{M_b}{2} + \dfrac{5qh_0^2}{192}$	$\dfrac{11qh_0^2}{192}$
柱中部弯矩	$M_{C中} = \dfrac{qh_0^2}{24}$	$M_{C中} = \dfrac{qh_0^2}{192}$	$\dfrac{7qh_0^2}{192}$

注：$M_{C端}$为框架柱端部弯矩；$M_{C中}$为框架柱中部弯矩；$M_差$为钢板剪力墙未开洞与两侧局部开洞模型柱中部与端部弯矩差值。

3.6　本　章　小　结

本章利用 ABAQUS 6.10 对试件进行了有限元分析，与试验结果对比表明，非线性数值分析可以较好地模拟方钢管混凝土框架内置开洞钢板剪力墙和未开洞钢板剪力墙的滞回性能。同时，利用非线性有限元软件对影响开洞钢板剪力墙滞回性能的因素进行了参数分析。得到以下结论：

（1）有限元分析可以较好地反映试件承载力、变形、受力机理等在往复荷载作用下发展的全过程。计算结果与试验结果吻合较好，计算屈服荷载、屈服位移、滞回环面积略大于试验结果，计算峰值位移小于试验结果。

（2）方钢管混凝土框架为钢板剪力墙提供了良好的锚固，使钢板剪力墙可以充分发挥屈曲后性能。方钢管混凝土框架内置钢板剪力墙结构是一种合理的双重抗侧力体系，能够充分发挥二者的结构性能。

（3）模型 SPSW-CO 的加劲肋将钢板剪力墙分成了若干小区格，具有良好的屈曲约束作用。模型 SPSW-SO 与 SPSW-BSO 开洞处钢梁剪力较大，设计时应采用合理的洞口大小，同时适当提高开洞处钢梁的承载能力，钢梁承载力计算方法见本书第 4.3 节。

（4）减小宽厚比可提高结构的初始刚度、承载力和耗能能力。轴压比对钢板剪力墙结构的初始刚度影响较小。增大轴压比将降低结构的承载力，提高耗能能力。随着开洞率的增大，钢板剪力墙的承载力和耗能能力降低。洞口高度比对 SPSW-CO 初始刚度和耗能能力影响较小，增大洞口高度比将降低结构的水平承载力。

（5）两侧开半椭圆形和梯形洞口钢板剪力墙具有较高的承载力、良好的破坏形态，二者均为合理开洞形式。洞口长半轴为钢板剪力墙 1/4 高度，短半轴为 1/3 长半轴是合理的洞口尺寸比例。

参 考 文 献

[1] DASSAULT SYSTÈMES SIMULIA CORPORATION．ABAQUS Analysis User's Manual Version 6.10[M]. Providence，RI：Dassault Systèmes Simulia Corporation，2010.

[2] ACI Committee 318. Building Code Requirements for Reinforced Concrete and Commentary[M]. Detroit: American Concrete Institute，2011.

[3] 韩林海. 钢管混凝土结构-理论与实践[M]. 北京：科学出版社，2007.

[4] 刘威. 钢管混凝土局部受压时的工作机理研究[D]. 福州：福州大学博士学位论文，2005.

[5] HILLERBORG A，MODÉER M，PETERSSON P E．Analysis of crack formation and crack growth in concrete by means of fracture mechanics and finite elements[J]．Cement and Concrete Research，1976，6(6)：773-781.

[6] 尧国皇. 钢管混凝土构件在复杂受力状态下的工作机理研究[D]. 福州：福州大学博士学位论文，2006.

[7] 王先铁，杨航东，冯雪林，等. 一种侧边开洞薄钢板剪力墙 ZL201320838273.4[P]. 2014-07-16.

第4章 方钢管混凝土框架内置钢板剪力墙边缘构件设计方法

4.1 方钢管混凝土竖向边缘构件的刚度限值研究

研究表明，钢板剪力墙的边框应具有足够的抗弯刚度，才能为钢板剪力墙提供锚固作用，充分发挥薄钢板剪力墙屈曲后拉力场的性能。加拿大《钢结构设计规范》（CAN/CSA S16-09）[1]和美国《钢结构建筑抗震规定》（ANSI/AISC 341-10）[2]均对柱刚度有如下要求：

$$I_{c} \geqslant \frac{0.00307 t_{w} h^{4}}{L} \tag{4.1}$$

式中：I_c为竖向边缘构件的截面惯性矩；t_w为钢板剪力墙厚度；h为上下梁中心线间距离；L为左右柱中心线间距离。

在高层、超高层建筑结构中，结构的承重构件常采用方钢管混凝土柱。上述两个规范对柱刚度的要求仅体现为截面惯性矩I_c，该公式只适用于钢结构，且未考虑轴压力对柱抗弯刚度的影响。作为两种材料组合而成的钢管混凝土构件，其组合截面的抗弯刚度并非材料弹性模量E与截面惯性矩I之间简单的相乘，需根据材料、截面及应力状态等因素综合确定。当采用钢管混凝土作为钢板剪力墙的竖向边缘构件时，无法利用式（4.1）控制其刚度。目前，国内外研究中均未提出充分发挥拉力场作用所需的钢管混凝土竖向边缘构件的刚度限值计算公式。

本书基于 Wagner[3] 1931 年提出的薄腹梁理论，推导了方钢管混凝土柱作为钢板剪力墙边缘构件时的刚度限值计算公式，并对不同宽高比和宽厚比条件下的方钢管混凝土框架内置开洞钢板剪力墙和未开洞钢板剪力墙模型进行了非线性数值模拟。通过对拉力场应力均匀程度、周边框架变形和结构破坏机理的分析，验证了公式的正确性。该公式可用于方钢管混凝土框架内置开洞钢板剪力墙和方钢管混凝土框架内置未开洞钢板剪力墙结构，也可用于钢管混凝土竖向边缘构件的设计。

4.1.1 方钢管混凝土竖向边缘构件的刚度限值

薄腹梁理论研究了横向荷载作用下，薄腹梁屈曲后形成拉力场的弹性性能。国内外学者在研究钢板剪力墙的结构时，一般将钢板剪力墙看作竖向放置的悬臂梁，参考薄腹梁相关理论推导设计公式。其中，钢板剪力墙的竖向边缘构件（边框柱）可等效为薄腹梁的上、下翼缘，水平边缘构件（边框梁）可等效为薄腹梁的横向加劲肋,钢板剪力墙可等效为薄腹梁的腹板。CAN/CSA S16-09 和 ANSI/AISC 341-10 中薄钢板剪力墙拉力场倾角、边缘构件刚度限值等计算公式均来自于薄腹梁理论。

钢板剪力墙屈曲后对边缘构件的拉力场作用如图 4.1 所示。为避免竖向边缘构件在拉力场作用下发生过大变形而影响钢板剪力墙屈曲后性能的发挥,竖向边缘构件应满足一定的刚度要求。图 4.1 中未开洞薄钢板剪力墙和中部开洞钢板剪力墙的左右两柱,单侧开洞钢板剪力墙中与钢板剪力墙相连的柱子均需满足竖向边缘构件的刚度需求。当选用钢柱时,可采用现有规范中的公式,即式(4.1)确定竖向边缘构件的刚度。但国内外研究中尚未提出适合方钢管混凝土竖向边缘构件的刚度限值公式。本章根据考虑轴力和拉力场作用影响的竖向边缘构件挠度微分方程,推导了适用于方钢管混凝土柱的刚度限值公式。洞口处的加劲肋作为钢板剪力墙的锚固构件承受拉力场作用,且为钢构件,根据式(4.1)计算其刚度需求。

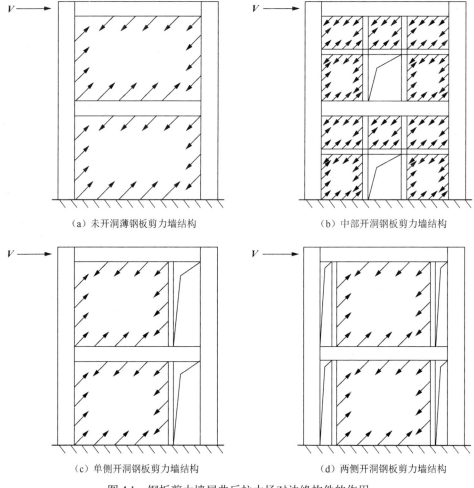

(a)未开洞薄钢板剪力墙结构　　　　　　(b)中部开洞钢板剪力墙结构

(c)单侧开洞钢板剪力墙结构　　　　　　(d)两侧开洞钢板剪力墙结构

图 4.1　钢板剪力墙屈曲后拉力场对边缘构件的作用

方钢管混凝土柱单位长度受到的拉力场作用如图 4.2 所示。图中，σ_w 为钢板剪力墙沿拉力场方向的应力，α 为拉力场倾角，q_{ch}、q_{cv} 为拉力场作用在竖向边缘构件单位长度上力的水平和竖直分量。

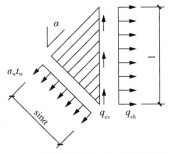

图 4.2　柱单位长度受拉力场的作用

由图 4.2 平衡关系可得式（4.2a）与式（4.2b）：

$$q_{ch} = \sigma_w t_w \cdot \sin^2 \alpha = E_w \varepsilon_w t_w \cdot \sin^2 \alpha \tag{4.2a}$$

$$q_{cv} = 0.5\sigma_w t_w \cdot \sin(2\alpha) = 0.5 E_w \varepsilon_w t_w \cdot \sin(2\alpha) \tag{4.2b}$$

式中：E_w 为内填钢板剪力墙的弹性模量；ε_w 为拉力场应力 σ_w 对应的应变。

对于"屈曲后屈服"的薄钢板剪力墙，钢板剪力墙结构在水平荷载下发生侧移时，边缘构件的变形由两部分组成：将边缘构件看作纯框架时的侧移变形和拉力场作用下的变形。由于钢板剪力墙结构中的水平荷载主要由钢板剪力墙承担，钢板剪力墙的侧向刚度远大于周边框架，可忽略框架节点抗弯承担的水平荷载，将框架看作铰接框架，忽略框架侧移变形，仅考虑拉力场作用下边缘构件的变形，如图 4.3 所示。图中粗实线代表剪力墙的边缘构件，钢板剪力墙拉力带以点划线示意。图中的下标 1、r 分别代表左、右竖向边缘构件。钢板剪力墙结构的变形由两部分组成：水平荷载引起的变形 δ 与拉力场作用下竖向边缘构件的局部变形 η_1、η_r。

假定各层框架和钢板剪力墙截面相同，则梁上、下两层的拉力场倾角相同，各层拉力场大小相等，层间位移相等。拉力带通过水平梁后，方向不变。中部开洞钢板剪力墙忽略开洞对拉力场的影响。

竖向边缘构件横向受拉力场水平

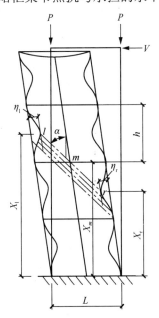

图 4.3　钢板剪力墙结构在水平荷载下的变形

分力 q_{ch} 作用，轴向受恒载 P、倾覆弯矩产生的轴力 P_M 和等效到各层柱顶的拉力场竖直分力 q_{cv} 作用。根据竖向边缘构件所受外力可得竖向边缘构件挠度的四阶微分方程：

$$E_c I_c \frac{\mathrm{d}^4 \eta}{\mathrm{d}x^4} + \left(P + P_M + q_{cv}h\right)\frac{\mathrm{d}^2 \eta}{\mathrm{d}x^2} = q_{ch} = E_w \varepsilon_w t_w \cdot \sin^2 \alpha \tag{4.3}$$

式中：$E_c I_c$ 为竖向边缘构件的抗弯刚度；η 为竖向边缘构件的挠度。

若要充分发挥钢板剪力墙的屈曲后性能，钢板剪力墙的边缘构件需有足够的刚度为钢板剪力墙提供锚固。取图 4.3 中一条拉力带 lr 进行分析。在拉力场作用下，竖向边缘构件向内弯曲。可以看出，锚固在每层中部的拉力带 lr 长度最短，与其平行的拉力带长度逐渐增大，当拉力带锚固在梁柱节点处时长度最大。这种现象表明，竖向边缘构件变形导致拉力带长度减小，钢板剪力墙内应力随之减小，拉力带应力沿竖直方向随长度变化，当挠度较大时，钢板剪力墙不能充分发挥其材料性能，部分拉力带的应力无法达到材料屈服强度。

当竖向边缘构件刚度无限大时，各拉力带的长度相等，此时拉力场的应力沿高度方向均匀分布。可由竖向边缘构件理想刚性时的拉力场应力 σ_{max} 减去挠曲导致的应力损失 σ_{loss} 求得拉力带的内力 σ_w：

$$\sigma_w = \sigma_{max} - \sigma_{loss} \tag{4.4}$$

根据文献[3]，$\sigma_{loss} = \dfrac{E \cdot \sin^2 \alpha}{L}(\eta_1 + \eta_r)$。由式（4.4）可得到拉力带的应变 ε_w：

$$\varepsilon_w = \varepsilon_{max} - \frac{\sin^2 \alpha}{L}(\eta_1 + \eta_r) \tag{4.5}$$

式中：η_1、η_r 分别为左、右竖向边缘构件的挠度。

拉力带 lr 自 m 点处分为左右两部分，左右两部分的应变 ε_1、ε_r 分别为

$$\left. \begin{aligned} \varepsilon_1 &= \frac{\varepsilon_{max}}{2} - \frac{\sin^2 \alpha}{L}\eta_1 \\ \varepsilon_r &= \frac{\varepsilon_{max}}{2} - \frac{\sin^2 \alpha}{L}\eta_r \end{aligned} \right\} \tag{4.6}$$

根据图 4.3 中几何关系有：

$$\left. \begin{aligned} x_1 &= x_m + \frac{L}{2}\cot\alpha \\ x_r &= x_m - \frac{L}{2}\cot\alpha \end{aligned} \right\} \tag{4.7}$$

沿 α 方向同一拉力带内的应力 σ_w 为定值，根据式（4.3）与式（4.7），可分别列出左、右竖向边缘构件挠度的微分方程：

$$E_1 I_1 \frac{\mathrm{d}^4 \eta_1}{\mathrm{d}x_m^4} + \left(P + P_M + q_{cv}h\right) \cdot \frac{\mathrm{d}^2 \eta_1}{\mathrm{d}x_m^2} = E_w \varepsilon_w t_w \cdot \sin^2 \alpha \tag{4.8a}$$

$$E_r I_r \frac{\mathrm{d}^4 \eta_r}{\mathrm{d}x_m^4} + \left(P - P_M - q_{cv}h\right) \cdot \frac{\mathrm{d}^2 \eta_r}{\mathrm{d}x_m^2} = E_w \varepsilon_w t_w \cdot \sin^2 \alpha \tag{4.8b}$$

将式（4.6）分别代入式（4.8a）与式（4.8b）得

$$\frac{\mathrm{d}^4 \eta_1}{\mathrm{d}x_m^4} + \frac{\left(P + P_M + q_{cv}h\right)}{E_1 I_1} \cdot \frac{\mathrm{d}^2 \eta_1}{\mathrm{d}x_m^2} + \frac{E_w}{E_1 I_1} \frac{t_w \cdot \sin^4 \alpha}{L} \eta_1 = \frac{E_w}{2E_1 I_1} \varepsilon_{max} t_w \cdot \sin^2 \alpha \tag{4.9a}$$

$$\frac{\mathrm{d}^4 \eta_r}{\mathrm{d}x_m^4} + \frac{\left(P - P_M - q_{cv}h\right)}{E_r I_r} \cdot \frac{\mathrm{d}^2 \eta_r}{\mathrm{d}x_m^2} + \frac{E_w}{E_r I_r} \frac{t_w \cdot \sin^4 \alpha}{L} \eta_r = \frac{E_w}{2E_r I_r} \varepsilon_{max} t_w \cdot \sin^2 \alpha \tag{4.9b}$$

左、右柱间的总挠度 $\eta_1 + \eta_r$ 越大，挠曲导致的应力损失越大，即钢板剪力墙内拉力带的应力分布越不均匀，此时钢板剪力墙的材料性能未得到充分发挥。由于 $P + P_M + q_{cv}h > P - P_M - q_{cv}h$，为简化计算结果，可偏安全地取左、右两柱中轴力均为 $P_c = P + P_M + q_{cv}h$。根据图 4.3 可知，式（4.9a）和式（4.9b）的边界条件为

当 $x = 0$ 时，

$$\eta_1 + \eta_r = 0; \quad \frac{\mathrm{d}(\eta_1 + \eta_r)}{\mathrm{d}x} = 0;$$

当 $x = h$ 时，

$$\eta_1 + \eta_r = 0; \quad \frac{\mathrm{d}(\eta_1 + \eta_r)}{\mathrm{d}x} = 0 \text{。}$$

将式（4.9a）与式（4.9b）相加，求解关于总挠度 $\eta_1 + \eta_r$ 的微分方程，可得 $\eta_1 + \eta_r$ 的最大值为

$$\left(\eta_1 + \eta_r\right)_{max} = \frac{\varepsilon_{max} L}{\sin^2 \alpha} \left[1 - \frac{\sin\left(\frac{\omega_1}{2}\right)\cosh\left(\frac{\omega_2}{2}\right) + \cos\left(\frac{\omega_1}{2}\right)\sinh\left(\frac{\omega_2}{2}\right)}{\sin\left(\frac{\omega_1}{2}\right)\cos\left(\frac{\omega_1}{2}\right) + \sinh\left(\frac{\omega_2}{2}\right)\cosh\left(\frac{\omega_2}{2}\right)} \right] \tag{4.10}$$

式中：ω_1、ω_2 为竖向边缘构件的柔度系数。计算式为

$$\omega_1 = h \sqrt{\left(\frac{1}{E_1 I_1} + \frac{1}{E_r I_r}\right) \cdot \frac{P_c}{4} + \sqrt{\left(\frac{1}{E_1 I_1} + \frac{1}{E_r I_r}\right) \cdot \frac{E_w t_w \sin^4 \alpha}{4L}}} \tag{4.11a}$$

$$\omega_2 = h \sqrt{-\left(\frac{1}{E_1 I_1} + \frac{1}{E_r I_r}\right) \cdot \frac{P_c}{4} + \sqrt{\left(\frac{1}{E_1 I_1} + \frac{1}{E_r I_r}\right) \cdot \frac{E_w t_w \sin^4 \alpha}{4L}}} \tag{4.11b}$$

通过平均应力比 $\sigma_{mean}/\sigma_{max}$ 来评价拉力场应力分布的发展程度。σ_{max} 为竖向边

缘构件刚度无穷大时拉力场的应力，σ_{mean} 为竖向边缘构件具有一定柔度时拉力场的平均应力。由每层钢板剪力墙沿高度方向拉力场应力的积分求得

$$\sigma_{mean} = \sigma_{max} - \frac{1}{h}\int_0^h \sigma_{loss}\,dx = \sigma_{max} - \frac{1}{h}\cdot\frac{E_w\sin^2\alpha}{L}\int_0^h(\eta_l + \eta_r)\,dx \quad (4.12)$$

将解得的总挠度 $\eta_l + \eta_r$ 代入式（4.12），可得平均应力比 $\sigma_{mean}/\sigma_{max}$：

$$\frac{\sigma_{mean}}{\sigma_{max}} = \frac{2}{\omega_1}\cdot\left(\frac{\cosh\omega_2 - \cos\omega_1}{\sinh\omega_2 - \sin\omega_1}\right) \quad (4.13)$$

当钢板剪力墙全部屈服时，即拉力场充分形成时 $\sigma_{max}=f_w$，f_w 为钢板剪力墙的屈服强度。ANSI/AISC 341-10 中钢板剪力墙承载力的计算公式见式（4.14）。规范中未考虑轴力和拉力场水平分力作用下竖向边缘构件变形导致的拉力场损失。当竖向边缘构件变形时，钢板剪力墙内的拉力场未充分形成，部分区域的钢板剪力墙未达到其屈服强度。因此，规范公式高估了钢板剪力墙的承载能力。当计入轴力和拉力场水平分力对钢板剪力墙承载力的影响时，可用 σ_{mean} 代替 f_w，利用式（4.15）计算考虑竖向边缘构件变形影响的钢板剪力墙承载力。

$$V_w' = 0.42 f_w t_w L \sin 2\alpha \quad (4.14)$$

$$V_w = 0.42 \sigma_{mean} t_w L \sin 2\alpha \quad (4.15)$$

式中：
$$\sigma_{mean} = \frac{2f_w}{\omega_1}\cdot\left(\frac{\cosh\omega_2 - \cos\omega_1}{\sinh\omega_2 - \sin\omega_1}\right)$$

由式（4.13）可知，平均应力比 $\sigma_{mean}/\sigma_{max}$ 由竖向边缘构件的柔度系数 ω_1、ω_2 控制。而当钢板剪力墙尺寸确定时，ω_1、ω_2 主要受竖向边缘构件的抗弯刚度 EI 与轴力 P_c 两个参数影响。因此，可通过竖向边缘构件的抗弯刚度 EI 与轴压比 n 对柱子柔度系数 ω_1 的影响，来考察 EI 与 n 对平均应力比 $\sigma_{mean}/\sigma_{max}$ 的影响。

竖向边缘构件抗弯刚度 EI 不变时，轴压比 n 对柔度系数 ω_1 的影响见表 4.1。计算时取 $E_lI_l=E_rI_r$。表中 φ_n 为轴压比 $n=0$ 与 $n=1.0$ 时，ω_1 的比值，a、λ 分别为钢板剪力墙的宽高比和宽厚比。由表可知，轴力 P_c 对 ω_1 的影响很小。当竖向边缘构件轴压比 n 不变时，抗弯刚度 EI 对柔度系数 ω_1 的影响见表 4.2。计算时竖向边缘构件采用方钢管截面。选取的截面为 □700mm×36mm，□650mm×32mm，□600mm×30mm，□500mm×26mm，□400mm×24mm 和 □300mm×24mm，对应的 EI 分别为 $1.45\times10^5\text{kN·m}^2$，$1.04\times10^5\text{kN·m}^2$，$7.64\times10^4\text{kN·m}^2$，$3.81\times10^4\text{kN·m}^2$，$1.76\times10^4\text{kN·m}^2$ 和 $6.96\times10^3\text{kN·m}^2$。表中 φ_{EI} 为竖向边缘构件选用 □300mm×24mm 与 □700mm×36mm 时 ω_1 的比值。由表 4.2 可知，抗弯刚度 EI 对 ω_1 的影响较大，起控制作用。

表 4.1　轴压比 n 对柔度系数 ω_1 的影响

钢板剪力墙尺寸	E_lI_l（E_rI_r）/（kN·m²）	ω_1						φ_n
		$n=0$	$n=0.2$	$n=0.4$	$n=0.6$	$n=0.8$	$n=1.0$	
$a=2.0$，$\lambda=300$	3.69×10^5	2.778	2.791	2.804	2.816	2.829	2.841	1.022
$a=1.5$，$\lambda=300$	3.69×10^5	2.778	2.791	2.804	2.817	2.829	2.842	1.023
$a=1.2$，$\lambda=300$	3.69×10^5	2.778	2.791	2.804	2.817	2.829	2.842	1.023
$a=1.5$，$\lambda=400$	3.69×10^5	2.586	2.599	2.613	2.627	2.640	2.653	1.026
$a=1.5$，$\lambda=250$	3.69×10^5	2.908	2.920	2.932	2.944	2.956	2.968	1.021

注：$\varphi_n=\omega_{1,p}/\omega_{1,0}$，$\omega_{1,p}$、$\omega_{1,0}$ 分别为轴压比 $n=1.0$ 和 $n=0$ 时竖向边缘构件的柔度系数。

表 4.2　抗弯刚度 EI 对柔度系数 ω_1 的影响

钢板剪力墙尺寸	n	ω_1						φ_{EI}
		□700×36	□650×32	□600×30	□500×26	□400×24	□300×24	
$a=2.0$，$\lambda=300$	0.4	1.990	2.163	2.335	2.780	3.375	4.262	2.141
$a=1.5$，$\lambda=300$	0.4	1.991	2.164	2.337	2.781	3.377	4.264	2.141
$a=1.2$，$\lambda=300$	0.4	1.991	2.164	2.337	2.781	3.377	4.264	2.141
$a=1.5$，$\lambda=400$	0.4	1.856	2.017	2.178	2.592	3.147	3.976	2.142
$a=1.5$，$\lambda=250$	0.4	2.082	2.264	2.444	2.909	3.531	4.459	2.141

注：$\varphi_{EI}=\omega_{1,b}/\omega_{1,a}$，$\omega_{1,b}$、$\omega_{1,a}$ 分别为竖向边缘构件取截面□300mm×24mm 和□700mm×36mm 时的柔度系数。

ω_1 与 $\sigma_{mean}/\sigma_{max}$ 之间的关系如图 4.4 所示。由图 4.4 可知，竖向边缘构件柔度系数越大，拉力场分布越不均匀，平均应力比 $\sigma_{mean}/\sigma_{max}$ 下降越大。结合竖向边缘构件的抗弯刚度 EI 与轴压比 n 对柔度系数 ω_1 的影响可知，竖向边缘构件抗弯刚度 EI 对平均应力比 $\sigma_{mean}/\sigma_{max}$ 影响较大，而轴力 P_c 对平均应力比 $\sigma_{mean}/\sigma_{max}$ 影响很小。为便于工程应用，可忽略轴力 P_c 对钢板剪力墙承载力的影响。令 $P_c=0$，对式（4.11a）、式（4.11b）进行简化，可得

$$\omega_1 = \omega_2 = \sin\alpha \cdot h\sqrt[4]{\left(\frac{1}{E_lI_l}+\frac{1}{E_rI_r}\right)\cdot\frac{E_w t_w}{4L}} \tag{4.16}$$

$$\frac{\sigma_{mean}}{\sigma_{max}} = \frac{2}{\omega_1}\cdot\left(\frac{\cosh\omega_1-\cos\omega_1}{\sinh\omega_1-\sin\omega_1}\right) \tag{4.17}$$

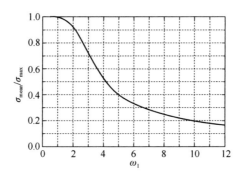

图 4.4　ω_1 - $\sigma_{mean}/\sigma_{max}$ 曲线

大量研究结果表明，拉力带倾角（主应力与竖直线的夹角）的变化范围在 $30°\sim50°$ [4]。为便于设计，假定拉力带倾角 $\alpha=45°$。通常钢板剪力墙左、右两侧的竖向边缘构件截面尺寸相同，令 $E_{eff}I_{eff}=E_lI_l=E_rI_r$，可由式（4.16）得式（4.18），$E_{eff}I_{eff}$ 为竖向边缘构件的有效抗弯刚度。

$$\omega_1 = \sin\alpha \cdot h \sqrt[4]{\left(\frac{E_w}{E_{eff}I_{eff}}\right) \cdot \frac{t_w}{2L}} \qquad (4.18)$$

由图 4.4 可知，当柔度系数 $\omega_1=2.5$ 时，$\sigma_{mean}/\sigma_{max}=0.8$。当柔度系数 ω_1 大于 2.5 时，$\sigma_{mean}/\sigma_{max}$ 较小，拉力场的均匀性较差，材料性能无法充分发挥。故取 $\omega_1=2.5$ 为竖向边缘构件柔度系数的最大值。当 $\omega_1 \leqslant 2.5$ 时，可得

$$E_{eff}I_{eff} \leqslant 0.00307 \frac{t_w h^4}{L} \cdot E_w \qquad (4.19)$$

当钢板剪力墙的边框采用钢框架时，$E_{eff}=E_w$，式（4.19）可简化为式（4.1）。但作为两种材料组合而成的钢管混凝土构件，其组合截面的有效抗弯刚度 $E_{eff}I_{eff}$，并非材料弹性模量 E 与截面惯性矩 I 之间简单的相乘关系，需根据材料的物理参数、统一体的几何参数和截面形式以及应力状态的改变综合确定。钢管混凝土承载力的计算方法主要有四种理论，分别是拟砼理论、拟钢理论、叠加理论和统一理论[5]。

拟砼理论将钢管混凝土构件中的钢管视为分布在核心混凝土周围的等效纵向钢筋，钢筋的面积根据钢管的截面积和形状而定。由于矩形钢管混凝土构件中钢管壁对管内核心混凝土的约束效应较小，因而此理论仅适用于圆钢管混凝土。欧洲的 EC4-2004 规范和美国混凝土协会的 ACI 318-11 规范采用此理论进行设计。

拟钢理论则是将混凝土折算为钢材，然后按照钢结构规范进行设计。钢管的横截面面积不变，而将核心混凝土作为钢材强度和弹性模量的提高等效换算为钢

管，并将换算后构件的承载力作为原钢管混凝土构件的承载力。我国的规程《钢管混凝土结构设计与施工规范》（CECS 28—2012）、《矩形钢管混凝土结构技术规程》（CECS 159—2004）和美国钢结构协会的 AISC 360-10 规范采用此理论进行设计。

叠加理论没有考虑混凝土在钢管约束下材料性能的提高作用，而是直接将核心混凝土和钢管的承载力进行叠加，作为钢管混凝土构件整体的承载力。我国地方建设标准《天津市钢结构住宅设计规程》（DB 29-57—2003）及日本规范 AIJ—1997 采用此理论进行设计。

统一理论把钢管混凝土视为统一体，是钢材和混凝土组成的一种组合材料。根据钢材和混凝土三向应力状态下的本构关系，采用合成法获得钢管混凝土构件的承载力计算公式。我国军用标准《战时军港抢修早强型组合结构技术规程》（GJB 4142—2000）和福建省工程建设标准《钢管混凝土结构技术规程》（DB 13-51—2003）采用此理论进行设计[6,7]。

综上所述，国内外各规程对钢管混凝土计算方法不尽相同，其中，拟钢理论与统一理论更适用于方钢管混凝土构件的设计。我国规程《钢管混凝土结构设计与施工规范》（CECS 28—2012）中规定钢管混凝土构件的截面抗弯刚度 $E_{eff}I_{eff}=E_sI_s+E_cI_c$，《矩形钢管混凝土结构技术规程》（CECS 159—2004）则规定对于方钢管混凝土 $E_{eff}I_{eff}=E_sI_s+0.8E_cI_c$，而美国钢结构规范 AISC 360-10 规定：

$$E_{eff}I_{eff} = E_sI_s + C_1E_cI_c \tag{4.20}$$

式中
$$C_1 = 0.6 + 2\left(\frac{A_s}{A_c + A_s}\right) \leqslant 0.9$$

E_s、E_c 分别为钢材和混凝土的弹性模量；I_s、I_c 分别为钢材和混凝土截面的惯性矩；A_s、A_c 分别为钢材和混凝土截面的面积。

式（4.20）能够较好地反映两种材料在截面中所占比例对钢管混凝土构件抗弯刚度的影响。因此，选用式（4.20）作为钢管混凝土构件抗弯刚度的计算方法。将式（4.20）代入式（4.19）可得：

$$E_sI_s + C_1E_cI_c \geqslant 0.00307\frac{t_wh^4}{L}\cdot E_w \tag{4.21}$$

式（4.21）即为方钢管混凝土柱作为钢板剪力墙竖向边缘构件时的刚度限值公式。对于单侧开洞钢板剪力墙，L 取柱子与加劲肋中心线之间的距离。

4.1.2　方钢管混凝土边缘构件刚度限值公式验证

本节选择对钢板剪力墙性能影响最显著的宽高比 a 和宽厚比 λ 作为参数建立

方钢管混凝土框架内置钢板剪力墙有限元模型，验证式（4.21）的正确性。由图 4.1 可知，未开洞薄钢板剪力墙、中部开洞钢板剪力墙和单侧开洞钢板剪力墙均需考虑钢板剪力墙屈曲后拉力场对柱子的作用。参考天津津塔工程的钢板剪力墙尺寸，分别建立未开洞薄钢板剪力墙、中部开洞钢板剪力墙和单侧开洞钢板剪力墙的足尺有限元模型，材料本构和建模方法与 3.1.1 小节相同。

所有模型的钢板剪力墙净跨度 L_0 相同，取 $L_0 = 5400\text{mm}$。以柱子柔度系数 ω_1 为主要参数，每一类型的钢板剪力墙建立 5 组模型，每组分别包含 $\omega_1 = 1.5$、2.0、2.5、3.0 的 4 个模型，5 组模型分别采用不同的宽高比 a 或宽厚比 λ，模型编号及具体尺寸见表 4.3、表 4.4。编号名称中 BS、CO 和 SO 分别代表未开洞薄钢板剪力墙、中部开洞钢板剪力墙和单侧开洞钢板剪力墙。CO、SO 的开洞率为 0.3，CO 的洞口高度比为 0.4。编号 a 代表宽高比 $a = L/H$（aspect ratio），其后数字 08、15、20 分别代表 $a = 0.8$、1.5、2.0。s 代表宽厚比 $\lambda = L_0/t_w$（slenderness ratio），其后数字 25、30、45 分别代表 $\lambda = 250$、300、450。f 代表柱柔度系数 ω_1（flexibility），其后数字 15、20、25、30 分别代表 $\omega_1 = 1.5$、2.0、2.5、3.0。

表 4.3 BS（CO）模型编号和尺寸

编号	柱子柔度系数 ω_1	宽高比 a	宽厚比 λ	净层高 H_0/mm	钢板厚度 t_w/mm
BS(CO)-a08s30f15	1.5	2.0	300	2700	18
BS(CO)-a08s30f20	2.0	2.0	300	2700	18
BS(CO)-a08s30f25	2.5	2.0	300	2700	18
BS(CO)-a08s30f30	3.0	2.0	300	2700	18
BS(CO)-a15s30f15	1.5	1.5	300	3600	18
BS(CO)-a15s30f20	2.0	1.5	300	3600	18
BS(CO)-a15s30f25	2.5	1.5	300	3600	18
BS(CO)-a15s30f30	3.0	1.5	300	3600	18
BS(CO)-a20s30f15	1.5	0.8	300	6750	18
BS(CO)-a20s30f20	2.0	0.8	300	6750	18
BS(CO)-a20s30f25	2.5	0.8	300	6750	18
BS(CO)-a20s30f30	3.0	0.8	300	6750	18
BS(CO)-a15s45f15	1.5	1.5	450	3600	12
BS(CO)-a15s45f20	2.0	1.5	450	3600	12
BS(CO)-a15s45f25	2.5	1.5	450	3600	12
BS(CO)-a15s45f30	3.0	1.5	450	3600	12
BS(CO)-a15s25f15	1.5	1.5	250	3600	21.6
BS(CO)-a15s25f20	2.0	1.5	250	3600	21.6
BS(CO)-a15s25f25	2.5	1.5	250	3600	21.6
BS(CO)-a15s25f30	3.0	1.5	250	3600	21.6

表 4.4 SO 模型编号和尺寸

编号	柱子柔度系数 ω_1	宽高比 a	宽厚比 λ	净层高 H_0/mm	钢板厚度 t_w/mm
SO-a08s30f15	1.5	2.0	300	2700	12.6
SO-a08s30f20	2.0	2.0	300	2700	12.6
SO-a08s30f25	2.5	2.0	300	2700	12.6
SO-a08s30f30	3.0	2.0	300	2700	12.6
SO-a15s30f15	1.5	1.5	300	3600	12.6
SO-a15s30f20	2.0	1.5	300	3600	12.6
SO-a15s30f25	2.5	1.5	300	3600	12.6
SO-a15s30f30	3.0	1.5	300	3600	12.6
SO-a20s30f15	1.5	0.8	300	6750	12.6
SO-a20s30f20	2.0	0.8	300	6750	12.6
SO-a20s30f25	2.5	0.8	300	6750	12.6
SO-a20s30f30	3.0	0.8	300	6750	12.6
SO-a15s45f15	1.5	1.5	450	3600	8.4
SO-a15s45f20	2.0	1.5	450	3600	8.4
SO-a15s45f25	2.5	1.5	450	3600	8.4
SO-a15s45f30	3.0	1.5	450	3600	8.4
SO-a15s25f15	1.5	1.5	250	3600	15
SO-a15s25f20	2.0	1.5	250	3600	15
SO-a15s25f25	2.5	1.5	250	3600	15
SO-a15s25f30	3.0	1.5	250	3600	15

根据式（4.18）计算出不同 ω_1 所对应的方钢管混凝土抗弯刚度 $E_{eff}I_{eff}$，从而设计边缘构件的截面。多层钢板剪力墙结构中，中间层钢梁受上、下层钢板剪力墙拉力场的作用可相互平衡，不影响拉力场作用的发挥，故可不作刚度要求。但顶层梁由于上部没有可与下部拉力场作用平衡的力，则需具有一定刚度。将式（4.1）中层高 h 与跨度 L 交换即为美国规范 AISC 341-10 建议的顶梁惯性矩 I_b 限值计算式（4.22）。本节模型中梁与钢板剪力墙均为钢材，无需考虑弹性模量 E 的不同，顶梁与底梁尺寸与 3.3.1 小节模型相同，刚度满足式（4.22）要求：

$$I_b \geqslant 0.00307 \frac{t_w L^4}{h} \tag{4.22}$$

4.1.3　柔度系数对钢板剪力墙平均应力的影响

本节通过考察钢板剪力墙沿路径方向的拉力场平均应力，评价不同竖向边缘构件柔度系数时钢板剪力墙拉力场应力的均匀性，验证式（4.21）的正确性。美国规范 AISC 341-10 中要求周边框架不先于钢板剪力墙屈服，因此，提取框架钢管边缘纤维屈服时，各钢板剪力墙模型中一层钢板剪力墙由右下角点沿 45°方向向上路径的 von Mises 应力，模型中提取的路径如图 4.5 所示。

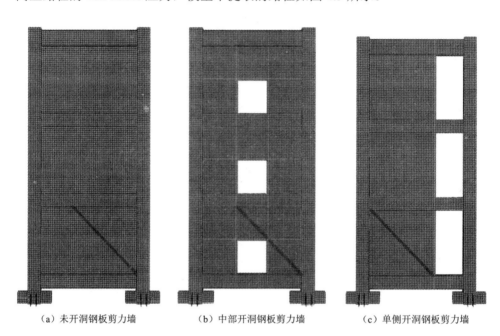

（a）未开洞钢板剪力墙　　　　（b）中部开洞钢板剪力墙　　　　（c）单侧开洞钢板剪力墙

图 4.5　应力提取路径

各模型沿路径的 von Mises 应力分布如图 4.6 所示，图中 n 代表钢板剪力墙上沿路径方向的相对位置。典型模型一层钢板剪力墙的 von Mises 应力如图 4.7 所示。可以看出，竖向边缘构件柔度系数较小的钢板剪力墙具有更优异的受力性能。当柔度系数 ω_1=1.0 时，钢板剪力墙大部分应力达到屈服强度。随着 ω_1 的增大，曲线逐渐降低，表明框架边缘纤维屈服时，竖向边缘构件柔度系数较大的钢板剪力墙的性能未得到充分发挥，部分钢板剪力墙未屈服。ω_1 越大，钢板剪力墙未屈服面积越大，钢板剪力墙平均应力越小。当 ω_1=3.0 时，只有少部分拉力带达到材料屈服强度。BS 与 SO 系列的应力分布曲线较为相似，应力沿拉力场方向的对角线向两侧逐渐减小。CO 模型各小区格内的应力沿拉力场方向的对角线向两侧逐渐减小，而加劲肋处的应力较小。

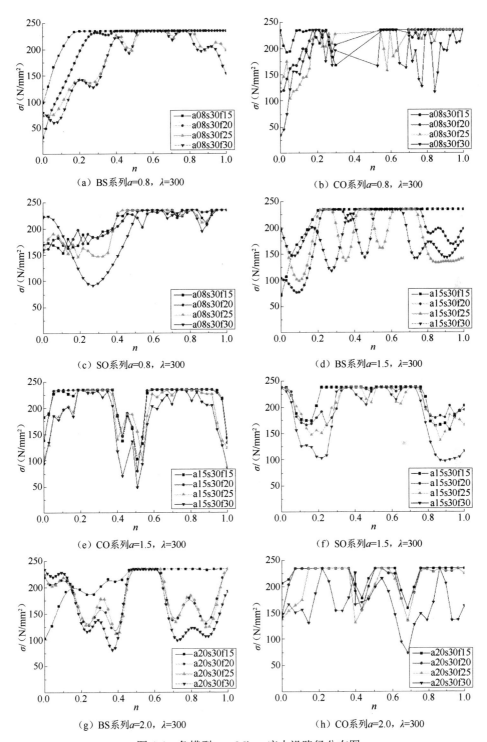

（a）BS系列a=0.8，λ=300

（b）CO系列a=0.8，λ=300

（c）SO系列a=0.8，λ=300

（d）BS系列a=1.5，λ=300

（e）CO系列a=1.5，λ=300

（f）SO系列a=1.5，λ=300

（g）BS系列a=2.0，λ=300

（h）CO系列a=2.0，λ=300

图 4.6　各模型 von Mises 应力沿路径分布图

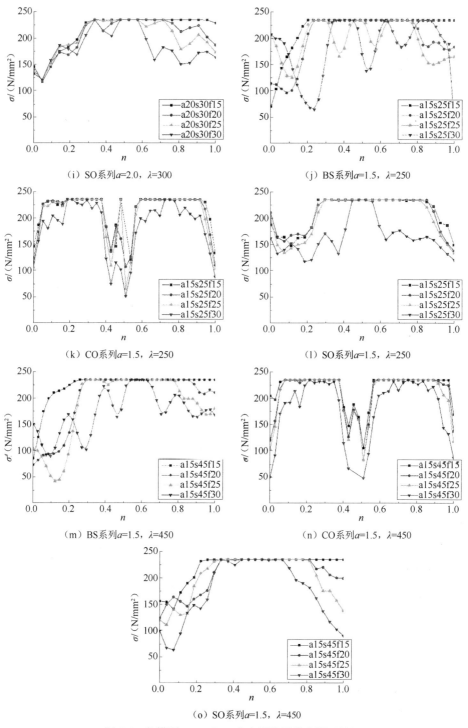

（i）SO系列a=2.0，λ=300

（j）BS系列a=1.5，λ=250

（k）CO系列a=1.5，λ=250

（l）SO系列a=1.5，λ=250

（m）BS系列a=1.5，λ=450

（n）CO系列a=1.5，λ=450

（o）SO系列a=1.5，λ=450

图4.6　各模型 von Mises 应力沿路径分布图（续）

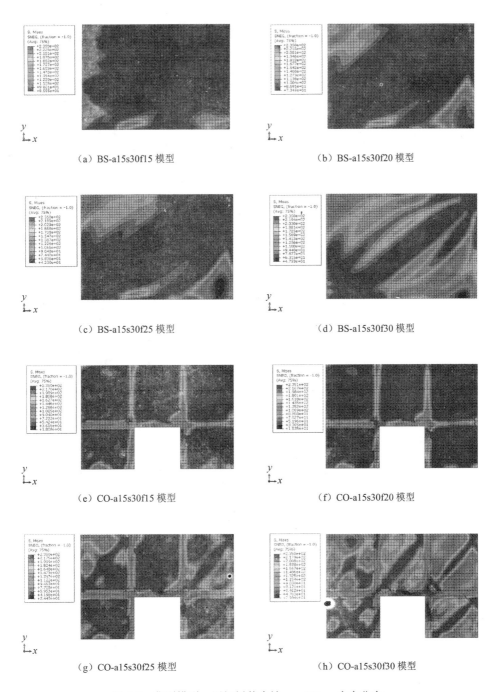

（a）BS-a15s30f15 模型　　　　　　　　（b）BS-a15s30f20 模型

（c）BS-a15s30f25 模型　　　　　　　　（d）BS-a15s30f30 模型

（e）CO-a15s30f15 模型　　　　　　　　（f）CO-a15s30f20 模型

（g）CO-a15s30f25 模型　　　　　　　　（h）CO-a15s30f30 模型

图 4.7　典型模型一层钢板剪力墙 von Mises 应力分布

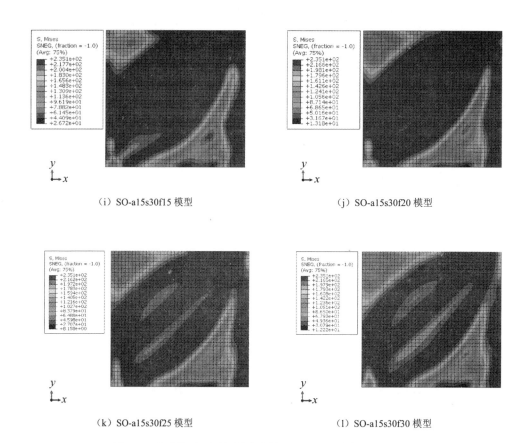

（i）SO-a15s30f15 模型　　　　　　　　　（j）SO-a15s30f20 模型

（k）SO-a15s30f25 模型　　　　　　　　　（l）SO-a15s30f30 模型

图 4.7　典型模型　层钢板剪力墙 von Mises 应力分布（续）

由表 4.5～表 4.7 可知，当框架边缘纤维屈服时，ω_1=1.5 的钢板剪力墙平均应力比均已超过 0.9。这表明框架屈服时，钢板剪力墙的性能已充分发挥，满足 AISC 341-10 规范的要求。对于不同宽高比和宽厚比的钢板剪力墙，当 ω_1=2.0、2.5、3.0 时，平均应力比的最小值分别为 0.812、0.766、0.697。由图 4.4 可知，当 ω_1=2.5 时，平均应力比 $\sigma_{mean}/\sigma_{max}$ 约为 0.80，当 ω_1=3.0 时，$\sigma_{mean}/\sigma_{max}$ 约为 0.75，理论分析求得的平均应力比均高于数值分析结果。其原因为，理论分析假定整片钢板剪力墙均屈曲形成拉力场，而数值分析结果表明，钢板剪力墙屈曲形成的斜向拉力场主要集中于主应力方向的对角线附近，位于角部的钢板剪力墙未发生屈曲或屈曲后钢板剪力墙应力未达到钢材屈服强度（图 4.7），故数值计算得到的钢板剪力墙平均应力小于理论分析值。

表 4.5　BS 模型沿 45°方向路径平均应力

模型编号	平均应力 $\sigma_{mean}/$（N/mm^2）	$\sigma_{mean}/\sigma_{max}$
BS-a08s30f15	222.98	0.949
BS-a08s30f20	209.04	0.890
BS-a08s30f25	184.58	0.785
BS-a08s30f30	178.54	0.750
BS-a15s30f15	219.45	0.934
BS-a15s30f20	196.90	0.838
BS-a15s30f25	181.04	0.770
BS-a15s30f30	178.80	0.741
BS-a20s30f15	212.07	0.902
BS-a20s30f20	181.45	0.812
BS-a20s30f25	182.23	0.775
BS-a20s30f30	163.90	0.697
BS-a15s45f15	223.05	0.949
BS-a15s45f20	199.26	0.848
BS-a15s45f25	186.37	0.793
BS-a15s45f30	173.22	0.737
BS-a15s25f15	219.58	0.934
BS-a15s25f20	201.20	0.856
BS-a15s25f25	196.20	0.835
BS-a15s25f30	182.56	0.777

表 4.6　CO 模型沿 45°方向路径平均应力

模型编号	平均应力 $\sigma_{mean}/$（N/mm^2）	$\sigma_{mean}/\sigma_{max}$
CO-a08s30f15	227.11	0.966
CO-a08s30f20	215.41	0.916
CO-a08s30f25	184.63	0.785
CO-a08s30f30	176.07	0.749
CO-a15s30f15	215.33	0.916
CO-a15s30f20	214.81	0.914
CO-a15s30f25	183.77	0.782
CO-a15s30f30	165.05	0.702
CO-a20s30f15	224.38	0.954
CO-a20s30f20	217.35	0.924
CO-a20s30f25	186.47	0.793
CO-a20s30f30	168.63	0.717
CO-a15s45f15	219.62	0.934
CO-a15s45f20	212.08	0.902
CO-a15s45f25	180.11	0.766
CO-a15s45f30	164.06	0.698
CO-a15s25f15	215.81	0.918
CO-a15s25f20	210.48	0.895
CO-a15s25f25	186.37	0.793
CO-a15s25f30	172.58	0.734

表 4.7　SO 模型沿 45°方向路径平均应力

模型编号	平均应力 $\sigma_{mean}/$（N/mm^2）	$\sigma_{mean}/\sigma_{max}$	模型编号	平均应力 $\sigma_{mean}/$（N/mm^2）	$\sigma_{mean}/\sigma_{max}$
SO-a08s30f15	219.56	0.934	SO-a15s45f25	185.65	0.790
SO-a08s30f20	208.81	0.888	SO-a15s45f30	173.23	0.737
SO-a08s30f25	181.64	0.772	SO-a20s30f15	214.24	0.911
SO-a08s30f30	169.46	0.721	SO-a20s30f20	205.72	0.875
SO-a15s30f15	213.79	0.909	SO-a20s30f25	182.26	0.775
SO-a15s30f20	208.26	0.886	SO-a20s30f30	163.92	0.697
SO-a15s45f15	220.77	0.939	SO-a15s25f15	215.25	0.916
SO-a15s45f20	206.74	0.879	SO-a15s25f20	209.99	0.893
SO-a15s45f25	185.65	0.790	SO-a15s25f25	183.56	0.781
SO-a15s45f30	173.23	0.737	SO-a15s25f30	164.10	0.698

图 4.8 为不同宽高比和宽厚比计算模型的平均应力比。图中曲线表明，在不同的宽高比和宽厚比条件下，柔度系数变化对钢板剪力墙性能的影响呈相同的趋势。图中水平虚线位置为 $\sigma_{mean}/\sigma_{max}=0.75$，当 $\omega_1=2.5$ 时，对不同的宽高比和宽厚比，$\sigma_{mean}/\sigma_{max}$ 均大于 0.75，而当 $\omega_1=1.0$ 时，虽然钢板剪力墙的作用得到了更充分的发挥，但此时边缘构件尺寸过大（模型中钢管边长 1400mm）。因此，$\omega_1=2.5$ 时钢板剪力墙拉力场的发展程度是可以接受的。

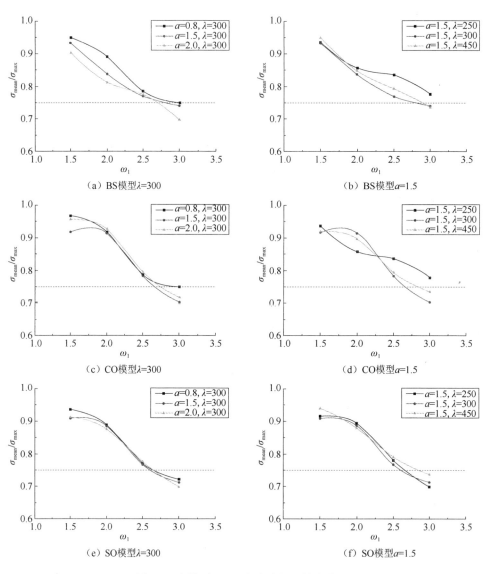

图 4.8　各模型沿 45° 方向路径平均应力比

4.1.4　柔度系数对方钢管混凝土柱变形的影响

钢板剪力墙结构在水平荷载下发生侧移时，边缘构件的变形由两部分组成：将边缘构件看作纯框架时的侧移变形和拉力场作用下的变形，如图 4.9 所示。竖向边缘构件变形后的 $P\text{-}\Delta$ 效应会对其受力性能产生不利影响，故应避免竖向边缘构件在拉力场作用下发生过大的变形。由于侧移产生的框架变形是非线性分布，无法直接从竖向边缘构件总变形中单独提取拉力场作用下的变形，因此，以一层竖向边缘构件的总变形作为评价柔度系数对方钢管混凝土柱变形影响的指标。

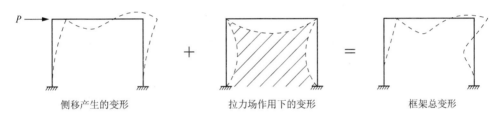

图 4.9　钢板剪力墙竖向边缘构件变形

图 4.10 为一层层间位移角达到 1/50 时，模型 BS、CO 一层右柱与模型 SO 一层左柱沿高度方向的位移图，图中纵坐标为相对高度，横坐标为位移。可以看出，当钢板剪力墙宽高比较小时（a=0.8 系列），钢板剪力墙拉力场对竖向边缘构件变形影响较小，不同柔度系数的竖向边缘构件变形无明显差别；随着宽高比的增加，拉力场对竖向边缘构件变形的影响逐渐增大；钢板剪力墙拉力场对竖向边缘构件变形的影响程度不随宽厚比的变化而改变。除 a=0.8 系列柔度系数变化对竖向边缘构件变形影响较小外，其余各系列模型中，柔度系数较大时（ω_1=3.0），钢板剪力墙屈曲后的拉力场会使方钢管混凝土柱发生与拉力场方向相同的变形（模型 BS、CO 向左，模型 SO 向右）。当 $\omega_1 \leqslant 2.5$ 时，减小柔度系数对竖向边缘构件变形的抑制作用不再明显。在工程应用中，柱子柔度满足 $\omega_1 \leqslant 2.5$ 即可避免竖向边缘构件产生过大挠曲。

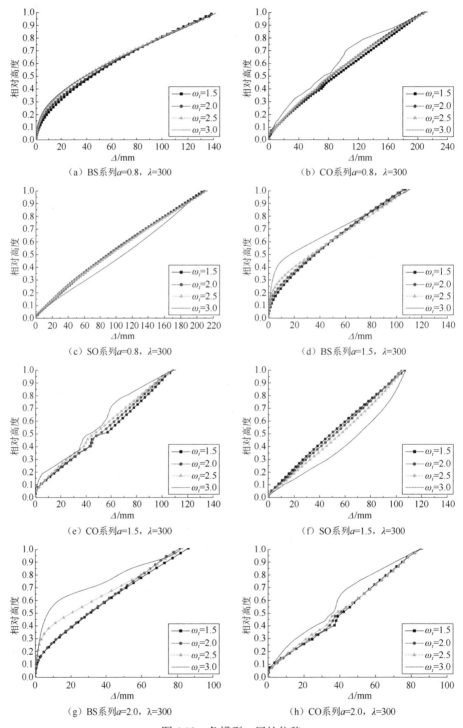

（a）BS系列a=0.8，λ=300

（b）CO系列a=0.8，λ=300

（c）SO系列a=0.8，λ=300

（d）BS系列a=1.5，λ=300

（e）CO系列a=1.5，λ=300

（f）SO系列a=1.5，λ=300

（g）BS系列a=2.0，λ=300

（h）CO系列a=2.0，λ=300

图4.10　各模型一层柱位移

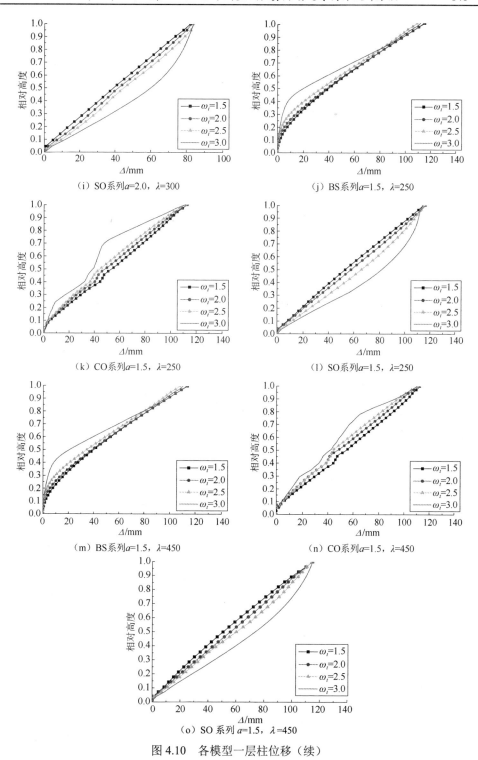

（i）SO系列 a=2.0，λ=300

（j）BS系列 a=1.5，λ=250

（k）CO系列 a=1.5，λ=250

（l）SO系列 a=1.5，λ=250

（m）BS系列 a=1.5，λ=450

（n）CO系列 a=1.5，λ=450

（o）SO 系列 a=1.5，λ=450

图 4.10　各模型一层柱位移（续）

4.1.5　柔度系数对钢板剪力墙结构破坏机制的影响

将边缘构件侧移产生的弯矩和拉力场作用产生的弯矩叠加，可得竖向边缘构件的总弯矩，如图 4.11 所示。图中 q_{ch} 为拉力场对竖向边缘构件作用的水平分量，M_t、M_b 分别为侧移引起的柱顶、柱脚弯矩。由图可知，当竖向边缘构件中部拉力场作用产生的弯矩与框架侧移产生的弯矩之和大于柱脚弯矩 M_b 时，塑性铰将出现在框架柱中部。为使竖向边缘构件破坏时塑性铰出现在柱脚，应使柱脚弯矩 M_b 大于中部弯矩 M_a。

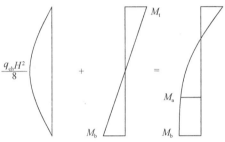

图 4.11　一层右柱弯矩图

在弹性阶段，当框架高度 H 不变时，相同的水平荷载下框架内力 M_t、M_b 的大小取决于框架柱的抗弯刚度。为考察竖向边缘构件柔度系数对钢板剪力墙破坏模式的影响，选取模型 BS 中 $a=0.8$，$\lambda=300$ 系列，模型 CO 中 $a=1.5$，$\lambda=250$ 系列和模型 SO 中 $a=2.0$，$\lambda=450$ 系列。提取一层方钢管在层间位移角 1/50 时的塑性应变，如图 4.12 所示。

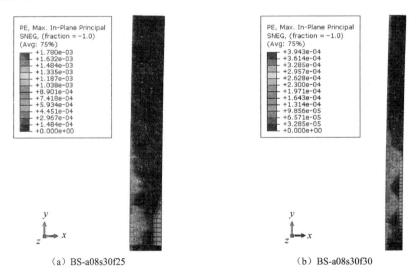

（a）BS-a08s30f25　　　　　　　（b）BS-a08s30f30

图 4.12　一层柱塑性应变

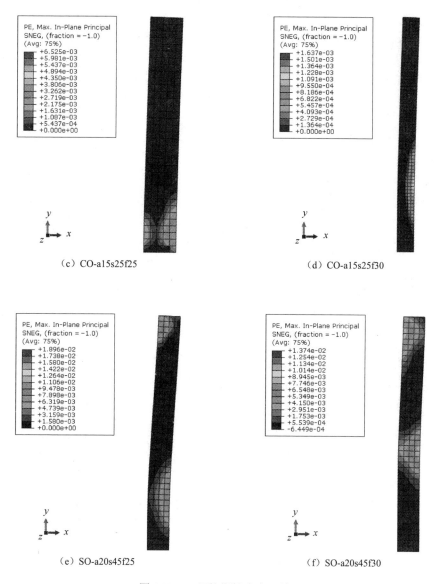

(c) CO-a15s25f25　　　　　　　　　　(d) CO-a15s25f30

(e) SO-a20s45f25　　　　　　　　　　(f) SO-a20s45f30

图 4.12　一层柱塑性应变（续）

　　当宽高比较小时（a=0.8 系列），钢板剪力墙整体高而窄，结构的抗弯能力低于抗剪能力，框架侧移产生的柱脚弯矩较大，模型破坏时表现为弯曲破坏。因此，对于 a=0.8 系列柱子柔度系数 ω_1=3.0 的模型，塑性铰仍偏向于柱脚位置。a=1.5系列与 a=2.0 系列，模型破坏形态分别表现为弯剪破坏和剪切破坏。当 ω_1=3.0 时，塑性铰产生在框架柱中部。即当 ω_1=2.5 时，塑性铰在距柱脚约一倍柱宽高度处。

当ω_1<2.5 时，塑性铰在柱脚形成。不同宽厚比模型的对比表明，柔度系数对框架破坏模式的影响与宽厚比无关。即当ω_1≤2.5 时，钢板剪力墙结构的竖向边缘构件可以实现柱脚形成塑性铰的理想破坏机制。

4.2　方钢管混凝土竖向边缘构件加劲构造措施研究

《矩形钢管混凝土结构技术规程》（CECS 159—2004）[8]规定：当矩形钢管混凝土构件截面最大边尺寸不小于 800mm 时，宜采用在柱子内壁上焊接栓钉、纵向加劲肋等构造措施。这一规定只是针对一般钢管混凝土结构，对于连接有薄钢板剪力墙的钢管混凝土柱，薄钢板剪力墙拉力场会使钢管与核心混凝土脱离从而影响耗能能力以及两道抗震防线目标的实现，显然此规定太过宽泛已不再适用。因此，研究拉力场对方钢管混凝土柱的不利影响以及改善此不利影响的加劲构造措施，对于抗震设计是非常必要的。

4.2.1　方钢管混凝土竖向边缘构件加劲截面选择

1. 方钢管混凝土竖向边缘构件加劲构造分类

研究表明，方钢管混凝土柱替代型钢柱作为薄钢板剪力墙的竖向边缘构件，一方面方钢管混凝土柱能够提供足够的刚度和强度以保证钢板剪力墙拉力场充分发挥，另一方面薄钢板剪力墙屈曲后形成的拉力场会作用于方钢管混凝土竖向边缘构件，对其产生不利影响。拉力场对边框柱产生的不利影响表现为附加弯矩的影响，同时拉力场使钢管与核心混凝土脱离将影响方钢管混凝土竖向边缘构件的整体工作性能。针对薄钢板剪力墙拉力场的不利影响，提出如图 4.13 所示 4 种方钢管混凝土柱加劲构造措施以改善其受力性能，4 种加劲方式分别为单钢板加劲（SPSW-D）、多钢板加劲（SPSW-M）、角钢加劲（SPSW-L）以及 T 形钢加劲（SPSW-T）。

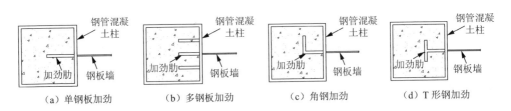

　（a）单钢板加劲　　　（b）多钢板加劲　　　（c）角钢加劲　　　（d）T 形钢加劲

图 4.13　方钢管混凝土柱加劲构造

2. 加劲板件厚度计算

为了缩小以下对比分析中所选择板件的范围，推导方钢管混凝土柱加劲板件所需的厚度下限值，基本假定如下：

（1）钢管柱壁加劲构件与方钢管混凝土柱共同承担轴向压力；

（2）拉力场充分均匀开展，与竖向成 45° 夹角；

（3）不考虑加劲板件与周边混凝土的相互作用；

（4）计算位置取每层柱中加劲板件边缘。

根据《钢板剪力墙设计指南》[4]（以下简称《指南》），钢板剪力墙竖向边缘构件承受的水平和竖向荷载为

$$q_{ch} = 1.2 f_w t_w \sin^2 \alpha , \quad q_{cv} = 0.6 f_w t_w \sin 2\alpha \tag{4.23}$$

平面应力状态下，各正应力和切应力分别为

$$\sigma_x = \frac{0.6 f_w t_w}{t_s} , \quad \sigma_y = \frac{N + 0.6 f_w t_w nh}{A} , \quad \tau_{xy} = \frac{0.6 f_w t_w}{t_s} \tag{4.24}$$

式中：t_s 为加劲板厚度；N 为轴力设计值；$n = n_1 - n_2 + 0.5$，n_1 为总层数，n_2 为计算层数；A 为钢管混凝土柱截面面积。

平面应力状态下的主应力分别为

$$\sigma_{1,3} = \frac{\sigma_x + \sigma_y}{2} \pm \sqrt{\left(\frac{\sigma_x - \sigma_y}{2}\right)^2 + \tau_{xy}^2} \tag{4.25}$$

根据第四强度理论可知：

$$\sigma_{r4} = \sqrt{\sigma_1^2 + \sigma_3^2 - \sigma_1 \sigma_3} \leqslant [\sigma] \tag{4.26}$$

将式（4.24）、式（4.25）代入式（4.26）中，即可得到板件最小厚度计算公式：

$$t_s = \frac{4.8 f_w t_w}{\sigma_y + \sqrt{16 f_s^2 - 15 \sigma_y^2}} \tag{4.27}$$

式中：f_s 为加劲板屈服强度。

3. 加劲构造对比分析

建立方钢管混凝土框架内置未开洞钢板剪力墙模型，模型的材料强度与边缘构件尺寸同 3.4.1 小节，钢板剪力墙宽厚比 $\lambda = 570$。将模型相关参数代入式（4.27），计算得到所需板件的最小厚度为 4mm。分别选取板件厚度为 4mm 和 6mm 的 24 个不同加劲构造模型进行分析比较，共分为 4 组截面类型，分别为 SPSW-D、

SPSW-M、SPSW-L 和 SPSW-T,作为对比,分析了 1 个无加劲模型 SPSW-N。每组截面类型选取 6 个不同加劲截面的模型,考察加劲肋对钢管与混凝土脱离距离的影响,结果见表 4.8～表 4.11。

表 4.8　单钢板加劲结果

模型 SPSW-D	截面（$L×t$）/（mm×mm）	面积/mm²	承载力/kN	脱离距离/mm	承载力增量/%	脱离减少量/%
	80×4	320	7317	2.9	4.4	46.3
	100×6	600	7421	1.9	5.9	64.8
加劲肋	120×6	756	7495	1.6	7.0	70.4
L	140×6	840	7511	1.4	7.2	74.1
	160×6	960	7559	1.1	7.9	79.6
	180×6	1080	7635	1	9.0	81.5
单钢板	无加劲	0	7007	5.4		

表 4.9　多钢板加劲结果

模型 SPSW-M	截面（$L×t$）/（mm×mm）	面积/mm²	承载力/kN	脱离距离/mm	承载力增量/%	脱离减少量/%
	27×4	320	7357	1.0	5.0	81.5
加劲肋	33×6	600	7467	0.9	6.6	83.3
	42×6	756	7510	0.7	7.2	87.0
	47×6	840	7558	0.7	7.9	87.0
L	53×6	960	7578	0.7	8.2	87.0
多钢板	60×6	1080	7582	0.7	8.2	87.0
	无加劲	0	7007	5.4		

表 4.10　角钢加劲结果

模型 SPSW-L	截面（$L×t$）/（mm×mm）	面积/mm²	承载力/kN	脱离距离/mm	承载力增量/%	脱离减少量/%
	40×4	320	7310	0.3	4.3	94.4
	50×6	600	7398	0.3	5.6	94.4
	63×6	756	7403	0.3	5.7	94.4
L	70×6	840	7404	0.3	5.7	94.4
加劲肋	80×6	960	7494	0.2	7.0	96.3
角钢	90×6	1080	7500	0.2	7.0	96.3
	无加劲	0	7007	5.4		

表 4.11　T 形钢加劲结果

SPSW-T	截面（L×t）/（mm×mm）	面积/mm²	承载力/kN	脱离距离/mm	承载力增量/%	脱离减少量/%
	40×4	320	7330	0.2	4.6	96.3
	50×6	600	7421	0.2	5.9	96.3
	63×6	756	7418	0.2	5.9	96.3
	70×6	840	7429	0.2	6.0	96.3
	80×6	960	7516	0.2	7.3	96.3
	90×6	1080	7537	0.2	7.6	96.3
	无加劲	0	7007	5.4		

（加劲肋　T 形钢）

不同截面类型方钢管混凝土柱壁与内填混凝土脱离程度变化曲线如图 4.14（a）所示。SPSW-D 脱离距离最大达到 2.9mm，SPSW-T 脱离距离最小约为 0.2mm，SPSW-L 比 SPSW-T 的脱离距离略有增加，而 SPSW-N 脱离距离达 5.4mm，说明 4 种加劲构造对方钢管混凝土柱的整体性都起到了改善效果，但差异很大，说明加劲截面类型显著影响方钢管柱壁与内填混凝土的分离程度。当加劲构件截面增大时，4 种加劲构造的方钢管与核心混凝土的脱离距离均有不同程度地减少，其中 SPSW-D 减少幅度最大，其他模型减少幅度甚微。

图 4.14（b）给出了四种模型承载力随加劲构件截面增大的变化情况，由于在方钢管柱壁设置加劲构件，除了能够减少方钢管与核心混凝土的脱离以增强方钢管混凝土柱的整体性以外，同时也改变了方钢管混凝土柱的截面特性。两种因素同时对结构的抗侧承载力产生影响。可以看出，4 种模型承载力均随加劲截面积的增大而增大。当截面面积小于 600mm² 时，SPSW-M 承载力最大，SPSW-T 次之，SPSW-L 最小；当截面面积在 600～1000mm² 时，SPSW-M 承载力最大，SPSW-D 次之，SPSW-L 最小；当截面面积超过 1000mm² 时，SPSW-D 承载力最大，SPSW-M 次之，SPSW-L 最小。

图 4.14（c）为 4 种加劲构造模型与无加劲模型脱离相对减少量对比，SPSW-T 脱离距离相对减少量均在 95% 以上，SPSW-L 只有两种截面的脱离距离相对减少量在 95% 以上，但都超过 90%，而 SPSW-D 和 SPSW-M 最大脱离距离相对减少量只有 87%。由此可见，4 种加劲构造改善效果差异较大，采用 T 形钢加劲效果最好，且采用最小加劲截面即能够起到加劲作用，增大加劲截面对改善加劲效果影响很小。

图 4.14（d）为 4 种加劲构造模型与无加劲模型承载力相对增加量对比，4 种加劲构造模型承载力相对增加量均在 10% 以内。由此可知，4 种加劲构造对方钢管与内填混凝土分离的影响远大于对抗侧承载力的影响。

以上结果表明，T 形钢加劲对钢管混凝土柱受力性能改善最好。因此，下面对 T 形钢加劲效果进行分析。

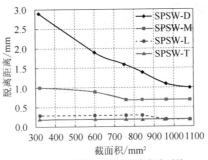

（a）钢管与混凝土脱离程度对比

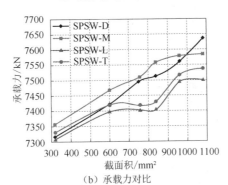

（b）承载力对比

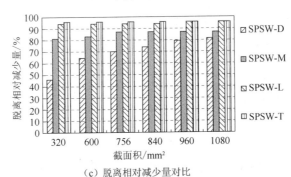

（c）脱离相对减少量对比

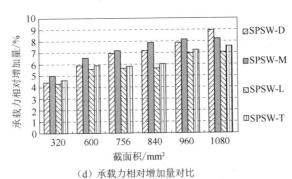

（d）承载力相对增加量对比

图 4.14　脱离程度及承载力对比

4.2.2　T 形钢加劲效果分析

1. T 形钢加劲对柱壁分离的影响

为分析比较加劲效果，图 4.15 给出了 SPSW-T 和 SPSW-N 一层钢管与混凝土脱离距离沿柱高的分布曲线，SPSW-T 加劲构件采用表 4.11 中满足式（4.27）的最小截面。SPSW-N 脱离距离沿柱高分布及随高度变化曲线如图 4.15（a）所示，可以看出，沿柱高脱离程度差异很大，分布很不均匀，分布形状类似抛物线，最大脱离距离发生在每层的柱中位置。当层间位移角增大时，脱离距离沿柱高分布曲线形状始终保持一致，类似抛物线形状，最大脱离距离始终发生在柱中。虽然脱离距离随着层间位移增大而增大，但增加幅度并不均匀，而是先大后小，其原因为钢板剪力墙受力状态在不同阶段的发展变化。

SPSW-T 脱离距离沿柱高分布及随高度变化曲线如图 4.15（b）所示，脱离距离沿柱高分布曲线形状与 SPSW-N 明显不同。当层间位移角增大时，最大脱离距离为 0.5mm 左右，总体分布比 SPSW-N 均匀，可见，采用 T 形钢加劲能够明显改善方钢管柱壁与混凝土脱离的不利影响，加劲效果显著。

图 4.15（c）为 SPSW-N 和 SPSW-T 上层最大脱离距离随层间位移的变化曲线。由图可知，SPSW-N 柱壁脱离的发展速度和幅度均比 SPSW-T 大很多，最大脱离约 10mm，表明方钢管混凝土柱不设置加劲肋时，钢板剪力墙拉力场对方钢管与混凝土脱离程度的影响较大。SPSW-T 发展变化曲线接近平直线，变化十分缓慢，最大脱离约 0.4mm，脱离距离微小，说明采用 T 形钢加劲后，能够显著增强连接有钢板剪力墙的方钢管混凝土柱的整体性，且钢板剪力墙拉力场对方钢管与混凝土的脱离影响较小。

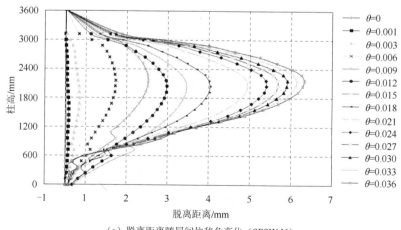

（a）脱离距离随层间位移角变化（SPSW-N）

图 4.15　脱离距离分布发展规律

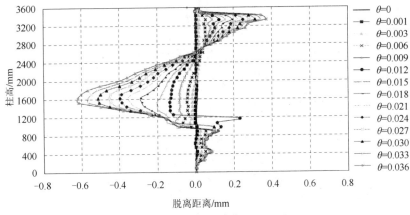

（b）脱离距离随层间位移角变化（SPSW-T）

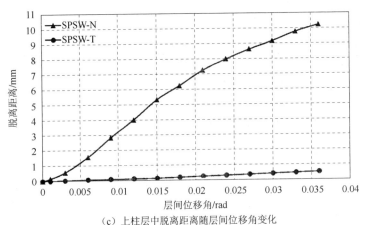

（c）上柱层中脱离距离随层间位移角变化

图 4.15 脱离距离分布发展规律（续）

2. T 形钢加劲对滞回性能的影响

图 4.16、图 4.17 分别给出了 SPSW-N 和 SPSW-T 模型的滞回曲线和骨架曲线。由图 4.16 可知，与 SPSW-N 的滞回曲线相比，SPSW-T 的滞回曲线更加饱满，滞回环包围面积增大，耗能增加。图 4.17 表明，SPSW-T 承载力比 SPSW-N 略高，二者承载力均未下降至极限承载力的 85%，表明二者整体延性均较好。

图 4.18 给出了 SPSW-N 和 SPSW-T 模型的能量耗散对比。随着位移的增加，能量耗散系数增大，但增大幅度逐渐降低并趋于稳定。与 SPSW-N 相比，SPSW-T 能量耗散系数较大，达到极限荷载时，SPSW-T 能量耗散系数比 SPSW-N 增大约 7.7%，表明二者均具有稳定的滞回性能。

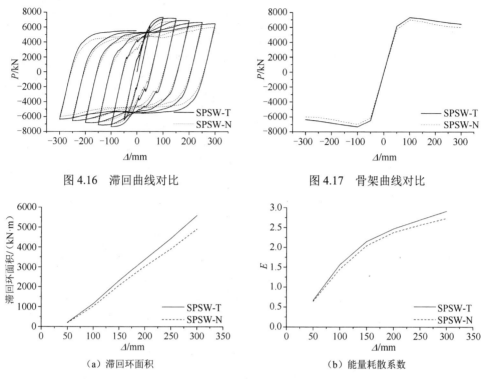

图 4.16　滞回曲线对比　　　　图 4.17　骨架曲线对比

（a）滞回环面积　　　　　　（b）能量耗散系数

图 4.18　能量耗散变化曲线

图 4.19 分别给出了正、反向荷载作用下，一层柱壁的应力分布图。正向荷载作用下，SPSW-T 方钢管柱壁应力明显较小且各点均未达到屈服，SPSW-N 方钢管柱壁应力很大，约 75%的柱壁区域屈服。反向荷载作用下，方钢管应力和面外变形与正向荷载作用下类似，SPSW-T 方钢管柱壁应力仍明显较小且各点均未达到屈服，SPSW-N 方钢管柱壁应力仍很大，约 50%的柱壁区域屈服。表明在往复荷载作用下，方钢管柱壁设置加劲构件能够明显改善与钢板剪力墙连接的方钢管

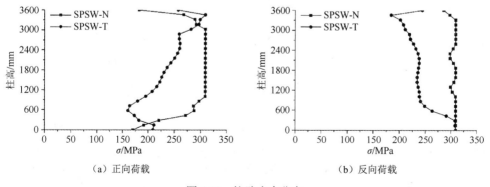

（a）正向荷载　　　　　　　（b）反向荷载

图 4.19　柱壁应力分布

混凝土柱的整体性，增强柱子对钢板剪力墙的锚固作用，有效减小柱壁面外变形和方钢管柱壁应力，防止方钢管柱壁过早局部破坏。

综上所述，方钢管柱壁设置加劲构件能够有效减小方钢管与混凝土的脱离距离和方钢管柱壁应力，防止拉力场作用下方钢管柱壁局部过早破坏，增强竖向边缘构件对钢板剪力墙的锚固作用，显著减小柱壁的面外变形，并且能够增大滞回环面积和能量耗散系数，但对结构刚度影响很小。这表明在方钢管柱壁设置 T 形钢加劲是一种非常有效的抗震构造措施，对于实现二道防线、增大耗能能力以及减小拉力场对方钢管混凝土柱的不利影响作用明显。

4.2.3　影响 T 形钢加劲效果的因素

1. 轴压比的影响

为分析轴压比对加劲效果的影响，对 4.2.2 小节模型 SPSW-T 和模型 SPSW-N 分别取轴压比 n=0.4～0.8 进行滞回分析，其中，SPSW-N 模型 5 个，SPSW-T 模型 5 个。为量化加劲效果，采用承载力改变量 Δ_P、刚度改变量 Δ_K、滞回环面积改变量 Δ_S、能量耗散系数改变量 Δ_μ 和脱离距离改变量 Δ_X 对比各因素对加劲效果的影响。各指标表达式如下：

$$\Delta_P = \frac{\left| P_{\text{SPSW-T}} - P_{\text{SPSW-N}} \right|}{P_{\text{SPSW-N}}} \tag{4.28}$$

$$\Delta_K = \frac{\left| K_{\text{SPSW-T}} - K_{\text{SPSW-N}} \right|}{K_{\text{SPSW-N}}} \tag{4.29}$$

$$\Delta_S = \frac{\left| S_{\text{SPSW-T}} - S_{\text{SPSW-N}} \right|}{S_{\text{SPSW-N}}} \tag{4.30}$$

$$\Delta_\mu = \frac{\left| \mu_{\text{SPSW-T}} - \mu_{\text{SPSW-N}} \right|}{\mu_{\text{SPSW-N}}} \tag{4.31}$$

$$\Delta_X = \frac{\left| X_{\text{SPSW-T}} - X_{\text{SPSW-N}} \right|}{X_{\text{SPSW-N}}} \tag{4.32}$$

图 4.20 给出了 SPSW-T 相对于 SPSW-N 在不同轴压比下的承载力增量。正向承载力增量均小于 5%，而反向承载力增量除了轴压比为 0.8 时达到 5.8%，其他情况下均未超过 5%。表明在柱壁设置加劲构件能够略微增加结构承载力，但轴压比对加劲引起的承载力增加影响很小。

图 4.21 给出了 SPSW-T 相对于 SPSW-N 在不同轴压比下的刚度增量变化曲线。由图可知，当层间位移角达到 0.012rad 之前，即达到极限荷载之前，不同轴压比时刚度增量曲线差异很小，表明此时轴压比对加劲引起的刚度增加量很小。当层间位移角超过 0.012rad 之后，不同轴压比时刚度增量差异加大，除了轴压比

为 0.8 时刚度增量较大,其他各种情况下刚度增量差值均不超 2%。这表明只有在轴压比较高时,轴压比才会明显影响加劲引起的刚度增加,其他情况影响很小。

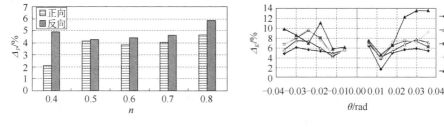

图 4.20　承载力增量　　　　　　　图 4.21　刚度增量

图 4.22 给出了滞回环面积增量和能量耗散系数增量。各种轴压比下,滞回环面积增量 Δ_S 均在 11%~13%,差异不超过 2%,而能量耗散系数增量 Δ_μ 在 5%~8%,差异不超过 3%。由此可知,轴压比对加劲引起的能量耗散增加影响很小。

图 4.23 给出了脱离距离减少量。在正向荷载作用下,不同轴压比情况的脱离距离均减少 95%~96%,差异在 1%以内;在反向荷载作用下,不同轴压比的脱离距离均减少 91%~95%,差异在 4%以内。可见,轴压比对加劲引起的脱离距离减少影响很小。

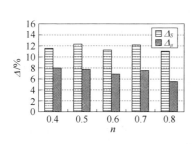
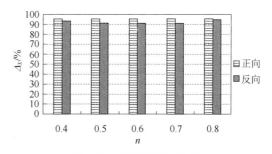

图 4.22　能量耗散增量　　　　　　图 4.23　脱离距离减少量

综上不同轴压比情况下 SPSW-T 模型和 SPSW-N 模型相关参数增量的分析比较可知,除了轴压比为 0.8 时对加劲引起的正向刚度增量影响较大外,轴压比对加劲引起的承载力增量、刚度增量、滞回环面积增量、能量耗散系数增量和脱离距离减少量增量均影响较小。

2. 钢板剪力墙宽厚比的影响

通过改变钢板剪力墙厚度的方法调整钢板剪力墙的宽厚比 λ,即宽厚比的增大代表钢板剪力墙厚度的减小。对模型 SPSW-T 和模型 SPSW-N 分别取宽厚比 λ=290、380、570 进行滞回分析。

图 4.24 给出了承载力增量变化。宽厚比增大时，承载力增量随之增加，但增加幅度较小，正向承载力增量最大差值约 1%，反向承载力增量最大差值约 2%。结果表明钢板剪力墙宽厚比越大，加劲引起的承载力增量越大，但是变化幅度较小。

图 4.25 给出了刚度增量变化。层间位移角小于 0.012rad 时，即极限荷载之前，刚度增量随着宽厚比增大而增大，刚度增量差值最大约 3%；层间位移角超过 0.012rad 时，刚度增量差值降低，最大差值约 2%。同时可发现，在极限荷载之前，正反向刚度基本相同；极限荷载之后，正反向刚度差异较大。表明极限荷载之前，宽厚比越大，加劲引起刚度增量越大；极限荷载之后，加劲引起刚度增量很小。

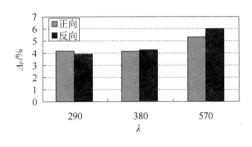

图 4.24　承载力增量变化

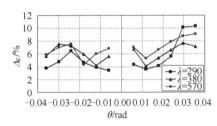

图 4.25　刚度增量变化

图 4.26 给出了滞回环面积增量变化和能量耗散系数变化。宽厚比对滞回环面积增量和能量耗散系数增量影响较大。当宽厚比为 570 时，滞回环面积增量最大约 18%；当宽厚比为 380 时，滞回环面积增量最小约 12%。当宽厚比为 290 时，能量耗散系数增量最大约 12%；当宽厚比为 380 时，能量耗散系数增量最小约 8%。由此可知，宽厚比对加劲引起的能量耗散增量影响较大。图 4.27 给出了脱离距离减少量变化情况。正向和反向荷载作用下的柱壁脱离距离减少量均在 95% 左右。说明宽厚比对加劲引起的柱壁脱离距离减少量影响较小。

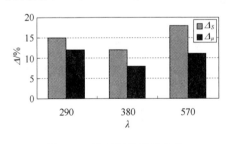

图 4.26　能量耗散增量变化

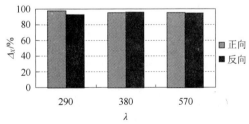

图 4.27　脱离距离减少量变化

不同宽厚比情况下，SPSW-T 模型和 SPSW-N 模型相关参数增量的分析比较表明，钢板剪力墙宽厚比对加劲引起的刚度增量和滞回环面积增量影响较大，宽厚比越大，极限荷载之前，加劲引起的刚度增量越大。宽厚比对加劲引起的承载力增量、能量耗散系数增量和脱离距离减少量增量影响较小。

3. T 形钢形状的影响

为研究 T 形钢形状对加劲效果的影响，采用改变翼缘和腹板高度的方法设计了 3 个分析模型，分别为 SPSW-20，SPSW-40 和 SPSW-60。SPSW-20 为设置 T20mm×60mm×4mm×4mm 加劲构件的分析模型，SPSW-40 为设置 T40mm×40mm×4mm×4mm 加劲构件的分析模型，SPSW-60 为设置 T60mm×20mm×4mm×4mm 加劲构件的分析模型，其中，T 形钢加劲构件表示方法为 T 高度×宽度×腹板厚度×翼缘厚度，其他参数与模型 SPSW-T 相同。

图 4.28 给出了 3 种模型的滞回曲线，其饱满度略有差异，SPSW-40 最饱满，SPSW-60 次之，SPSW-20 饱满度最小。图 4.29 给出了 3 种模型的骨架曲线，3 条曲线基本重合，3 种模型的承载力非常接近。图 4.30 分别给出了 3 种模型的滞回环面积变化曲线和能量耗散系数变化曲线，图 4.30（a）表明，3 种模型的滞回环面积均呈线性增长，SPSW-40 和 SPSW-60 曲线重合且较大，相比于前两者，SPSW-20 滞回环面积明显较小；图 4.30（b）表明，3 种模型的能量耗散系数增长均逐渐变缓，与滞回环面积相似，SPSW-40 和 SPSW-60 曲线重合且较大，SPSW-20 较小。由此可知，T 形钢加劲形状对结构的承载力影响较小，但是对结构的能量耗散有一定影响。

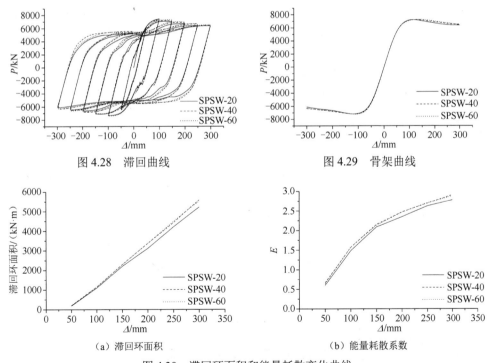

图 4.28　滞回曲线　　　　　　　　　图 4.29　骨架曲线

（a）滞回环面积　　　　　　　　　　（b）能量耗散系数

图 4.30　滞回环面积和能量耗散变化曲线

图 4.31 给出了正、反向荷载作用下方钢管柱壁的应力分布曲线。正向荷载作

用下，SPSW-40 沿柱高大部分区域应力均最小，SPSW-20 次之，SPSW-60 最大，且每层的上部应力最大，下部应力最小。反向荷载作用下，与正向荷载作用下应力分布相似，SPSW-40 沿柱高大部分区域应力均最小，SPSW-20 次之，SPSW-60 最大，但在下层钢板中部附近区域 SPSW-60 应力最小，SPSW20 次之，SPSW-40 最大。表明 T 形钢加劲形状对减少方钢管柱壁应力有显著影响，正反向荷载作用下，SPSW-40 效果最好，方钢管柱壁应力最小。

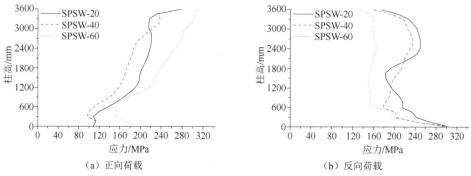

（a）正向荷载 （b）反向荷载

图 4.31　柱壁应力分布

一层钢管混凝土柱壁脱离距离和钢板剪力墙面外变形如表 4.12 所示。3 种模型的柱壁脱离距离接近，最大约 0.4mm。与 SPSW-20 相比，SPSW-40 和 SPSW-60 钢板面外变形较小且非常接近，最大差值约 2mm。由此可知，T 形钢加劲形状对减少钢板剪力墙面外变形影响较大，SPSW-40 和 SPSW-60 效果最好。

表 4.12　一层钢管混凝土柱壁脱离距离和钢板剪力墙面外变形对比

编号	柱壁脱离距离/mm		钢板剪力墙面外变形/mm	
	正向	反向	正向	反向
SPSW-20	0.2	0.3	24	21
SPSW-40	0.2	0.4	19	14
SPSW-60	0.3	0.3	17	13

图 4.32 给出了 3 种模型的刚度变化曲线。3 条曲线基本重合，表明 T 形钢加劲形状对结构刚度影响较小。

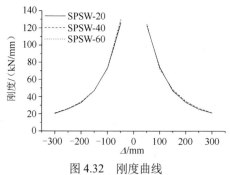

图 4.32　刚度曲线

综上所述，T 形钢加劲构件形状对承载力和刚度影响较小，但对能量耗散、方钢管柱壁应力和钢板剪力墙面外变形有一定影响。综合各指标，SPSW-40 和 SPSW-60 耗能能力较好，钢板剪力墙面外变形较小，SPSW-40 可有效减小方钢管柱壁应力。因此，在相同用钢量情况下，T 形钢加劲构件宜优先选用翼缘宽度和腹板高度相同的截面，也可选用腹板高度比翼缘宽度大的截面。

4.2.4　全贯通式加劲

当方钢管混凝土柱截面较小时，采用上述 T 形钢加劲，方钢管柱内空间狭小而操作困难。此时可将方钢管柱纵向剖开，采用纵肋贯通方钢管管壁的加劲形式，此加劲形式在天津津塔工程中已得到应用，见图 4.33。

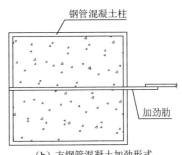

（a）天津津塔加劲　　　　　　　　　　（b）方钢管混凝土加劲形式

图 4.33　天津津塔加劲及加劲形式

采用 ABAQUS 分别建立贯通加劲模型和非加劲模型，通过对比二者的滞回性能，揭示贯通加劲对滞回性能的影响。模型的材料强度与边缘构件尺寸同 3.4.1 小节，钢板剪力墙宽厚比 $\lambda=570$。选用 3.4.1 小节模型 SO-A4，贯通加劲模型在钢管内设置 14mm 厚加劲肋。

图 4.34 给出了两种模型的滞回曲线，贯通加劲模型的滞回曲线较非加劲模型饱满。图 4.35 给出了两种模型的骨架曲线，贯通加劲模型承载力明显高于非加劲模型。图 4.36 分别给出了两种模型的滞回环面积变化曲线和能量耗散系数变化曲线，由图 4.36（a）可知，两种模型的滞回环面积均呈线性增长，贯通加劲模型的滞回环面积在各个阶段均大于非加劲模型，层间位移角越大，二者差异越大；由图 4.36（b）可知，两种模型的能量耗散系数增长趋势均先快后慢，贯通加劲模型的能量耗散系数均大于非加劲模型。由此可知，相比于非加劲模型，设置贯通加劲能够显著提高结构承载力和能量耗散，有利于结构抗震。

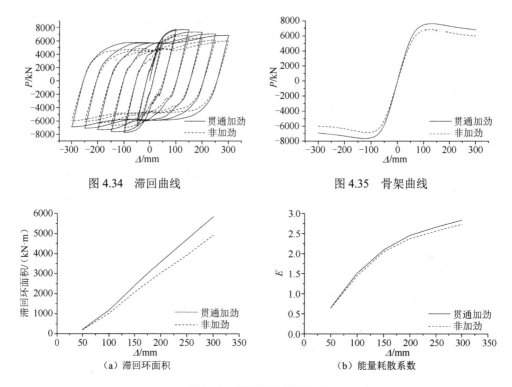

图 4.34　滞回曲线　　　　　　　　图 4.35　骨架曲线

（a）滞回环面积　　　　　　　　　　（b）能量耗散系数

图 4.36　能量耗散变化曲线

　　图 4.37 给出了正、反向荷载作用下一层方钢管柱壁的应力分布曲线。正反向荷载作用下，非加劲模型连接钢板剪力墙一侧大部分位置均达到屈服强度，而贯通加劲模型大部分位置均未达到屈服强度，贯通加劲模型中连接钢板剪力墙的方钢管柱壁应力明显低于非加劲模型。由此表明，设置贯通加劲可显著减少方钢管柱壁应力。

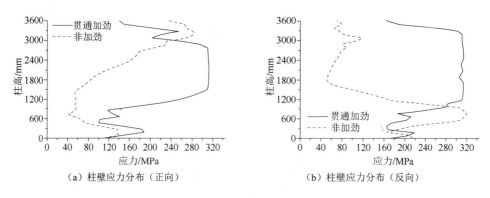

（a）柱壁应力分布（正向）　　　　　（b）柱壁应力分布（反向）

图 4.37　柱壁应力分布

方钢管混凝土柱壁脱离距离和钢板剪力墙面外变形如表 4.13 所示。两种模型的柱壁脱离距离差异明显，非加劲模型最大脱离约 4.5mm，而贯通加劲模型最大脱离约 0.2mm。两种模型钢板剪力墙面外变形同样差异明显，正、反向荷载作用下，贯通加劲模型的钢板剪力墙面外变形分别低于非加劲模型 27% 和 69%。由此可知，设置贯通加劲可减少方钢管柱壁与核心混凝土脱离，增强方钢管混凝土柱对钢板剪力墙的锚固，减小钢板剪力墙面外变形。

表 4.13　变形对比

项目	柱壁分离/mm		钢板剪力墙面外变形/mm	
	正向	反向	正向	反向
贯通加劲	0.2	0.2	19	13
非加劲	4.3	4.5	26	35

图 4.38 给出了两种模型的刚度变化曲线。贯通加劲模型在各个阶段的刚度均略大于非加劲模型，表明设置贯通加劲会影响结构刚度，但影响程度较小。

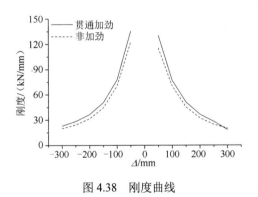

图 4.38　刚度曲线

4.3　开洞钢板剪力墙水平边缘构件受力分析

4.3.1　未开洞钢板剪力墙水平边缘构件剪力计算方法

《指南》给出了钢板剪力墙水平边缘构件的剪力计算公式，但未考虑作用在梁上拉力带水平分量所产生的力偶在梁端产生的剪力，且仅适用于未开洞钢板剪力墙。本节对水平边缘构件剪力计算方法进行了修正，并提出了适用于开洞钢板剪力墙水平边缘构件的剪力计算公式。为了更好地理解钢板剪力墙的受力性能，用图 4.39 表示一单跨两层理想破坏状态下的未开洞钢板剪力墙。

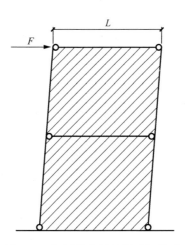

图 4.39　钢板剪力墙理想破坏模式

首先以中梁为例进行分析。在极限状态下，中梁剪力由作用在梁上的拉力带竖直分量所产生剪力以及梁达到塑性极限状态时所受剪力两部分组成。

1. 作用在梁上的拉力带竖直分量产生的剪力 V_{qv}

将作用在中梁上的斜拉力带分解为水平和竖直两个方向，如图 4.40 所示，可得作用在梁上的拉力带竖直分量产生的剪力。

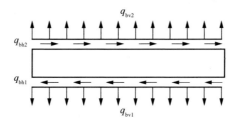

图 4.40　作用在梁上的拉力带水平和竖直分量

梁左侧（靠近受拉框架柱）剪力 $V_{qv,l}$：

$$V_{qv,l} = \frac{(q_{bv1} - q_{bv2})L_0}{2} \tag{4.33}$$

梁右侧（靠近受压框架柱）剪力 $V_{qv,r}$：

$$V_{qv,r} = -\frac{(q_{bv1} - q_{bv2})L_0}{2} \tag{4.34}$$

式中：q_{bv1} 为作用在中梁下侧拉力带的竖向分量；q_{bv2} 为作用在中梁上侧拉力带的竖向分量；L_0 为中梁净跨。

2. 中梁形成塑性铰时所受剪力 V_M

$$V_{\mathrm{M}} = \frac{\left(\beta_{\mathrm{l}} + \beta_{\mathrm{r}}\right) R_{\mathrm{y}} f_{\mathrm{b}} Z_{\mathrm{b}}}{L_0 - 2e} \qquad (4.35)$$

式中：e 为梁塑性铰到梁端距离，可取为 $L_0/10$；Z_b 为梁的塑性截面模量；f_b 为梁的屈服强度；R_y 为材料超强系数，取 1.2；β_l、β_r 为梁两端在轴力作用下的塑性截面模量折减系数。

β_l、β_r 可由下式确定：

$$\beta_{\mathrm{l}} = 1 - \frac{P_{\mathrm{b,L}}}{P_{\mathrm{by}}} \qquad (4.36)$$

$$\beta_{\mathrm{r}} = 1 - \frac{P_{\mathrm{b,R}}}{P_{\mathrm{by}}} \qquad (4.37)$$

式中：$P_{b,L}$ 为中梁左端（靠近受拉框架柱）轴力；$P_{b,R}$ 为中梁右端（靠近受压框架柱）轴力；P_{by} 为中梁受压承载力。

3. 梁端塑性截面模量折减系数 β

图 4.41 为拉力带充分开展时边缘构件的受力。q_{bv} 为作用在梁上拉力带的竖向分量；q_{bh} 为作用在梁上拉力带的水平分量；q_{cv} 为作用在柱上拉力带的竖向分量；q_{ch} 为作用在柱上拉力带的水平分量。

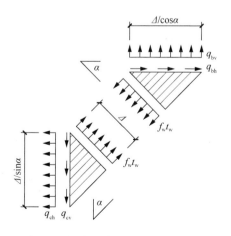

图 4.41　拉力带作用下边缘构件受力

以上各分量的计算方法见式（4.38）～式（4.41）：

$$q_{\mathrm{bv}} = R_{\mathrm{y}} f_{\mathrm{w}} t_{\mathrm{w}} \cos^2 \alpha \qquad (4.38)$$

$$q_{bh} = \frac{1}{2} R_y f_w t_w \sin 2\alpha \tag{4.39}$$

$$q_{cv} = \frac{1}{2} R_y f_w t_w \sin(2\alpha) \tag{4.40}$$

$$q_{ch} = R_y f_w t_w \sin^2 \alpha \tag{4.41}$$

式中：f_w 为钢板剪力墙的屈服强度；t_w 为所计算楼层的钢板剪力墙厚度；α 为所计算楼层的钢板剪力墙拉力带倾角。

梁端轴力由作用在梁上的拉力带水平分量以及作用在柱子上的拉力带水平分量两部分组成。《指南》中规定，作用在梁上的拉力带水平分量所产生的轴力可以看作平均分配在梁的两端。由此可得

$$P_b = P_{bc} \pm \frac{1}{2} P_{bw} \tag{4.42}$$

$$P_{bc} = \frac{1}{2} h_0 f_w R_y \left(t_{w,1} \sin^2 \alpha_1 + t_{w,2} \sin^2 \alpha_2 \right) \tag{4.43}$$

$$P_{bw} = \frac{1}{2} L_0 f_w R_y \left(t_{w,1} \sin^2 \alpha_1 - t_{w,2} \sin^2 \alpha_2 \right) \tag{4.44}$$

梁左侧（靠近受拉框架柱）轴力：

$$P_{b,l} = \sum \frac{1}{2} h_0 f_w \left(t_{w,1} \sin^2 \alpha_1 + t_{w,2} \sin^2 \alpha_2 \right) - \frac{1}{2} L_0 f_w \left(t_{w,1} \sin^2 \alpha_1 - t_{w,2} \sin^2 \alpha_2 \right) \tag{4.45}$$

梁右端（靠近受压框架柱）轴力：

$$P_{b,r} = \sum \frac{1}{2} h_0 f_w \left(t_{w,1} \sin^2 \alpha_1 + t_{w,2} \sin^2 \alpha_2 \right) + \frac{1}{2} L_0 f_w \left(t_{w,1} \sin^2 \alpha_1 - t_{w,2} \sin^2 \alpha_2 \right) \tag{4.46}$$

将式（4.45）代入式（4.36），式（4.46）代入式（4.37）可得梁左侧和右侧塑性截面模量折减系数。

对于顶梁，式（4.45）和式（4.46）中取 $t_{w,2}=0$，$\sin\alpha_2=0$。

4. 《指南》中的梁端总剪力计算公式

梁上拉力带竖直分量产生的剪力方向与中梁形成塑性铰时所产生的剪力方向相反，由式（4.33）、式（4.34）及式（4.35）可得到。

作用在梁左端的剪力 V_1：

$$V_l = \frac{(q_{bv1} - q_{bv2}) L_0}{2} - \frac{(\beta_L + \beta_R) R_y f_w Z_b}{L_0 - 2e} \tag{4.47}$$

作用在梁右端的剪力 V_r：

$$V_r = -\frac{(q_{bv1} - q_{bv2}) L_0}{2} - \frac{(\beta_L + \beta_R) R_y f_w Z_b}{L_0 - 2e} \tag{4.48}$$

4.3.2　中梁剪力计算方法的修正

作用在梁上的拉力带水平分量也会对梁端产生剪力，图 4.42 为作用在梁上的拉力带水平分量。其中，q_{bh1} 为作用在中梁下侧拉力带的水平分量；q_{bh2} 为作用在中梁上侧拉力带的水平分量。

图 4.42　梁上拉力带水平分量

图 4.43 为作用在梁上下侧拉力带水平分量形成的力偶示意图。图中 V_{bh1} 为作用在中梁下侧拉力带水平分量所产生的总剪力；V_{bh2} 为作用在中梁上侧拉力带水平分量所产生的总剪力。

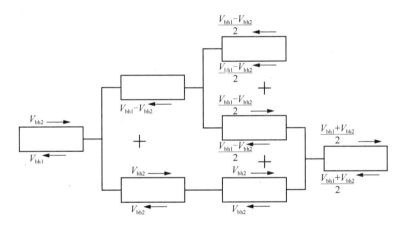

图 4.43　梁上下侧拉力带水平分量产生的力偶

由图 4.43 可知，作用在梁上侧拉力带水平分量产生的总剪力和作用在梁下侧拉力带水平分量产生的总剪力形成一对力偶，其产生的力矩会导致梁端产生剪力，当水平分量产生的总剪力很大时，其产生的梁端剪力不可忽略。V_{bh1} 和 V_{bh2} 为

$$V_{bh1} = q_{bh1}L_0 \tag{4.49}$$

$$V_{bh2} = q_{bh2}L_0 \tag{4.50}$$

由图 4.43 可知，V_{bh1}，V_{bh2} 产生的梁端剪力 V_{qh} 为

$$V_{qh} = \frac{V_{bh1} + V_{bh2}}{2L_0}d \tag{4.51}$$

将式（4.49）、式（4.50）代入式（4.51）得

$$V_{qh} = \frac{q_{bh1} + q_{bh2}}{2} d \tag{4.52}$$

式中：d 为梁高，单位 mm。

考虑中梁两侧拉力带水平分量在梁端产生的剪力，由式（4.47）、式（4.48）及式（4.52）可以得到

梁的左端剪力：

$$V_1 = \frac{(q_{bv1} - q_{bv2})L_0}{2} - \frac{(q_{bh1} + q_{bh2})d}{2} - \frac{(\beta_L + \beta_R)R_y f_w Z_b}{L_0} \tag{4.53}$$

梁的右端剪力：

$$V_r = -\frac{(q_{bv1} - q_{bv2})L_0}{2} - \frac{(q_{bh1} + q_{bh2})d}{2} - \frac{(\beta_L + \beta_R)R_y f_w Z_b}{L_0} \tag{4.54}$$

为了验证式（4.53）、式（4.54）的准确性，建立一个单跨三层的钢板剪力墙足尺有限元模型。为了保证拉力场的充分形成，并使中梁腹板满足抗剪要求，模型采用了较强的框架。柱子采用方钢管混凝土柱截面，尺寸为 □550mm×550mm×20mm，顶梁和底梁截面尺寸为 H550mm×375mm×30mm×30mm，中梁截面尺寸为 H500mm×375mm×20mm×25mm，一层和二层内填钢板剪力墙尺寸均为 5mm×3000mm×3750mm。材料本构关系和建模方法见 3.4.1 小节。

提取有限元模型中梁的剪力，与《指南》计算值和式（4.53）、式（4.54）计算值进行对比，如表 4.14 所示。

表 4.14　中梁剪力理论值与有限元分析结果对比

剪力	《指南》式（4.47）、式（4.48）结果	式（4.53）、式（4.54）结果	有限元结果	《指南》公式结果/有限元结果	公式结果/有限元结果
中梁左端剪力	1030kN	1382kN	1337kN	0.77	1.03
中梁右端剪力	1030kN	1382kN	1402kN	0.73	0.99

由表 4.14 可知，修正公式计算值更接近于有限元值，而《指南》计算结果小于有限元分析结果。因此，梁上拉力带水平分量产生的力偶矩在梁端产生的剪力不可忽略。

4.3.3　单侧开洞钢板剪力墙中梁受力分析

钢板剪力墙开洞后，拉力场不再沿水平边缘构件全长分布，作为水平边缘构件的框架梁，其受力不同于普通纯框架梁和未开洞钢板剪力墙的水平边缘构件。本节分析单侧开洞钢板剪力墙结构 SPSW-SO 水平边缘构件的受力情况，提出其剪力计算方法。

SPSW-SO 理想破坏状态如图 4.44（a）所示，梁极限状态下受力如图 4.44（b）所示，q_b 为钢板剪力墙作用于梁上的分布力，F_h 为加劲构件作用于梁上的集中水平力，F_v 为加劲构件作用于梁上的集中竖向力。

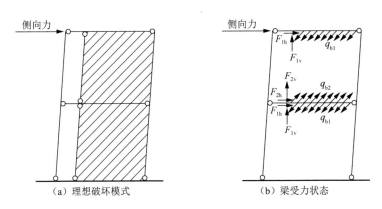

（a）理想破坏模式　　　　　　　　（b）梁受力状态

图 4.44　SPSW-SO 受力分析

对 SPSW-SO 进行受力分析，中梁梁端剪力由图 4.45 中所示的五部分组成，第一部分为框架侧移中梁两端形成塑性铰时对应的剪力 V_M，第二部分为钢板剪力墙拉力场竖向分量产生的梁端剪力 V_{qv}，第三部分为钢板剪力墙拉力场水平分量产生的梁端剪力 V_{qh}，第四部分为加劲构件传递给梁的竖向集中力产生的梁端剪力 V_{Fv}，第五部分为加劲构件传递给梁的水平集中力产生的梁端剪力 V_{Fh}。

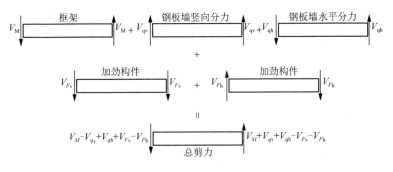

图 4.45　梁端剪力组成

4.3.2 小节提出的剪力计算公式（4.53）、式（4.54）适用于未开洞薄钢板剪力墙，考虑了前三部分剪力。对于开洞钢板剪力墙，由于在洞口边缘设置了加劲肋，屈曲后拉力场对加劲肋的作用传递至钢梁，因而计算中梁剪力需要考虑图 4.45 中后两部分剪力。由图可知，剪力 V_{qh} 使左右两端剪力均增大；第四部分剪力 V_{Fh} 使左端剪力增大，右端剪力减小；第五部分剪力 V_{Fh} 使两端剪力均减小，但剪力值一般较小。因此，忽略第三、第四和第五部分剪力将使剪力计算结果偏小。

拉力带竖向分力所产生的剪力，即第二部分剪力 [图 4.46（a）] 为

$$V_{qv} = \frac{(1-r)^2 (q_{bv1} - q_{bv2}) L_0}{2} \quad （梁左端） \tag{4.55}$$

$$V_{qv} = \frac{(1-r^2)(q_{bv1} - q_{bv2}) L_0}{2} \quad （梁右端） \tag{4.56}$$

式中：r 为开洞率，大小为 b/L，b 为洞口宽度。

钢板剪力墙在钢梁下翼缘产生的水平分量合力为

$$V_{bh1} = q_{bh1}(L_0 - b) \tag{4.57}$$

钢板剪力墙在钢梁上翼缘产生的水平分量合力为

$$V_{bh2} = q_{bh2}(L_0 - b) \tag{4.58}$$

由 V_{bh1} 和 V_{bh2} 形成的力偶所产生的梁端剪力，即第三部分剪力 [图 4.46（b）] 为

$$V_{qh} = \frac{(1-r)(q_{bh1} + q_{bh2}) d}{2} \tag{4.59}$$

加劲构件在钢梁下翼缘产生的竖向集中力为

$$F_{1v} = \frac{q_{cv1} h_0}{2} \tag{4.60}$$

加劲构件在钢梁上翼缘产生的竖向集中力为

$$F_{2v} = \frac{q_{cv2} h_0}{2} \tag{4.61}$$

由 F_{1v} 和 F_{2v} 在梁端产生的剪力，即第四部分剪力 [图 4.46（c）] 为

$$V_{Fv} = \frac{(1-r)(q_{cv1} + q_{cv2}) h_0}{2} \quad （梁左端） \tag{4.62}$$

$$V_{Fv} = \frac{(q_{cv1} + q_{cv2}) r h_0}{2} \quad （梁右端） \tag{4.63}$$

加劲构件在钢梁下翼缘产生的水平集中力为

$$F_{1h} = \frac{q_{ch1} h_0}{2} \tag{4.64}$$

加劲构件在钢梁上翼缘产生的水平集中力为

$$F_{2h} = \frac{q_{ch2} h_0}{2} \tag{4.65}$$

由 F_{1h} 和 F_{2h} 在梁端产生的剪力，即第五部分剪力 [图 4.46（d）] 为

$$V_{Fh} = \frac{(q_{ch1} - q_{ch2}) d h_0}{4 L_0} \tag{4.66}$$

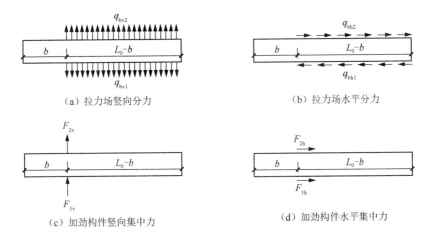

（a）拉力场竖向分力　　　　　　　　　　（b）拉力场水平分力

（c）加劲构件竖向集中力　　　　　　　　（d）加劲构件水平集中力

图 4.46　梁端剪力计算简图

将式（4.35）、式（4.55）、式（4.56）、式（4.59）、式（4.62）、式（4.63）和式（4.66）左右端剪力公式分别叠加，得到单侧开洞钢板剪力墙中梁梁端剪力计算公式为

$$V_1 = -\frac{(\beta_1 + \beta_r)R_y f_b Z_b}{L_0 - 2e} + \frac{(1-r)^2(q_{bv1} - q_{bv2})L_0}{2} - \frac{(1-r)(q_{bh1} + q_{bh2})d}{2}$$
$$- \frac{(1-r)(q_{cv1} + q_{cv2})h_0}{2} + \frac{(q_{ch1} - q_{ch2})dh_0}{4L_0} \quad （梁左端） \tag{4.67}$$

$$V_r = -\frac{(\beta_1 + \beta_r)R_y f_b Z_b}{L_0 - 2e} - \frac{(1-r^2)(q_{bv1} - q_{bv2})L_0}{2} - \frac{(1-r)(q_{bh1} + q_{bh2})d}{2}$$
$$+ \frac{(q_{cv1} + q_{cv2})rh_0}{2} + \frac{(q_{ch1} - q_{ch2})dh_0}{4L_0} \quad （梁右端） \tag{4.68}$$

式中：q_{bh1} 为梁下侧钢板剪力墙拉力带水平分量；q_{bh2} 为梁上侧钢板剪力墙拉力带水平分量；q_{cv1} 为作用于梁下侧加劲构件的钢板剪力墙拉力带竖向分量；q_{cv2} 为作用于梁上侧加劲构件的钢板剪力墙拉力带竖向分量；q_{ch1} 为作用于梁下侧加劲构件的钢板剪力墙拉力带水平分量；q_{ch2} 为作用于梁上侧加劲构件的钢板剪力墙拉力带水平分量；r 为开洞率（$r=b/L_0$，b 为洞口宽度）。

对于中梁，当上层钢板剪力墙和下层钢板剪力墙相同时，式（4.67）和式（4.68）可简化为

$$V_1 = -\frac{(\beta_1 + \beta_r)R_y f_b Z_b}{L_0 - 2e} - (1-r)q_{bh1}d - (1-r)q_{cv1}h_0 \quad （梁左端） \tag{4.69}$$

$$V_r = -\frac{(\beta_1 + \beta_r)R_y f_b Z_b}{L_0 - 2e} - (1-r)q_{bh1}d + rq_{cv1}h_0 \quad （梁右端） \tag{4.70}$$

当荷载相反时，采用同样的叠加原理，可以得到梁端剪力计算公式为

$$V_1 = \frac{(\beta_1 + \beta_r) R_y f_{yb} Z_b}{L_0 - 2e} + \frac{(1-r)^2 (q_{bv1} - q_{bv2}) L_0}{2} + \frac{(1-r)(q_{bh1} + q_{bh2}) d}{2}$$

$$+ \frac{(1-r)(q_{cv1} + q_{cv2}) h_0}{2} + \frac{(q_{ch1} - q_{ch2}) d h_0}{4L_0} \quad (梁左端) \tag{4.71}$$

$$V_r = \frac{(\beta_1 + \beta_r) R_y f_b Z_b}{L_0 - 2e} - \frac{(1-r^2)(q_{bv1} - q_{bv2}) L_0}{2} + \frac{(1-r)(q_{bh1} + q_{bh2}) d}{2}$$

$$- \frac{(q_{cv1} + q_{cv2}) r h_0}{2} + \frac{(q_{ch1} - q_{ch2}) d h_0}{4L_0} \quad (梁右端) \tag{4.72}$$

当荷载相反时，对于上层钢板剪力墙和下层钢板剪力墙相同的中梁，式（4.71）和式（4.72）可简化为

$$V_1 = \frac{(\beta_1 + \beta_r) R_y f_b Z_b}{L_0 - 2e} + (1-r) q_{bh1} d + (1-r) q_{cv1} h_0 \quad (梁左端) \tag{4.73}$$

$$V_r = \frac{(\beta_1 + \beta_r) R_y f_b Z_b}{L_0 - 2e} + (1-r) q_{bh1} d - r q_{cv1} h_0 \quad (梁右端) \tag{4.74}$$

对于顶梁，式（4.67）、式（4.68）、式（4.71）和式（4.72）中取 q_{bv2}、q_{bh2}、q_{cv2} 和 q_{ch2} 为 0。

4.3.4　中部开洞钢板剪力墙中梁受力分析

本节分析中部开洞钢板剪力墙结构 SPSW-CO 水平边缘构件的受力情况。SPSW-CO 理想破坏状态如图 4.47（a）所示，梁极限状态下受力状态如图 4.47（b）所示，图中各项的含义与 4.3.3 小节相同。对 SPSW-CO 进行受力分析可知中梁梁端剪力同样由五部分组成，见图 4.48。

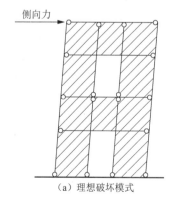
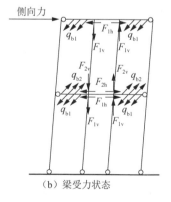

（a）理想破坏模式　　　　　　　（b）梁受力状态

图 4.47　SPSW-CO 受力分析

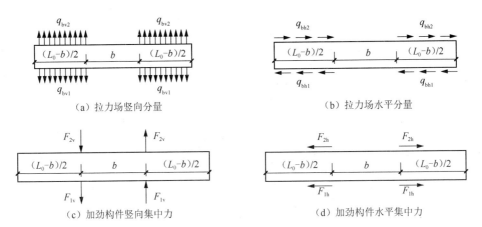

（a）拉力场竖向分量　　　　　　　　　　　（b）拉力场水平分量

（c）加劲构件竖向集中力　　　　　　　　　（d）加劲构件水平集中力

图 4.48　梁端剪力计算简图

拉力带竖向分量所产生的剪力［图 4.48（a）］为

$$V_{qv} = \frac{(1-r)(q_{bv1} - q_{bv2})L_0}{2} \qquad (4.75)$$

由 V_{bh1} 和 V_{bh2} 形成的力偶所产生的梁端剪力［图 4.48（b）］为

$$V_{qh} = \frac{(1-r)(q_{bh1} + q_{bh2})d}{2} \qquad (4.76)$$

加劲构件在钢梁下翼缘产生的竖向集中力为

$$F_{1v} = \frac{q_{cv1}h_d}{2} \qquad (4.77)$$

式中：h_d 为洞口高度。

加劲构件在钢梁上翼缘产生的竖向集中力为

$$F_{2v} = \frac{q_{cv2}h_d}{2} \qquad (4.78)$$

由 F_{1v} 和 F_{2v} 在梁端产生的剪力［图 4.48（c）］为

$$V_{Fv} = r(q_{cv1} + q_{cv2})h_d/2 \qquad (4.79)$$

洞口两侧加劲构件在钢梁上、下翼缘产生的水平集中力相互抵消［图 4.48（d）］，梁端不产生剪力，即 $V_{Fh}=0$。

将式（4.35）、式（4.75）、式（4.76）和式（4.79）左右端剪力公式分别叠加，得到 SPSW-CO 中梁梁端剪力计算公式为

$$V_1 = -\frac{(\beta_1 + \beta_r)R_y f_b Z_b}{L_0 - 2e} + \frac{(1-r)(q_{bv1} - q_{bv2})L_0}{2}$$
$$- \frac{(1-r)(q_{bh1} + q_{bh2})d}{2} + r(q_{cv1} + q_{cv2})h_d \quad （梁左端） \qquad (4.80)$$

$$V_r = -\frac{(\beta_l + \beta_r) R_y f_b Z_b}{L_0 - 2e} - \frac{(1-r)(q_{bv1} - q_{bv2}) L_0}{2}$$

$$-\frac{(1-r)(q_{bh1} + q_{bh2})d}{2} + r(q_{cv1} + q_{cv2})h_d \quad （梁右端） \tag{4.81}$$

当上层钢板剪力墙和下层钢板剪力墙相同时，中梁左右两端剪力计算公式可简化为

$$V_l = -\frac{(\beta_l + \beta_r) R_y f_b Z_b}{L_0 - 2e} - (1-r)q_{bh1}d + 2r q_{cv1} h_d \tag{4.82}$$

根据结构的对称性，荷载相反时 SPSW-CO 的中梁梁端剪力计算公式同式（4.82）。

对于顶梁，式（4.80）和式（4.81）中取 q_{bv2}、q_{bh2}、q_{cv2} 和 q_{ch2} 为 0。

4.3.5　两侧开洞钢板剪力墙中梁受力分析

本节分析两侧开洞钢板剪力墙结构 SPSW-BSO 水平边缘构件的受力情况。SPSW-BSO 理想破坏状态如图 4.49（a）所示，梁极限状态下受力状态如图 4.49（b）所示，图中各项作用的含义与 4.3.3 节相同。对 SPSW-BSO 进行受力分析可知中梁梁端剪力同样由五部分组成，见图 4.50。

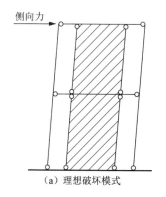
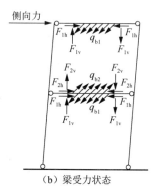

（a）理想破坏模式　　　　　　　　　　（b）梁受力状态

图 4.49　SPSW-BSO 受力分析

拉力带竖向分量所产生的剪力 [图 4.50（a）] 为

$$V_{qv} = \frac{(1-r)(q_{bv1} - q_{bv2}) L_0}{2} \tag{4.83}$$

由 V_{bh1} 和 V_{bh2} 形成的力偶所产生的梁端剪力 [图 4.50（b）] 为

$$V_{qh} = \frac{(1-r)(q_{bh1} + q_{bh2})d}{2} \tag{4.84}$$

加劲构件在钢梁下翼缘产生的竖向集中力为

$$F_{1v} = \frac{q_{cv1}h_0}{2}$$　　　　（4.85）

加劲构件在钢梁上翼缘产生的竖向集中力为

$$F_{2v} = \frac{q_{cv2}h_0}{2}$$　　　　（4.86）

由 F_{1v} 和 F_{2v} 在梁端产生的剪力［图 4.50（c）］为

$$V_{Fv} = (1-r)(q_{cv1}+q_{cv2})h_0/2$$　　　　（4.87）

SPSW-BSO 洞口两侧加劲构件在钢梁上、下翼缘产生的水平集中力相互抵消［图 4.50（d）］，梁端不产生剪力，即 $V_{Fh}=0$。

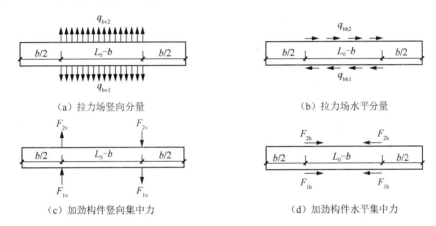

（a）拉力场竖向分量　　　　　　　　　　（b）拉力场水平分量

（c）加劲构件竖向集中力　　　　　　　　（d）加劲构件水平集中力

图 4.50　梁端剪力计算简图

将式（4.35）、式（4.83）、式（4.84）和式（4.87）左、右端剪力公式分别叠加，得到 SPSW-BSO 中梁梁端剪力计算公式为

$$V_1 = -\frac{(\beta_1+\beta_r)R_y f_b Z_b}{L_0-2e} + \frac{(1-r)(q_{bv1}-q_{bv2})L_0}{2}$$

$$-\frac{(1-r)(q_{bh1}+q_{bh2})d}{2} - (1-r)(q_{cv1}+q_{cv2})h_0 \quad （梁左端）$$　　　（4.88）

$$V_r = -\frac{(\beta_1+\beta_r)R_y f_b Z_b}{L_0-2e} - \frac{(1-r)(q_{bv1}-q_{bv2})L_0}{2}$$

$$-\frac{(1-r)(q_{bh1}+q_{bh2})d}{2} - (1-r)(q_{cv1}+q_{cv2})h_0 \quad （梁右端）$$　　　（4.89）

当上层钢板剪力墙和下层钢板剪力墙相同时，中梁左右两端的剪力计算公式可简化为

$$V_1 = -\frac{(\beta_1 + \beta_r)R_y f_b Z_b}{L_0 - 2e} - (1-r)q_{bh1}d + 2(1-r)q_{cv1}h_0 \qquad (4.90)$$

根据结构的对称性，荷载相反时 SPSW-BSO 的中梁梁端剪力计算公式同式（4.90）。

对于顶梁，式（4.88）和式（4.89）中取 q_{bv2}、q_{bh2}、q_{cv2} 和 q_{ch2} 为 0。

4.3.6　开洞钢板剪力墙中梁剪力计算公式验证

为检验开洞钢板剪力墙中梁剪力计算公式的准确性，选择 3.4.1 节模型 SO-A4、CO-A4 和 BSO-A4，提取有限元模型中梁的剪力，与上述开洞钢板剪力墙中梁剪力计算公式结果进行对比，如表 4.15 所示。

表 4.15　开洞钢板剪力墙中梁剪力公式计算结果与有限元结果对比

试件	修正公式结果/kN	有限元结果/kN	公式结果/有限元结果
SPSW-SO	4951	4325	1.14
SPSW-CO	890	772	1.15
SPSW-BSO	733	671	1.09

由表 4.15 可知，公式计算结果略大于有限元分析结果，偏于安全。其原因为，公式推导采用了理想化假设，如钢板剪力墙全部屈服，梁端形成塑性铰，洞口加劲构件可有效传递钢板剪力墙拉力以及拉力带倾角为 45°，而这些假设在有限元模型中并不能完全实现。综上所述，虽然公式与有限元存在差异，但误差在可接受范围之内，本节提出的剪力计算公式能够较好地计算梁端剪力，为工程设计提供参考。

4.4　开洞钢板剪力墙洞口加劲肋性能研究

钢板剪力墙常需为门窗、设备管道等设置洞口，以满足建筑功能的要求。此外，还可通过在钢板剪力墙上开洞调整结构整体的刚度、承载力等，满足结构特定的性能需求。《指南》建议，中部开洞钢板剪力墙应采用局部边缘构件对洞口边缘加劲。单侧开洞和两侧开洞钢板剪力墙分别有一边或两边不与框架相连，当洞口缺少约束时，钢板剪力墙剪切屈曲荷载较低，且在形成拉力场后，未设置加劲肋的洞口边缘无法为拉力场提供锚固，对钢板剪力墙性能有较大影响。因此，单侧开洞和两侧开洞钢板剪力墙的洞口边缘也应设置加劲肋[9]。

以往研究中，钢板剪力墙常采用板条加劲肋[10]。试验研究表明，钢板剪力墙屈曲后加劲肋破坏严重，影响结构弹塑性阶段的强度和刚度。板条加劲肋的面内刚度和抗扭刚度较弱，考虑到四边简支板在纯剪作用下的失稳波形，以及屈曲后拉力场的平面内作用，选用槽钢作为开洞钢板剪力墙的加劲肋可显著提高钢板剪力墙的剪切临界应力[11]。因此，本书试验和理论研究中的开洞钢板剪力墙均采用槽钢加劲形式。

本节利用有限元软件 ABAQUS，对中部开洞、单侧开洞和两侧开洞 3 种钢板剪力墙的弹性屈曲性能、抗剪性能和滞回性能进行了数值分析，提出了加劲肋刚度和强度的设计建议。

4.4.1　加劲肋刚度对钢板剪力墙屈曲性能的影响

1．弹性屈曲分析模型

薄钢板剪力墙体系主要利用其可观的屈曲后强度。而通过屈曲分析可以研究钢板剪力墙的固有结构特性，为研究其屈曲后性能奠定基础。因此，在进行开洞钢板剪力墙抗剪性能和滞回性能研究之前，首先建立了理想支承边界条件下的中部开洞（CO）、单侧开洞（SO）及两侧开洞（BSO）钢板剪力墙纯板模型，进行剪切作用下的弹性屈曲分析，考察加劲肋刚度对开洞钢板剪力墙弹性屈曲性能的影响。

利用 ABAQUS 建立了 3 种开洞钢板剪力墙的纯板有限元模型，钢板剪力墙和槽钢加劲肋均采用 S4R 壳单元，弹性模量 $E=2.06\times10^5\,\mathrm{N/mm^2}$，弹性阶段泊松比 $\mu=0.3$。在周边框架的约束下，钢板剪力墙的支承条件介于简支与嵌固之间，通常可按简支板计算并考虑 1.23 的弹性嵌固系数，本书弹性屈曲分析中的钢板剪力墙模型均按简支建模。具体的边界条件如图 4.51 所示。钢板剪力墙位于 xoy 平面内，约束 CO 四边、SO 上下左三边与 BSO 上下两边 z 方向自由度，约束 CO 左右两边、SO 左边 y 方向的自由度，约束各模型底边 x 方向自由度，于各模型顶边施加均匀剪切荷载。

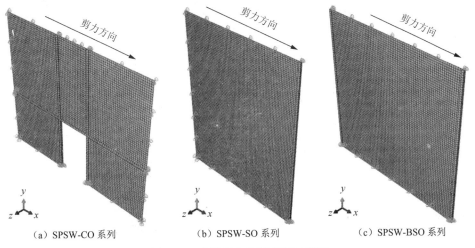

（a）SPSW-CO 系列　　　　（b）SPSW-SO 系列　　　　（c）SPSW-BSO 系列

图 4.51　弹性屈曲分析有限元模型

为了验证有限元模型的正确性，分别对高 h=3600mm，宽 b=4500mm，厚度 t_w=6mm、9mm 的两个未开洞钢板剪力墙模型进行了纯剪作用下的屈曲分析。数值分析所得两模型的屈曲应力分别为 $\tau_{cr,n}$=6.41N/mm²、14.41N/mm²。理论计算结果为 $\tau_{cr,t}$=6.50N/mm²、14.62N/mm²，误差分别为 1.38%，1.44%。表明有限元模型和分析方法具有足够的精度。

以肋板刚度比 η 作为评价加劲肋刚度的指标，肋板刚度比 η 为槽钢加劲肋与钢板剪力墙的弯曲刚度比，可由式（4.91）计算。通过改变加劲肋弹性模量 E_s 对肋板刚度比 η 进行变化[11]：

$$\eta = \frac{E_s I_s}{D L_0} \tag{4.91}$$

$$D = \frac{E_w t_w^3}{12\left(1-\mu^2\right)}$$

式中：E_s、E_w 分别为加劲肋、钢板剪力墙的弹性模量；I_s 为加劲肋的截面惯性矩；D 为单位宽度板的弯曲刚度；t_w 为钢板剪力墙厚度；μ 为钢材弹性泊松比。

分别建立不同钢板剪力墙宽高比 a、宽厚比 λ、开洞率 r 和洞口高度比 β 的开洞钢板剪力墙模型，研究改变肋板刚度比 η 对不同尺寸开洞钢板剪力墙屈曲性能的影响。模型尺寸见表 4.16 与表 4.17，模型编号规则与第 3 章相同，模型 SPSW-CO 跨度 8400mm，模型 SPSW-SO、SPSW-BSO 跨度 5000mm，每个编号为一个系列，每个系列包括 33 个模型，使 η 在 1～120 变化。

表 4.16　模型 SPSW-CO 参数

编号	宽高比 a	净高 h_0/mm	宽厚比 λ	钢板剪力墙 厚 t_w/mm	开洞率 r	洞宽 b/mm	洞口 高度比 β	洞高 h_d/mm
CO-A1	1.4	6000	300	10	0.30	2520	0.40	2800
CO-A2	1.2	7000	300	10	0.30	2520	0.40	2800
CO-A3	1.0	8400	300	10	0.30	2520	0.40	2800
CO-A4	0.8	10500	300	10	0.30	2520	0.40	2800
CO-A5	0.6	14000	300	10	0.30	2520	0.40	2800
CO-B1	1.2	7000	370	8	0.30	2520	0.40	2800
CO-B2	1.2	7000	330	9	0.30	2520	0.40	2800
CO-B3	1.2	7000	300	10	0.30	2520	0.40	2800
CO-B4	1.2	7000	270	11	0.30	2520	0.40	2800
CO-B5	1.2	7000	250	12	0.30	2520	0.40	2800
CO-C1	1.2	7000	300	10	0.21	1760	0.40	2800
CO-C2	1.2	7000	300	10	0.24	2020	0.40	2800
CO-C3	1.2	7000	300	10	0.27	2270	0.40	2800
CO-C4	1.2	7000	300	10	0.30	2520	0.40	2800

续表

| 编号 | 宽高比 | 净高 | 宽厚比 | 钢板剪力墙 | 开洞率 | 洞宽 | 洞口 | 洞高 |
	a	h_0/mm	λ	厚 t_w/mm	r	b/mm	高度比β	h_d/mm
CO-C5	1.2	7000	300	10	0.33	2770	0.40	2800
CO-D1	1.2	7000	300	10	0.30	2520	0.30	2100
CO-D2	1.2	7000	300	10	0.30	2520	0.35	2450
CO-D3	1.2	7000	300	10	0.30	2520	0.40	2800
CO-D4	1.2	7000	300	10	0.30	2520	0.45	3150
CO-D5	1.2	7000	300	10	0.30	2520	0.50	3500

表 4.17 SPSW-SO、SPSW-BSO 模型参数

| 编号 | 宽高比 | 净高 | 宽厚比 | 钢板剪力墙 |
	a	h_0/mm	λ	厚 t_w/mm
SO(BSO)-A1	1.4	3570	310	16
SO(BSO)-A2	1.2	4120	310	16
SO(BSO)-A3	1.0	5000	310	16
SO(BSO)-A4	0.8	6250	310	16
SO(BSO)-A5	0.6	8330	310	16
SO(BSO)-B1	1.2	4120	310	16
SO(BSO)-B2	1.2	4120	280	18
SO(BSO)-B3	1.2	4120	250	20
SO(BSO)-B4	1.2	4120	230	22
SO(BSO)-B5	1.2	4120	210	24

2. 加劲肋刚度对屈曲应力τ_{cr}的影响

设置加劲肋可提高中部开洞钢板剪力墙的屈曲荷载, 改善钢板剪力墙的捏缩效应。因此, 加劲肋须具有足够的刚度, 同时应保证加劲后的钢板剪力墙不发生整体屈曲。侧边开洞钢板剪力墙的洞口加劲肋为钢板剪力墙屈曲后拉力场提供锚固, 使开洞后钢板剪力墙的受力性能仍近似于四边连接钢板剪力墙, 避免钢板剪力墙洞口边缘过早发生局部屈曲。同时, 加劲肋能够增大钢板剪力墙的屈曲应力τ_{cr}。通过相对屈曲应力$\tau_{cr}/\tau_{cr,0}$来评价加劲肋的加劲效果, 其中, τ_{cr}为数值分析得到的屈曲应力。SPSW-CO 系列模型中$\tau_{cr,0}$为各小区格按理想四边简支板计算所得的最小屈曲应力, SPSW-SO、SPSW-BSO 系列模型中$\tau_{cr,0}$为按理想四边简支板计算所得的屈曲应力。

当以钢板剪力墙宽高比a为主要变化参数时, 模型的相对屈曲应力-肋板刚度比曲线（$\tau_{cr}/\tau_{cr,0}$-η曲线）如图 4.52 所示。由图可知, 初始阶段, 随着肋板刚度比η的增大, 屈曲应力τ_{cr}迅速增大; 随后曲线斜率逐渐降低, 表明加劲肋对τ_{cr}的提高作用逐渐减弱; 最终曲线趋于水平, 表明当η增大到一定程度时, 加劲肋对τ_{cr}的提高作用不再明显。图中曲线拐点的η值越小, 表示加劲肋的"效率"越高。

图 4.52（a）的 SPSW-CO 系列中，当 a 较大时，钢板剪力墙矮而宽，加劲肋对 τ_{cr} 的提高作用较为显著，曲线拐点出现较早。当 a 较小时，钢板剪力墙高而窄，由于沿高度方向仅在洞口上方设置了一道水平加劲肋，加劲效果较弱，曲线上升缓慢，没有明显的拐点，对 τ_{cr} 的提高作用较弱，需采用刚度较大的加劲肋才能充分发挥其对 τ_{cr} 的提高作用。因此，当钢板剪力墙较高时，应设置多道水平加劲肋。

图 4.52（b）中，SPSW-SO 钢板剪力墙三边简支，一边自由。当 $a>1.0$ 时，钢板剪力墙高度较小，洞口未设置加劲肋的模型 $\tau_{cr}/\tau_{cr,0}>0.8$，因此，加劲肋对 $a>1.0$ 模型的 τ_{cr} 提高较小，且仅需要较小的 η 即可满足要求。当 $a\leqslant1.0$ 时，随着 a 的减小，钢板剪力墙高度增大，加劲肋作用减弱，需要较大的 η 才能充分发挥加劲作用。

图 4.52（c）中，SPSW-BSO 钢板剪力墙仅上下两边简支，左右为自由边。因此，加劲肋对自由边的约束效果较明显，可显著提高 τ_{cr}。不同宽高比模型的 τ_{cr} 均受 η 的影响，且影响规律与 SPSW-SO 相同，随着 a 的减小，所需的 η 增大。

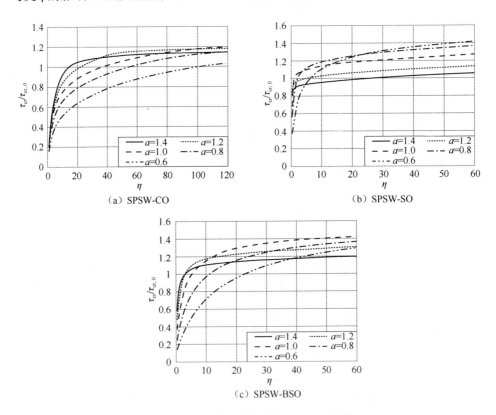

图 4.52　不同宽高比模型的 $\tau_{cr}/\tau_{cr,0}$-η 曲线

不同宽厚比 λ 条件下的 $\tau_{cr}/\tau_{cr,0}$-η 曲线如图 4.53 所示，不同宽厚比的 $\tau_{cr}/\tau_{cr,0}$-η

曲线几乎重合。通过改变钢板剪力墙厚度 t_w 可以达到改变宽厚比的效果，计算结果表明，η 对 τ_{cr} 的影响，在不同的 t_w 条件下呈相同趋势。

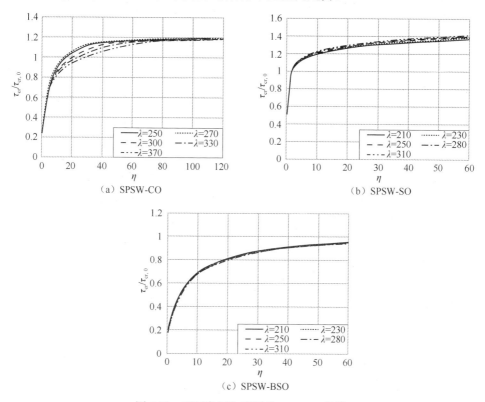

图 4.53　不同宽厚比模型的 $\tau_{cr}/\tau_{cr,0}$-η 曲线

　　开洞率 r 和洞口高度比 β 的改变，实质是改变了中部开洞钢板剪力墙小区格的宽高比。随着开洞率 r 的增大，洞口两侧区格的钢板剪力墙宽度减小，洞口上方的钢板剪力墙宽度增大。当 $r<0.33$ 时，洞口两侧的宽度大于洞口宽度，说明两侧钢板剪力墙较弱，对整体的 τ_{cr} 起控制作用。随着 r 的增大，洞口两侧区格的钢板剪力墙宽度减小。由图 4.54（a）可知，当钢板剪力墙小区格高度不变，宽度减小时，宽高比减小，加劲肋的效果减弱，需要较大的 η 才能充分发挥加劲效果。当宽度较大时，钢板剪力墙较柔，此时加劲肋对 τ_{cr} 的提高作用更加显著。从图 4.54（b）可以看出，随着洞口高度比 β 的增大，洞口边缘的高度增大，需要较大的 η 才能为钢板剪力墙提供良好的约束作用。

　　综合以上分析可知，钢板剪力墙宽度 L 和高度 H 对加劲效果的影响较大，当宽度较大或高度较小时，较小的加劲肋刚度即可显著提高钢板剪力墙的屈曲荷载，而宽度较小或高度较大时，需设置刚度较大的加劲肋。加劲肋刚度对屈曲应力的影响，在不同的钢板剪力墙厚度时呈相同趋势。

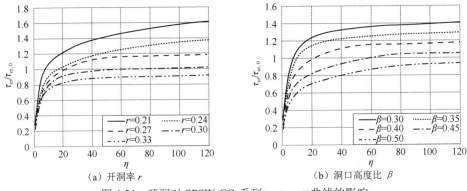

（a）开洞率 r　　　　　　　　　　（b）洞口高度比 β

图 4.54　开洞对 SPSW-CO 系列 $\tau_{cr}/\tau_{cr,0}$-η 曲线的影响

为得到肋板刚度比的合理设计范围，对各条 $\tau_{cr}/\tau_{cr,0}$-η 曲线进行分析。将曲线拐点处对应的 η 值定为满足加劲要求的肋板刚度比下限。各参数条件下的 $\tau_{cr}/\tau_{cr,0}$-η 曲线与结构荷载-位移曲线的特点相似，因此，采用确定骨架曲线屈服位移的通用屈服弯矩法来确定肋板刚度比下限。统计得到的肋板刚度比下限分布如图 4.55 所示，n 为各系列模型的编号。由图 4.55 可知，SPSW-CO 肋板刚度比下限可取 35，SPSW-SO 肋板刚度比下限可取 15，SPSW-BSO 肋板刚度比下限可取 25。

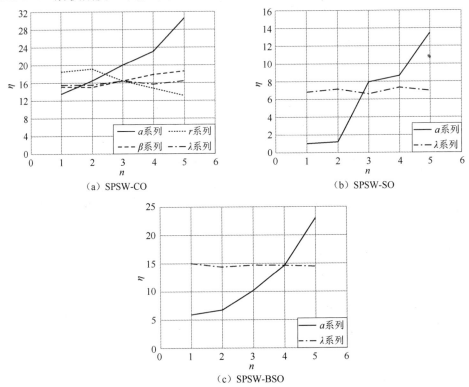

（a）SPSW-CO　　　　　　　　　　（b）SPSW-SO

（c）SPSW-BSO

图 4.55　肋板刚度比下限

3. 加劲肋刚度对屈曲形态的影响

设置加劲肋可改变钢板剪力墙的屈曲形态。对于 SPSW-CO,加劲肋刚度较小或非加劲时,钢板剪力墙的低阶屈曲形态为钢板剪力墙整体屈曲或洞口边缘局部屈曲。加劲肋具有足够的刚度时,屈曲发生在被加劲肋分隔的小区格中。对于 SPSW-SO、SPSW-BSO,加劲肋刚度较小或非加劲时,低阶屈曲形态为洞口边缘局部屈曲。加劲肋刚度足够时,发生钢板剪力墙整体屈曲,加劲肋不发生变形。上述屈曲分析中,各类开洞钢板剪力墙的典型屈曲形态如图 4.56 所示。由屈曲分析结果可知,SPSW-CO 的肋板刚度比大于 20 时,钢板剪力墙首先发生小区格内的局部屈曲。SPSW-SO 的肋板刚度比大于 10,SPSW-BSO 的肋板刚度比大于 20 时,加劲肋可为钢板剪力墙的侧边提供足够约束,钢板剪力墙发生整体屈曲。

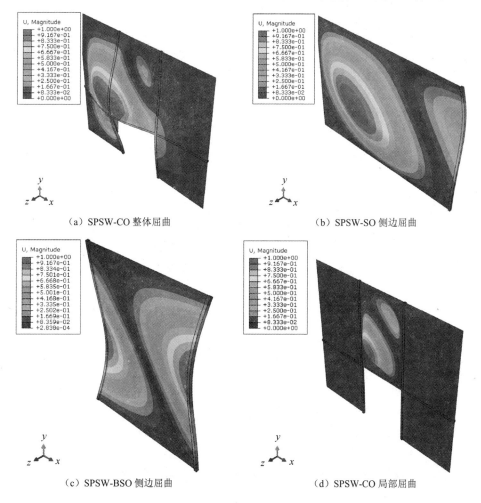

　　（a）SPSW-CO 整体屈曲　　　　　　　　　　（b）SPSW-SO 侧边屈曲

　　（c）SPSW-BSO 侧边屈曲　　　　　　　　　　（d）SPSW-CO 局部屈曲

图 4.56　开洞钢板剪力墙典型屈曲形态

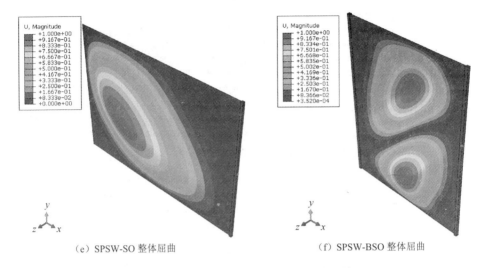

　（e）SPSW-SO 整体屈曲　　　　　　　　　　　（f）SPSW-BSO 整体屈曲

图 4.56　开洞钢板剪力墙典型屈曲形态（续）

4.4.2　加劲肋刚度对钢板剪力墙抗剪性能的影响

1. 弹塑性分析模型

洞口加劲肋可为钢板剪力墙屈曲后形成的拉力场提供锚固，使钢板剪力墙的性能得到充分发挥。同时加劲肋可防止钢板剪力墙过早屈曲，提高钢板剪力墙弹性阶段的刚度。为研究加劲肋刚度对 3 种开洞钢板剪力墙抗剪性能的影响，对 4.4.1 小节模型进行剪切作用下的弹塑性分析。钢板剪力墙的屈服强度 f_w=235N/mm^2，采用理想弹塑性模型。通过 $P_{max}/P_{max,0}$ 与 $K_e/K_{e,0}$ 评价加劲肋对承载力和弹性刚度的贡献。其中，P_{max}、$P_{max,0}$ 分别为加劲开洞钢板剪力墙与非加劲开洞钢板剪力墙的抗剪承载力，K_e、$K_{e,0}$ 分别为加劲开洞钢板剪力墙与非加劲开洞钢板剪力墙的弹性刚度。

2. 计算结果分析

不同宽高比条件下的 $P_{max}/P_{max,0}$-η 曲线与 $K_e/K_{e,0}$-η 曲线分别如图 4.57、图 4.58 所示。随着宽高比的减小，钢板剪力墙高度增大，由图可知，当钢板剪力墙较高时，加劲肋对承载力和强度的提高作用较明显，$P_{max}/P_{max,0}$-η 曲线与 $K_e/K_{e,0}$-η 曲线均有明显拐点，表明肋板刚度比 η 达到一定程度后，继续增大 η 对提高钢板剪力墙承载力和弹性刚度的作用逐渐减弱。SPSW-SO 三边有边界约束，一边设置洞口加劲肋，对于此类开洞形式，开洞对结构的性能影响较小，故洞口加劲肋对承载力和弹性刚度的提升较小，而对于 SPSW-CO 和 SPSW-BSO，加劲肋对结构性能的改善效果较好。

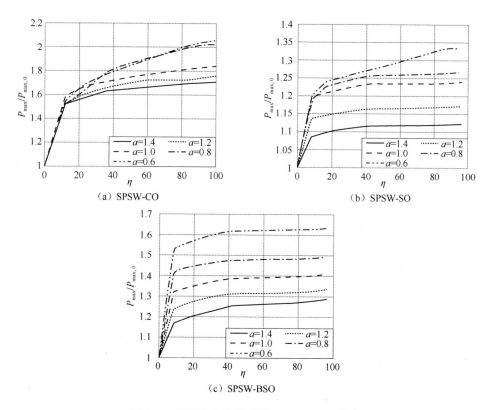

（a）SPSW-CO

（b）SPSW-SO

（c）SPSW-BSO

图 4.57　不同宽高比模型的 $P_{max}/P_{max,0}$-η 曲线

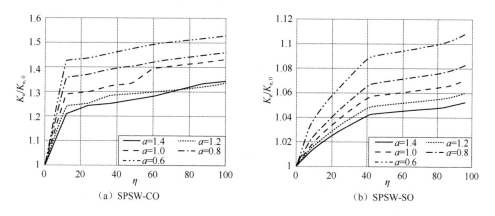

（a）SPSW-CO

（b）SPSW-SO

图 4.58　不同宽高比模型的 $K_e/K_{e,0}$-η 曲线

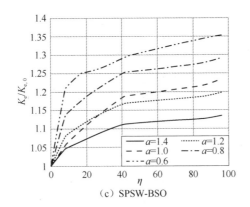

（c）SPSW-BSO

图 4.58　不同宽高比模型的 $K_e/K_{e,0}$-η 曲线（续）

　　不同宽厚比的 $P_{max}/P_{max,0}$-η 曲线与 $K_e/K_{e,0}$-η 曲线分别如图 4.59、图 4.60 所示。可以看出，当 η 一定时，加劲肋对不同厚度钢板剪力墙承载力和弹性刚度的提高效果基本相同。

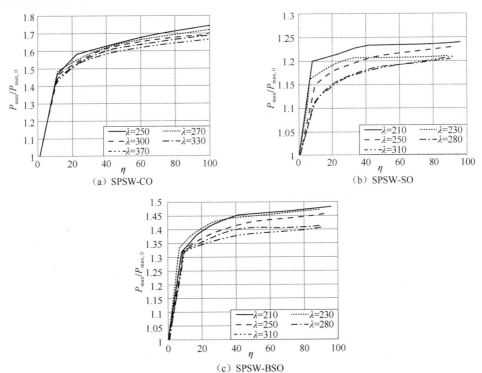

图 4.59　不同宽厚比模型的 $P_{max}/P_{max,0}$-η 曲线

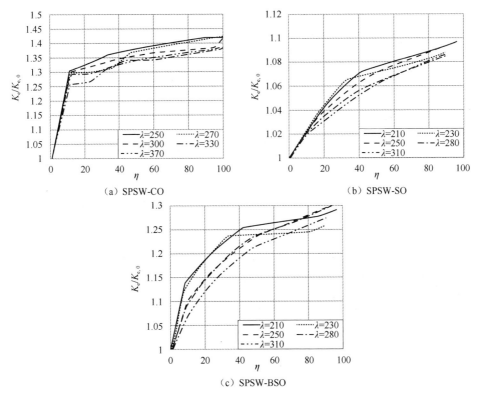

（a）SPSW-CO　　　　　　（b）SPSW-SO

（c）SPSW-BSO

图 4.60　不同宽厚比模型的 $K_e/K_{e,0}$-η 曲线

开洞率 r 增大时洞口两侧钢板剪力墙宽度减小，洞口高度比 β 增大时两侧钢板剪力墙高度增大，均导致小区格钢板剪力墙的宽高比增大。从图 4.61、图 4.62 可以看出，随着 r 或 β 的增大，加劲肋对承载力和强度的提高作用更加明显，与宽高比的变化规律相符。表明加劲肋的加劲效果随着钢板剪力墙的长宽尺寸变化，加劲肋对较高或较窄钢板剪力墙的抗剪性能提升较大。

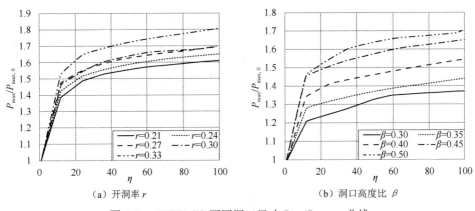

（a）开洞率 r　　　　　　（b）洞口高度比 β

图 4.61　SPSW-CO 不同洞口尺寸 $P_{max}/P_{max,0}$-η 曲线

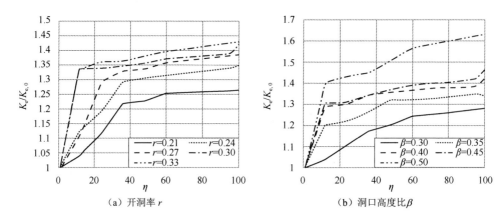

图 4.62　SPSW-CO 不同洞口尺寸 $K_e/K_{e,0}$-η 曲线

　　加劲肋刚度对钢板剪力墙抗剪性能的影响与对屈曲性能的影响相似。以上分析模型的肋板刚度比η对开洞钢板剪力墙抗剪承载力和弹性刚度影响的曲线均可分为两个阶段。初期曲线斜率较大，上升较快，表明设置加劲肋对钢板剪力墙抗剪承载力和弹性刚度有明显提升。随后曲线出现拐点，斜率下降，表明加劲肋达到一定刚度后，对钢板剪力墙抗剪性能的提升效果不明显。在工程应用中，选择合适的肋板刚度比可以在改善开洞钢板剪力墙性能的同时节约材料。综合分析各种类型开洞钢板剪力墙的 $P_{max}/P_{max,0}$-η、$K_e/K_{e,0}$-η 曲线，SPSW-CO、SPSW-SO 和 SPSW-BSO 改善开洞钢板剪力墙抗剪性能的肋板刚度比η下限可分别取 35、10 和 40。

4.4.3　加劲肋刚度对钢板剪力墙滞回性能的影响

　　为研究加劲肋刚度对钢板剪力墙结构滞回性能的影响，建立了足尺单层单跨钢板剪力墙有限元模型，建模方法与第 3 章相同。为充分发挥钢板剪力墙的性能，同时使钢板剪力墙周边框架具有足够的承载能力，有限元模型中钢板剪力墙和加劲肋屈服强度为 235N/mm^2，方钢管及钢梁屈服强度为 345N/mm^2，均采用理想弹塑性模型，弹性模量 $E=2.06×10^5$N/mm^2。内填混凝土强度等级为 C40。方钢管混凝土截面为□800mm×50mm，钢梁截面为 H800mm×400mm×25mm×40mm，各模型的钢板剪力墙尺寸见表 4.18。每种开洞钢板剪力墙建立了 6 个模型，3 种开洞钢板剪力墙的典型模型如图 4.63 所示，分别取不同的肋板刚度比η。

表 4.18　滞回分析模型尺寸

框架净跨/mm	框架净高/mm	宽高比	墙板厚/mm	开洞率	洞口高度比（SPSW-CO）
8400	7000	1.2	10	0.30	0.40

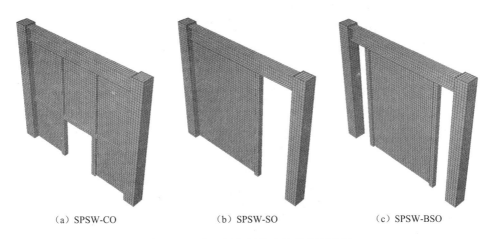

（a）SPSW-CO　　　　　　（b）SPSW-SO　　　　　　（c）SPSW-BSO

图 4.63　3 种开洞钢板剪力墙的典型模型

　　各模型的计算结果见图 4.64～图 4.72。从图中可以看出，与非加劲模型相比，设置了加劲肋的模型滞回曲线更加饱满，骨架曲线的刚度和承载力均有所提高，同时耗能能力也优于非加劲模型，表明设置加劲肋可以明显改善开洞钢板剪力墙结构的滞回性能。随着加劲肋刚度的增加，加劲肋对钢板剪力墙滞回性能的影响逐渐减小。其中，模型 SPSW-SO 的钢板剪力墙与框架三边连接，且宽高比较大，是否设置加劲肋对结构性能的影响较小，因此，加劲肋对其滞回性能的提高作用相对较小。计算结果表明，当 $\eta > 10$ 时，增大加劲肋刚度对 SPSW-SO 结构的刚度、承载力和耗能能力影响均较小。而 SPSW-CO 与 SPSW-BSO 的最小肋板刚度比可分别取 30 和 40。

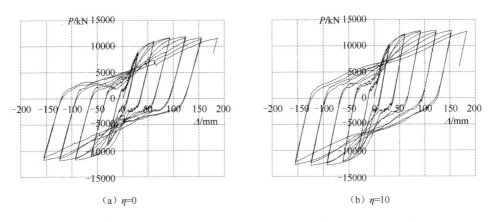

（a）$\eta = 0$　　　　　　　　　　　　（b）$\eta = 10$

图 4.64　SPSW-CO 不同 η 的滞回曲线

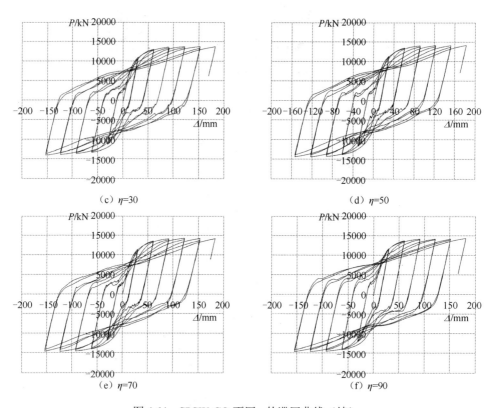

（c）η=30

（d）η=50

（e）η=70

（f）η=90

图 4.64　SPSW-CO 不同η的滞回曲线（续）

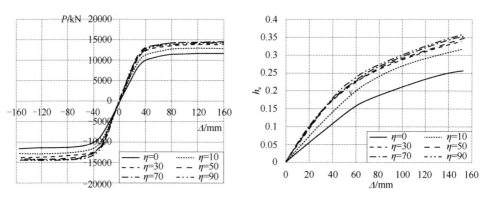

图 4.65　SPSW-CO 不同η的骨架曲线　　图 4.66　SPSW-CO 不同η的等效黏滞阻尼系数

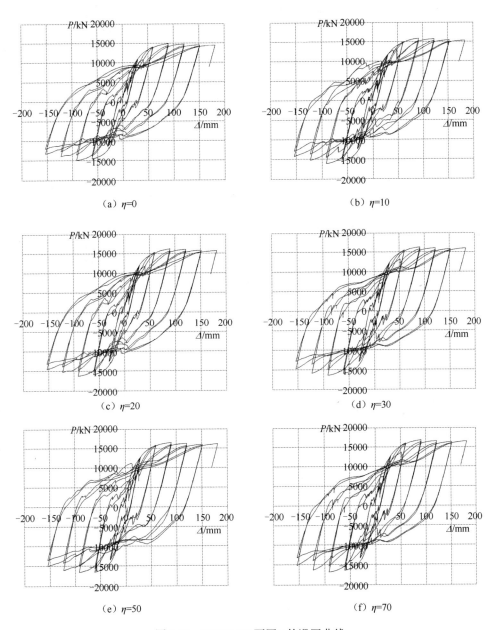

图 4.67　SPSW-SO 不同 η 的滞回曲线

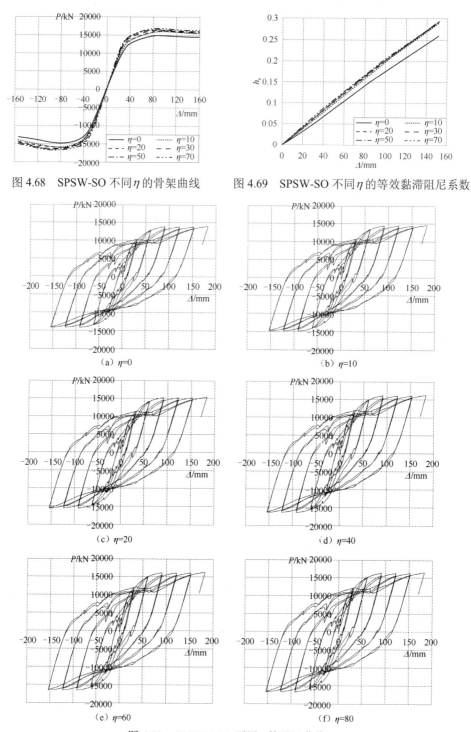

图 4.68　SPSW-SO 不同 η 的骨架曲线　　　图 4.69　SPSW-SO 不同 η 的等效黏滞阻尼系数

（a）$\eta=0$　　　　　　　　　　　（b）$\eta=10$

（c）$\eta=20$　　　　　　　　　　　（d）$\eta=40$

（e）$\eta=60$　　　　　　　　　　　（f）$\eta=80$

图 4.70　SPSW-BSO 不同 η 的滞回曲线

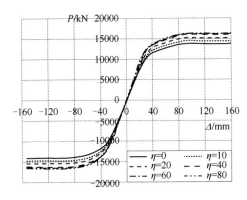
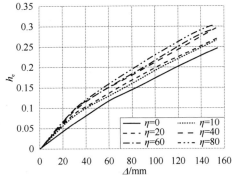

图 4.71　SPSW-BSO 不同 η 的骨架曲线　　图 4.72　SPSW-BSO 不同 η 的等效黏滞阻尼系数

综合弹性屈曲分析、单调荷载下的弹塑性分析和滞回分析结果，SPSW-CO、SPSW-SO 和 SPSW-BSO 3 种开洞钢板剪力墙的肋板刚度比 η 下限分别取 35、15、40。第 2 章试验中加劲肋的肋板刚度比满足本章提出的肋板刚度比 η 的下限。试验过程中加劲肋为钢板剪力墙的拉力场提供了足够的锚固。当加劲肋与框架可靠连接时，设置加劲肋可使钢板剪力墙的屈曲后性能得到充分发挥。

4.4.4　洞口加劲肋强度验算

为了充分发挥开洞钢板剪力墙的抗震性能，加劲肋在具有一定刚度的同时，还应满足拉力场作用下的强度需求。第 2 章试验结果表明，当加劲肋与结构刚性连接时，加劲肋参与抵抗水平荷载，在反复荷载作用下连接位置过早发生破坏，影响钢板剪力墙性能的发挥，建议加劲肋与周边框架采用铰接连接。

当加劲肋与周边框架铰接连接时，加劲肋仅承受钢板剪力墙屈曲后拉力场的作用。3 种开洞钢板剪力墙在拉力场作用下的受力如图 4.73 所示。当拉力场未充分形成时，不充分拉力场的应力小于材料屈服强度 f_w，因此计算拉力场对加劲肋作用时，偏安全的假定拉力场应力为 f_w 且均匀分布。根据式（4.38）～式（4.41），可以得到钢板剪力墙屈曲后拉力场对加劲肋的水平、竖直分量。由图 4.73（a）可知，当采用相同的钢板剪力墙厚度时，洞口两侧的水平加劲肋上下拉力场大小相等，方向相反，相互抵消。同理，洞口上方的竖直加劲肋左右两侧拉力场作用也可相互抵消，只需分别验算洞口上部水平加劲肋和两侧竖直加劲肋承受拉力场作用时的强度需求即可。假设所有加劲肋均为两端铰接，则 SPSW-CO 加劲肋的内力为

$$N = \frac{1}{2} q_{cv} b = 0.3 f_w t_w b \tag{4.92}$$

$$M = \frac{1}{8} q_{ch} h_d^2 = 0.076 f_w t_w h_d^2 \tag{4.93}$$

式中：N、M 分别为加劲肋轴力、弯矩；b、h_d 分别为洞口的宽度、高度。

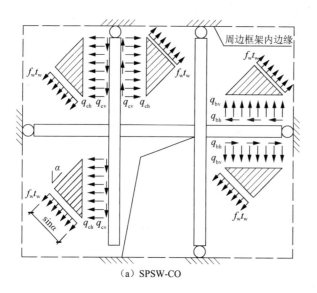
（a）SPSW-CO

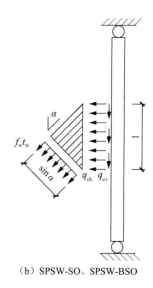
（b）SPSW-SO、SPSW-BSO

图 4.73　拉力场作用下的加劲肋受力

　　SPSW-SO、SPSW-BSO 也可利用式（4.92）、式（4.93）计算加劲肋内力，式中 b、h_d 需改为钢板剪力墙净高 H_0。在求得加劲肋内力后，利用《钢结构设计规范》（GB 50017—2003）[12]中压弯构件的强度计算公式对加劲肋进行验算。洞口加劲肋需具有足够的强度为钢板剪力墙屈曲后拉力场提供锚固，使钢板剪力墙的抗剪性能得到充分发挥。针对 3 种开洞钢板剪力墙结构，分别选取表 4.19、表 4.20 所示的 10 组不同截面的加劲肋进行有限元分析，考察加劲肋强度对开洞钢板剪力墙抗剪性能的影响。加劲肋取方钢管截面，钢板剪力墙和加劲肋屈服强度均为 235N/mm²。当钢板剪力墙与加劲肋材性相同时，由式（4.92）、式（4.93）及《钢结构设计规范》中压弯构件强度计算公式可得公式（4.94）。当 $\gamma \leqslant 1$ 时，加劲肋满足强度要求。

$$\gamma = \frac{0.30t_w b}{A_s} + \frac{0.08t_w h_d^2}{W_{s,nx}} \leqslant 1 \tag{4.94}$$

式中：A_s 为加劲肋横截面积；$W_{s,nx}$ 为加劲肋在钢板剪力墙平面内的截面模量。

表 4.19　SPSW-CO 加劲肋截面

编号	1	2	3	4	5	6	7	8	9	10
方钢管宽/mm	400	400	400	500	500	500	500	500	500	500
方钢管壁厚/mm	10	12	14	16	18	20	24	28	32	36
γ	2.69	2.28	1.98	1.14	1.03	0.93	0.79	0.70	0.62	0.56

表 4.20　SPSW-SO、SPSW-BSO 加劲肋截面

编号	1	2	3	4	5	6	7	8	9	10
方钢管宽/mm	500	500	500	600	600	600	600	600	600	600
方钢管壁厚/mm	14	18	22	22	26	30	34	38	42	44
γ	2.72	2.16	1.80	1.26	1.08	0.96	0.86	0.79	0.73	0.69

　　模型采用单向加载，加载至加劲肋屈服时，提取各模型钢板剪力墙右下角沿 45°方向向上路径的 von Mises 应力。通过应力沿路径的发展情况，评价加劲肋屈服时不同强度的加劲肋对钢板剪力墙屈曲后性能的影响。各模型沿路径 von Mises 应力分布如图 4.74 所示。$\gamma \leqslant 1$ 模型的加劲肋在加载过程中未发生屈服，因此，以 $\gamma > 1$ 模型加劲肋屈服时的位移为基准，提取 $\gamma \leqslant 1$ 的模型达到该位移时的应力状态。可以看出，当 $\gamma > 1$ 时，在拉力场作用下加劲肋过早屈服，钢板剪力墙的性能未得到充分发挥，大部分钢板剪力墙应力未达到屈服强度。随着加劲肋强度的提高，加劲肋屈服时钢板剪力墙的屈服面积增大，开洞钢板剪力墙的屈曲后性能可得到更充分发挥。当 $\gamma \leqslant 1$ 时，加劲肋强度可保证钢板剪力墙拉力场充分发展，当加劲肋强度继续提高时，承载力提高幅度减小。

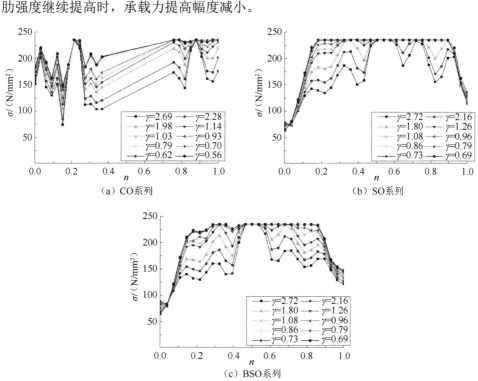

图 4.74　von Mises 应力沿路径分布

为体现钢板剪力墙整体应力开展情况，根据路径上各点应力求得平均应力

σ_{mean}。试验结果表明，钢板剪力墙屈曲形成的斜向拉力带主要集中于主应力方向的对角线附近，位于角部的钢板剪力墙未发生屈曲或屈曲后钢板剪力墙应力未达到钢材屈服强度，如图 4.75 所示。当平均应力比 $\sigma_{mean}/f_y \geqslant 0.85$ 时，即可认为钢板剪力墙的屈曲后性能得到了充分发挥。

各模型的平均应力见表 4.21 与图 4.76。计算结果表明，当 $\gamma \leqslant 1$ 时，钢板剪力墙平均应力比 σ_{mean}/f_y 均已超过 0.85，表明在加劲肋屈服时，钢板剪力墙的性能已充分发挥。理论分析假定整片钢板剪力墙均屈曲形成拉力场，根据完全拉力场作用需求得到的加劲肋强度偏于保守。由图 4.76 可知，$\sigma_{mean}/f_y = 0.85$ 时对应的 γ 均大于 1，表明按式（4.94）设计的加劲肋是偏安全的。

表 4.21　各模型平均应力

模型 CO			模型 SO			模型 BSO		
γ	平均应力 $\sigma_{mean}/$（N/mm）	σ_{mean}/f_y	γ	平均应力 $\sigma_{mean}/$（N/mm）	σ_{mean}/f_y	γ	平均应力 $\sigma_{mean}/$（N/mm）	σ_{mean}/f_y
2.69	161.34	0.686	2.72	171.39	0.729	2.72	158.81	0.675
2.28	171.92	0.731	2.16	183.02	0.778	2.16	170.92	0.727
1.98	186.59	0.794	1.80	195.62	0.832	1.80	181.80	0.773
1.14	193.51	0.823	1.26	204.01	0.868	1.26	193.69	0.824
1.03	200.88	0.854	1.08	205.30	0.873	1.08	199.97	0.850
0.93	203.79	0.867	0.96	207.13	0.881	0.96	201.41	0.857
0.79	207.23	0.881	0.86	208.63	0.887	0.86	204.98	0.872
0.70	210.12	0.894	0.79	209.07	0.889	0.79	205.38	0.873
0.62	211.77	0.901	0.73	209.62	0.892	0.73	205.77	0.875
0.56	211.78	0.901	0.69	210.80	0.897	0.69	206.16	0.877

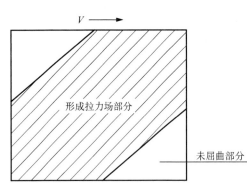

图 4.75　拉力场范围

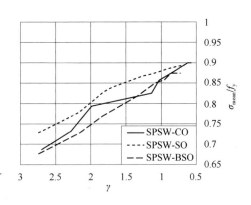

图 4.76　各模型平均应力比

4.5　钢板剪力墙边缘构件的设计

边缘构件对内置钢板剪力墙具有足够的锚固作用是钢板剪力墙发挥屈曲后强度的重要保证。其中，水平边缘构件中的顶梁和底梁仅单侧布置钢板剪力墙，在单侧拉力场的作用下，顶梁和底梁需要较大的刚度和强度。文献[13]对钢板剪力墙拉杆条模型的中梁进行了抗震性能分析，研究了如何避免中梁跨内形成塑性铰。

本节基于理想的塑性铰机制（弱墙板强框架，强柱弱梁），考虑轴力对边缘构件塑性受弯承载力的折减，提出了边缘构件的内力计算方法。基于本章提出的公式设计了一个足尺单跨三层方钢管混凝土框架内置钢板剪力墙分析模型，采用有限元软件 ABAQUS 6.10 对其进行数值分析，验证了公式的正确性。

4.5.1　顶梁的计算方法

当顶梁过小时，会在跨中形成塑性铰，影响顶层钢板剪力墙性能的发挥。因此，顶梁须满足拉力场所需的最小抗弯强度。将顶梁简化为一个两端刚接的构件，其上作用有端弯矩和单侧拉力场，如图 4.77 所示，假定水平荷载向右，顶梁的弯矩如图 4.78 所示。只要确保弯矩函数的幅值点在梁端，就能防止最大弯矩出现在跨中，即防止跨中形成塑性铰。

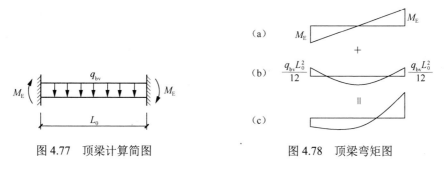

图 4.77　顶梁计算简图　　　　　　　　图 4.78　顶梁弯矩图

由图 4.78 可知，顶梁沿跨度的弯矩函数为

$$M(x) = -\frac{q_{bv}}{2}\left(x - \frac{L_0}{2}\right)^2 + \frac{q_{bv}L_0^2}{24} - \frac{2M_E}{L_0}x + M_E \qquad (4.95)$$

式中：M_E 为框架侧移引起的梁端弯矩；q_{bv} 为作用在梁上拉力场的竖向分力；L_0 为钢板墙的净宽度。

令 $M'(0) \leqslant 0$ 得

$$M_E \geqslant \frac{q_{bv} L_0^2}{4} \tag{4.96}$$

取 $M_E = \dfrac{q_{bv} L_0^2}{4}$ 代入式（4.95）得

$$M(x) = -\frac{q_{bv}}{2}\left(x - \frac{L_0}{2}\right)^2 + \frac{q_{bv} L_0^2}{24} - \frac{q_{bv} L_0}{2}x + \frac{q_{bv} L_0^2}{4} \tag{4.97}$$

即顶梁所需最小抗弯强度为

$$M(0) = \frac{q_{bv} L_0^2}{6} \tag{4.98}$$

顶梁所需的最小塑性截面模量为

$$Z_b = \frac{q_{bv} L_0^2}{6f} \tag{4.99}$$

式中：f 为边缘构件的屈服强度。

顶梁所受轴力会降低其抗弯承载力，需根据与受拉柱相连的梁端轴力对顶梁的抗弯承载力进行折减，引入折减系数 β_b。式（4.36）、（4.37）可统一写为

$$\beta_b = 1 - \frac{P_b}{P_{by}} \tag{4.100}$$

则实际所需的塑性截面模量为

$$Z_b \geqslant \frac{q_{bv} L_0^2}{6\beta_b f} \tag{4.101}$$

4.5.2 底梁的计算方法

底梁也存在钢板剪力墙单侧拉力场作用，可按照两端刚接，承受均布荷载作用的构件设计。由于底梁距离柱底支座很近，框架侧移产生的转角很小，可近似认为底梁由于侧移产生的弯矩为顶梁的 1/3[14]。底梁在极限状态所受弯矩为

$$M_{bb} = \frac{q_{bv} L_0^2}{12} + \frac{1}{3}M_E = \frac{q_{bv} L_0^2}{12} + \frac{1}{3}\times\frac{q_{bv} L_0^2}{6} = \frac{5q_{bv} L_0^2}{36} \tag{4.102}$$

根据美国《钢结构建筑抗震规定》(ANSI/AISC 341-10)[2]，钢板剪力墙拉力场作用下，底梁的轴力为

$$P_{bb} = \frac{q_{bv} L_0^2}{2} \tag{4.103}$$

底梁的折减系数 β_{bb} 为

$$\beta_{bb} = 1 - \frac{P_{bb}}{P_{bby}} \qquad (4.104)$$

则底梁所需塑性截面模量为

$$Z_{bb} \geq \frac{5q_{bv}L_0^2}{36\beta_{bb}f} \qquad (4.105)$$

4.5.3　竖向边缘构件的计算方法

　　假定柱子两端刚接，框架柱满足理想的破坏形态，即柱脚形成塑性铰。单侧钢板剪力墙拉力场的作用会对边柱产生较大的附加弯矩，设计时必须考虑。假定底层柱反弯点到柱底距离为 $2h/3$，中间层反弯点位于柱中[14]，且每层层高 h 相同。由于相邻层水平荷载相同，所以对于纯框架结构而言，当框架梁端形成塑性铰时，底层柱下端弯矩为 M_b，其余层柱端弯矩为 $M_b/2$，如图 4.79 所示。

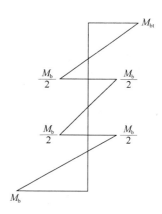

图 4.79　多层柱侧移时弯矩

1.　受拉柱

将受拉柱分为顶层、中间层、底层分别进行分析。柱子受力如图 4.80 所示。

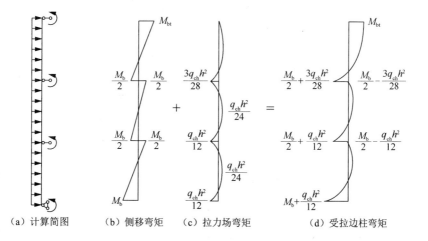

（a）计算简图　　（b）侧移弯矩　　（c）拉力场弯矩　　（d）受拉边柱弯矩

图 4.80　受拉边柱计算简图与弯矩图

顶层受拉柱弯矩为

$$M_{上} = M_{bt} = \frac{q_{bv}L_0^2}{6} \qquad (4.106)$$

$$M_{下} = \frac{M_b}{2} + \frac{3q_{ch}h^2}{28} \qquad (4.107)$$

式中：$M_{上}$、$M_{下}$分别为柱子上下两端弯矩。

中间层受拉柱弯矩为

$$M_{max} = \frac{M_b}{2} + \frac{q_{ch}h^2}{12} \qquad (4.108)$$

底层受拉柱弯矩为

$$M(0) = M_b + \frac{q_{ch}h^2}{12} \qquad (4.109)$$

为保证柱脚先出现塑性铰，应使柱脚弯矩最大，由式（4.107）、式（4.109）可得

$$M(0) = M_b + \frac{q_{ch}h^2}{12} \geqslant \frac{M_b}{2} + \frac{3q_{ch}h^2}{28} \qquad (4.110)$$

$$M_b \geqslant \frac{q_{ch}h^2}{21} \qquad (4.111)$$

则柱子的抗弯承载力为

$$M_c \geqslant M_b + \frac{q_{ch}h^2}{12} 且 M_c \geqslant \frac{q_{bv}L_0^2}{6} \qquad (4.112)$$

2. 受压柱

将受压柱分为顶层、中间层、底层分别进行分析。柱子受力如图 4.81 所示。

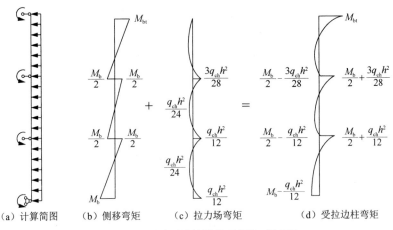

（a）计算简图　（b）侧移弯矩　（c）拉力场弯矩　（d）受拉边柱弯矩

图 4.81　受压边柱计算简图与弯矩图

顶层受压柱弯矩为

$$M_{上} = M_{bt} = \frac{q_{bv}L_0^2}{6} \tag{4.113}$$

$$M_{下} = \frac{M_b}{2} - \frac{3q_{ch}h^2}{28} \tag{4.114}$$

中间层受压柱弯矩为

$$M_{max} = \frac{M_b}{2} + \frac{3q_{ch}h^2}{28} \tag{4.115}$$

底层受压柱弯矩为

$$M_{上} = \frac{M_b}{2} + \frac{q_{ch}h^2}{12} \tag{4.116}$$

$$M_{下} = M_b - \frac{q_{ch}h^2}{12} \tag{4.117}$$

为保证柱脚先出现塑性铰，应使柱脚弯矩最大，则应满足：

$$M_c = M_b - \frac{q_{ch}h^2}{12} \geqslant \frac{M_b}{2} + \frac{3q_{ch}h^2}{28} \text{ 且 } M_c = M_b - \frac{q_{ch}h^2}{12} \geqslant \frac{q_{bv}L_0^2}{6} \tag{4.118}$$

$$M_b \geqslant \frac{8q_{ch}h^2}{21} \text{ 且 } M_b \geqslant \frac{q_{bv}L_0^2}{6} + \frac{q_{ch}h^2}{12} \tag{4.119}$$

$$M_c \geqslant M_b - \frac{q_{ch}h^2}{12} \tag{4.120}$$

引入柱子轴力折减系数 β_c，考虑轴力对柱子抗弯承载力的折减，受拉柱柱底轴力为

$$P_c = -\sum_{i=1}^{n} q_{cv,i}h_i + \sum_{i=1}^{n} V_{b,i} + G \tag{4.121}$$

式中：$V_{b,i} = -\dfrac{2\beta_{b,i}M_{b,i}}{L_0 - 2e} + \dfrac{p_i}{2} + \dfrac{q_{bv,i}}{2}L_0$。

受拉柱轴力折减系数为

$$\beta_{ct} = 1 - \frac{|P_c|}{P_{cy}} \tag{4.122}$$

受压柱柱底轴力为

$$P_c = \sum_{i=1}^{n} q_{cv,i}h_i + \sum_{i=1}^{n} V_{b,i} + G \tag{4.123}$$

式中：$V_{b,i} = \dfrac{2\beta_{b,i}M_{b,i}}{L_0 - 2e} + \dfrac{p_i}{2} + \dfrac{q_{bv,i}}{2}L_0$。

受压柱轴力折减系数为

$$\beta_{cc} = 1 - \frac{P_c}{P_{cy}} \tag{4.124}$$

式中：P_c 为柱底轴力；P_{cy} 为柱子承载力设计值；$V_{b,i}$ 为与柱相连的第 i 层梁端剪力；$M_{b,i}$ 为第 i 层梁端塑性受弯承载力；$\beta_{b,i}$ 为第 i 层梁的轴力折减系数；p_i 为第 i 层梁所受集中荷载；G 为柱子竖向集中荷载；e 为梁塑性铰到梁端距离，可取为 $L_0/10$。

由式（4.112）、式（4.122）可得，受拉柱所需塑性截面模量为

$$Z_c \geqslant \left(M_b + \frac{q_{ch}h^2}{12} \right) \bigg/ \beta_{ct} f \text{ 且 } Z_c \geqslant \frac{q_{bv}L_0^2}{6\beta_{ct} f} \tag{4.125}$$

由式（4.120）、式（4.124）可得，受压柱所需塑性截面模量为

$$Z_c \geqslant \left(M_b - \frac{q_{ch}h^2}{12} \right) \bigg/ \beta_{cc} f \tag{4.126}$$

4.5.4　中梁的计算方法

中梁上、下钢板剪力墙厚度相同时，拉力场作用相互抵消，只有框架侧移产生的弯矩，其计算公式为（4.119），折减系数 β_{bm} 可由式（4.100）计算。则中梁所需塑性截面模量为

$$Z_{bm} \geqslant \frac{8q_{ch}h^2}{21\beta_{bm} f} \text{ 且 } Z_{bm} \geqslant \left(\frac{q_{bv}L_0^2}{6} + \frac{q_{ch}h^2}{12} \right) \bigg/ \beta_{bm} f \tag{4.127}$$

4.5.5　边缘构件的设计方法

综上所述，钢板剪力墙边缘构件所需塑性截面模量如表 4.22 所示。

表 4.22　钢板剪力墙边缘构件所需塑性截面模量

构件	公式
顶梁	式（4.101）
中梁	式（4.127）
底梁	式（4.105）
受拉柱	式（4.125）
受压柱	式（4.126）

4.5.6　有限元验证

1. 模型尺寸

根据上述公式设计足尺单跨三层方钢管混凝土框架内置钢板剪力墙分析模型。钢板剪力墙尺寸为 8mm×3600mm×5400mm，边缘构件钢材采用 Q345，竖向边缘构件采用方钢管混凝土柱，内填混凝土强度等级为 C40，钢板剪力墙选用 Q235 钢材。边缘构件的屈服强度 $f=345\text{N/mm}^2$，钢板剪力墙的屈服强度为 $f_w=235\text{N/mm}^2$，钢材的弹性模量为 $E=2.06\times10^5\text{N/mm}^2$，钢材采用理想弹塑性本构模型；混凝土抗压强度为 26.8N/mm²。假设拉力带方向与竖向夹角 α 为 45°，考虑 1.2 的安全系数[15]，则钢板剪力墙拉力场竖向与水平分量为

$$q=q_{bh}=q_{bv}=q_{ch}=q_{cv}=0.5f_w t_w(\sin2\alpha)/1.2=0.42\times235\times8=790(\text{N/mm})$$

初选边缘构件和钢板剪力墙截面如表 4.23 所示。

表 4.23　初选边缘构件和钢板剪力墙截面

构件	截面尺寸
顶梁	H850mm×400mm×30mm×35mm
底梁	H750mm×350mm×25mm×35mm
中梁	H800mm×400mm×30mm×40mm
钢板墙	−8mm×3600mm×5400mm
柱	□700mm×32mm

对于顶梁，轴力折减系数为

$$\beta_b=1-\frac{P_b}{P_{by}}=1-\frac{\dfrac{790\times5400}{2}+\dfrac{790\times3600}{2}}{345\times[(850-35\times2)\times30+2\times400\times35]}=0.80$$

顶梁所需的最小塑性截面模量为

$$Z_b=\frac{q_{bv}L_0^2}{6\beta_b f}=\frac{1.113\times10^7}{0.80}=1.392\times10^7(\text{mm}^3)$$

对于底梁，轴力折减系数为

$$\beta_b=1-\frac{P_b}{P_u}=1-\frac{\dfrac{790\times5400}{2}}{345\times(350\times35\times2+680\times25)}=0.85$$

底梁所需的最小塑性截面模量为

$$Z_{bb}=\frac{5q_{bv}L_0^2}{36\beta_{bb}f}=\frac{9.27\times10^6}{0.85}=1.090\times10^7(\text{mm}^3)$$

对于中梁，中梁所需抗弯强度为

$$M_{\mathrm{b}} \geqslant \frac{8 q_{\mathrm{ch}} h^2}{21} = \frac{8 \times 790 \times 3600^2}{21} = 3900.3 (\mathrm{kN \cdot m})$$

$$且 M_{\mathrm{b}} \geqslant \frac{q_{\mathrm{bv}} L_0^2}{6} + \frac{q_{\mathrm{ch}} h^2}{12} = \frac{790 \times 5400^2}{6} + \frac{790 \times 3600^2}{12} = 4629.6 (\mathrm{kN \cdot m})$$

取 $M_{\mathrm{b}} = 4629.6 \mathrm{kN \cdot m}$ ，轴力折减系数为

$$\beta_{\mathrm{bm}} = 1 - \frac{P_{\mathrm{b}}}{P_{\mathrm{u}}} = 1 - \frac{790 \times 3600}{345 \times (400 \times 40 \times 2 + 720 \times 30)} = 0.85$$

中梁所需的最小塑性截面模量为

$$Z_{\mathrm{bm}} = \frac{M_{\mathrm{b}}}{\beta_{\mathrm{bm}} f} = \frac{4629.6 \times 10^6}{0.85 \times 345} = 1.586 \times 10^7 (\mathrm{mm}^3)$$

对于受压柱，轴力折减系数为

$$\beta_{\mathrm{cc}} = 1 - \frac{P_{\mathrm{c}}}{P_{\mathrm{cy}}}$$

$$= 1 - \frac{3 \times 790 \times 3600 + 2 \times 3839.4 \times \dfrac{10^6}{4320} + 2 \times 3199.5 \times \dfrac{10^6}{4320} + 4 \times 4629.6 \times \dfrac{10^6}{4320}}{345 \times (30 \times 668) \times 4 + 636 \times 636 \times 26.8}$$

$$= 0.582$$

顶梁的最小塑性截面模量为

$$Z_{\mathrm{c}} = \frac{M_{\mathrm{b}} - \dfrac{q_{\mathrm{ch}} h^2}{12}}{\beta_{\mathrm{cc}} f} = \frac{4629.6 \times 10^6 - \dfrac{790 \times 3600^2}{12}}{0.582 \times 345} = 1.881 \times 10^7 (\mathrm{mm}^3)$$

根据上述结果，最终足尺模型的尺寸如表 4.24 所示。

表 4.24　最终足尺模型边缘构件截面尺寸

构件	截面尺寸	所需最小截塑性截面模量/（×10⁷mm³）	实际截面模量/（×10⁷mm³）
顶梁	H850mm×400mm×30mm×35mm	1.392	1.597
底梁	H750mm×350mm×25mm×35mm	1.090	1.165
中梁	H800mm×400mm×30mm×40mm	1.586	1.605
柱	□700mm×32mm	1.881	2.016

2. 有限元验证

根据表 4.24 所示模型尺寸，建立有限元模型，如图 4.82 所示，以验证公式的正确性。有限元模型分析结果如图 4.83、图 4.84 所示。

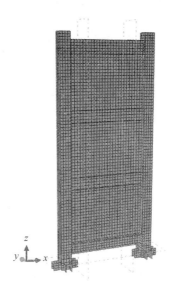

图 4.82　模型网格划分

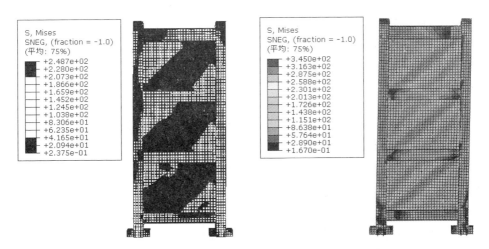

图 4.83　钢板墙屈服时 von Mises 应力　　　图 4.84　极限荷载时模型 von Mises 应力

图 4.83 为模型屈服时 von Mises 应力云图。可以看出，钢板剪力墙发生屈服，形成明显拉力带，而边框仍保持弹性，为钢板剪力墙拉力带的发展提供了足够的锚固。随着位移继续增加，钢板剪力墙全面屈服，边缘构件也发生屈服，塑性铰集中出现在梁端，随后柱脚也产生塑性铰，结构破坏，如图 4.84 所示。

有限元分析结果表明，本节给出的边缘构件计算公式可以为钢板剪力墙提供足够锚固，并形成"弱墙板强框架"、"强柱弱梁"的理想破坏模式。

4.6　本　章　小　结

本章基于薄腹梁理论，提出了方钢管混凝土竖向边缘构件的刚度限值计算公式。构建了不同宽高比和宽厚比分析模型，进行了非线性数值分析，研究了不同柱刚度对方钢管混凝土框架内置薄钢板剪力墙力学性能、边框变形和破坏机制的影响。分析了不同加劲构造措施对方钢管混凝土竖向边缘构件的影响。对开洞钢板剪力墙水平边缘构件进行了受力分析，提出了不同开洞形式钢板剪力墙水平边缘构件的剪力计算公式，并与有限元计算结果进行对比。分析了洞口加劲肋对开洞钢板剪力墙性能的影响，提出了钢板剪力墙边缘构件的设计方法，并采用有限元足尺模型进行验证。得到以下结论：

（1）基于薄腹梁理论，得到了适用于方钢管混凝土竖向边缘构件的刚度限值计算公式（4.21）。

（2）对不同加劲构造措施的钢管混凝土边框柱进行了分析。结果表明：T形钢加劲效果最好；当方钢管柱截面较小时，可采用全贯通式加劲构造措施。方钢管柱壁设置加劲构件能够有效减小方钢管与混凝土的脱离距离和方钢管柱壁的应力，防止拉力场作用下方钢管柱壁局部过早破坏，增强边框柱对钢板剪力墙的约束作用，显著减小钢板剪力墙的面外变形，有效增大滞回环面积和能量耗散系数。

（3）通过考虑拉力带水平分量在中梁内产生的剪力，对《指南》中的中梁剪力计算方法进行了修正。对开洞钢板剪力墙洞口处的梁剪力进行了分析，提出了适用于开洞钢板剪力墙水平边缘构件的剪力计算公式。

（4）在开洞钢板剪力墙洞口设置加劲肋可明显提高钢板剪力墙的弹性刚度、抗剪承载力和耗能能力。加劲肋达到一定刚度后，对钢板剪力墙抗剪性能的提高作用减弱。洞口加劲肋需具有足够的强度为钢板剪力墙屈曲后形成的拉力场提供锚固，使钢板剪力墙的抗剪性能得到充分发挥。

（5）考虑轴力、剪力对边缘构件塑性铰弯矩的折减，提出了边缘构件的内力计算方法。基于本章提出的公式设计了钢板剪力墙模型，并通过数值模拟验证了公式的正确性。结果表明，按照本章公式设计的钢板剪力墙边缘构件在极限状态时具有良好的破坏形态，竖向边缘构件破坏较轻。

参 考 文 献

[1]　CAN/CSA S16-09. Limit states design of steel structures[S]. Willow dale，Ont.，Canada：Canadian Standards Association，2009.

[2]　ANSI/AISC 341-10. Seismic provisions for structural steel buildings[S]. Chicago，USA：American Institude of Steel Construction，2010.

[3]　WAGNER H. Flat sheet metal girders with very thin webs，Part III：Sheet metal girders with spars resistant to bending-the stress in uprights-diagonal tension fields[R]. Technical Memorandum No. 606，National Advisory Committee for Aeronautics，Washington D.C.，1931.

[4]　AMERICAN INSTITUTE OF STEEL CONSTRUCTION . Steel Design Guide 20：Steel Plate Shear Walls[M]. USA：AISC，2007.

[5]　钟善桐. 钢管混凝土统一理论-研究与应用[M]. 北京：清华大学出版社，2006.

[6]　钟善铜. 钢管混凝土统一理论与统一设计方法[C]//中国钢结构协会. 中国钢结构协会四届四次理事会暨 2006 年全国钢结构学术年会论文集. 北京：工业建筑杂志社，2006：1-5.

[7]　李黎明，姜忻良，陈志华，等. 矩形钢管混凝土计算理论比较[C]//全国现代结构工程学术研讨会学术委员会. 第六届全国现代结构工程学术研讨会论文集. 北京：工业建筑杂志社，2006：1476-1484.

[8]　CECS 159：2004. 矩形钢管混凝土结构技术规程[S]. 北京：中国计划出版社，2004.

[9]　马欣伯. 两边连接钢板剪力墙及组合剪力墙抗震性能研究[D]. 哈尔滨：哈尔滨工业大学博士学位论文，2009.

[10]　郭彦林，陈国栋，缪友武. 加劲钢板剪力墙弹性抗剪屈曲性能研究[J]. 工程力学，2006，23(2)：84-91.

[11]　童根树，陶文登. 竖向槽钢加劲钢板剪力墙剪切屈曲[J]. 工程力学，2013，30(9)：1-9.

[12]　GB 50017—2003. 钢结构设计规范[S]. 北京：中国建筑工业出版社，2003.

[13]　LOPEZ-GARCIA D，BRUNEAU M . Seismic Behavior of Intermediate beams in Steel Plate Shear Walls[C]//Proceeding of the 8th U. S. National Conference on Earthquake Engineering. San Francisco，CA，2006：1089.

[14]　钱稼茹，赵作周，叶列平. 高层建筑结构设计[M]. 2 版. 北京：中国建筑工业出版社，2012：185.

[15]　American Institute of Steel Construction. Specification for Structural Steel Buildings[S]. Chicago，IL，2005.

第5章 方钢管混凝土框架内置开洞钢板剪力墙抗剪承载力计算

5.1 已有钢板剪力墙受剪承载力计算方法

2007 年，Park 等[1]提出了薄钢板剪力墙抗侧承载力计算方法。薄钢板剪力墙在水平荷载下呈现出两种破坏机制：剪切型破坏机制和弯曲型破坏机制。剪切型破坏机制呈现框架的受力特性，在钢板剪力墙受剪屈服后，柱根部和梁端出现塑性铰；弯曲型破坏机制呈现悬臂梁受力特性，塑性变形主要发生在柱根部。

薄钢板剪力墙的抗侧承载力 V 为剪切破坏承载力 V_s 和弯剪破坏承载力 V_f 两者之中的较小值。剪切破坏承载力 V_s 和弯曲破坏承载力 V_f 的计算公式分别为

$$V_s = V_{sp} + V_{sf} \tag{5.1}$$

其中

$$V_{sp} = \frac{1}{2} f_y t_w l \sin 2\alpha \tag{5.2}$$

$$V_{sf} = \frac{2\left(M_{pc0} + M_{pcn}\right) + 2\sum_{i=1}^{n-1} M_{pbi}}{h} \tag{5.3}$$

$$V_f = \frac{A_c f_m l}{h} - \frac{p_g \delta}{h} \tag{5.4}$$

式中：V_{sp} 为钢板剪力墙承载力；V_{sf} 为框架抗侧承载力；α 为拉力带角度；M_{pc0} 为柱脚在压弯共同作用下的塑性铰弯矩；M_{pbi} 为第 i 层梁的塑性铰弯矩；M_{pcn} 为柱顶在压弯共同作用下的塑性铰弯矩；A_c 为边缘框架柱截面面积；f_m 为边缘框架柱的允许最大应力，$f_m = f_{cy} - P_g/A_c$，其中，f_{cy} 为边缘框架柱的屈曲强度，P_g 为框架柱自重及竖向荷载之和；l 为竖向边缘构件中心线间的距离；h 为水平力作用点到柱脚的距离；δ 为结构顶点的侧向位移。

5.2 方钢管混凝土框架内置钢板剪力墙的破坏模式

水平荷载作用下，钢板剪力墙的破坏模式分为剪切破坏模式和弯曲破坏模式。剪切破坏模式表现为结构各层的钢板剪力墙屈服后，在框架柱脚和各层框

架梁梁端形成塑性铰，结构破坏表现为框架受力特性；弯曲破坏模式表现为结构破坏时在框架柱脚和钢板剪力墙的底部产生塑性变形，结构破坏表现为悬臂梁受力特性。

钢板剪力墙的破坏模式对结构承载能力和滞回性能的影响很大。当结构破坏模式为剪切破坏模式时，在较小的水平荷载作用下，钢板剪力墙处于平面应力状态，钢板剪力墙在水平剪力作用下出现主拉应力和主压应力，当剪应力达到临界剪应力时，主压应力方向的钢板剪力墙即发生屈曲，沿对角线方向形成拉力带，继续增加的荷载由钢板剪力墙拉力带承担。随着位移的增加，拉力带沿对角线逐渐向外扩展，钢板剪力墙屈服面积逐渐增大，钢板剪力墙角部和中部在水平往复荷载作用下形成折褶，逐渐开裂，之后荷载主要由钢管混凝土框架承担。各层钢板剪力墙塑性发展程度较高，钢板剪力墙的性能得到充分发挥，结构抗侧承载力高，延性良好，耗能能力稳定，能达到双重抗震的设防目标。当结构破坏为弯曲破坏模式时，塑性变形主要产生在框架柱脚和钢板剪力墙的底部，除底层钢板剪力墙外，其余各层钢板剪力墙的塑性发展程度低，钢板剪力墙结构的优异性能不能充分发挥，耗能能力低。Sabouri-Ghomi[2]提出了延性钢板剪力墙的设计，采用叠加原理计算钢板剪力墙结构的抗侧承载力，并通过控制框架与钢板剪力墙的弹性极限位移，实现"钢板剪力墙先于框架破坏"，充分发挥钢板剪力墙的性能。美国 FEAM 450[3]要求在设计地震作用下（相当于我国的中震），钢板剪力墙充分屈服时，边缘框架宜保持弹性，即小震作用下框架和钢板剪力墙构成双重抗震设防体系，共同参与抗震；中震作用下，钢板剪力墙屈服耗能，而框架保持弹性以提供足够的锚固刚度。因此，钢板剪力墙结构的理想破坏模式为剪切破坏模式。

5.3　方钢管混凝土框架内置开洞钢板剪力墙抗剪承载力计算

5.3.1　方钢管混凝土框架内置单侧开洞钢板剪力墙的抗剪承载力计算

钢板剪力墙应力分析与大量的有限元分析表明，由于钢板剪力墙单侧开洞，洞口边缘构件对钢板剪力墙的锚固刚度不足，使钢板剪力墙拉力场发展不充分，靠近洞口侧形成"不充分拉力场"。正、反向极限状态下，结构与钢板剪力墙的von Mises 应力如图 5.1 所示。

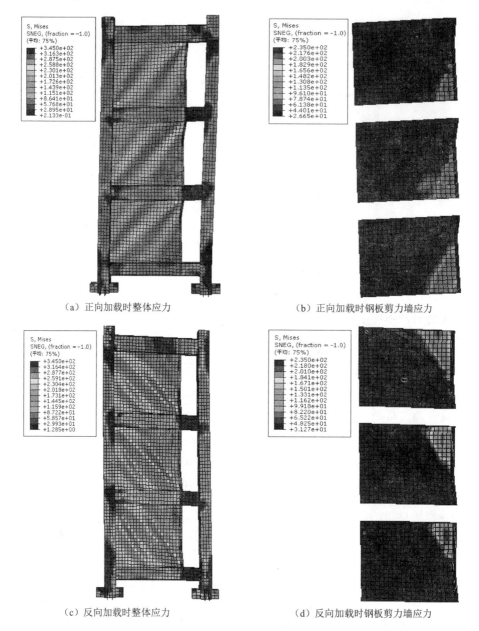

（a）正向加载时整体应力 　　　　　　（b）正向加载时钢板剪力墙应力

（c）反向加载时整体应力 　　　　　　（d）反向加载时钢板剪力墙应力

图 5.1　单侧开洞钢板剪力墙的 von Mises 应力

由图 5.1 可知，正、反向极限状态下，单侧开洞钢板剪力墙右下、右上部分分别形成"不充分拉力场"。因此，方钢管混凝土框架内置单侧开洞钢板剪力墙的简化计算模型如图 5.2 所示，其中，高效区表示极限状态下拉力带充分发展的部分，低效区表示极限状态下拉力带未能充分发展的部分。

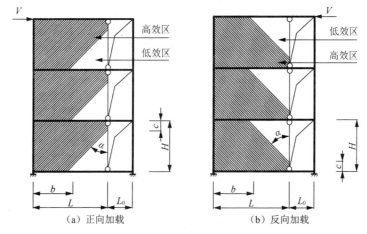

（a）正向加载　　　　　　　　　（b）反向加载

图 5.2　单侧开洞钢板剪力墙简化计算模型

方钢管混凝土框架内置单侧开洞钢板剪力墙的抗侧承载力 V 取剪切破坏受剪承载力 V_s 和弯曲破坏受剪承载力 V_f 二者的较小值，即 $V=\min\{V_s, V_f\}$。

1. 剪切型破坏承载力 V_s

剪切型破坏承载力 V_s 为框架抗侧承载力 V_{sf} 和内填钢板剪力墙受剪承载力 V_{sp} 的叠加。与未开洞钢板剪力墙相比，单侧开洞钢板剪力墙由于洞口的设置，框架不仅在柱根部、柱顶及梁端出现塑性铰，还在洞口对应连梁段位置出现耗能梁段。极限状态下结构的塑性破坏机构如图 5.3 所示。其中，当耗能梁段长度 L_0 较小时，耗能梁段的塑性变形主要为剪切变形，属剪切屈服型。当耗能梁段长度 L_0 较大时，耗能梁段的塑性变形主要为弯曲变形，属弯曲屈服型。

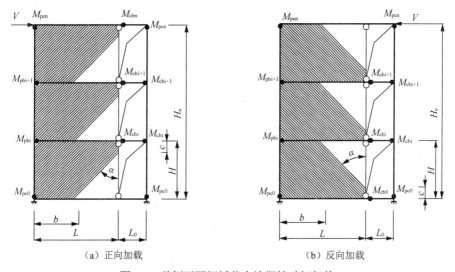

（a）正向加载　　　　　　　　　（b）反向加载

图 5.3　单侧开洞钢板剪力墙塑性破坏机构

假设各层钢板剪力墙尺寸相同，基于结构的塑性破坏机制，则方钢管混凝土框架内置单侧开洞钢板剪力墙正（反）向的剪切型破坏承载力 V_s（V_{s1}）为：

$$V_s = V_{sf} + V_{sp} \text{ 或 } V_{s1} = V_{sf1} + V_{sp} \tag{5.5}$$

其中

$$V_{sf} = \frac{2M_{pc0} + 2M_{pcn} + \sum_{i=1}^{n-1} M_{pbi}}{H_n} + \frac{2\sum_{i=1}^{n-1} M_{cbi} + M_{cbn}}{H_n} \tag{5.6}$$

$$V_{sf1} = \frac{2M_{pc0} + 2M_{pcn} + \sum_{i=1}^{n-1} M_{pbi}}{H_n} + \frac{M_{cb0} + 2\sum_{i=1}^{n-1} M_{cbi}}{H_n} \tag{5.7}$$

$$M_{cb0} = \min\left\{ V_{cp0} \cdot L_0 / 2, M_{pb0} \right\} \tag{5.8}$$

$$M_{cbi} = \min\left\{ V_{cpi} \cdot L_0 / 2, M_{pbi} \right\} \tag{5.9}$$

$$V_{sp} = w \cdot V_{sp,0} = w \cdot \left(\frac{1}{2} f_y t_w L \sin 2\theta \right) \tag{5.10}$$

$$w = \frac{LH - \frac{1}{2}(H-c)(L-b)}{LH} = 1 - \frac{(H-c)^2 \tan \alpha}{2LH} \tag{5.11}$$

式中：w 为钢板剪力墙承载力折减率，$w = S_{高效区}/(L \cdot H)$；$V_{sp,0}$ 为钢板剪力墙完全锚固时的承载力，取 $\theta \approx 45°$；f_y 为钢板剪力墙的屈服强度；t_w 为钢板剪力墙的厚度；M_{pc0}、M_{pcn} 分别为钢管混凝土柱在压弯荷载作用下柱根部和柱顶的塑性铰弯矩；M_{pb0}、M_{pbi} 分别为底梁和第 i 层钢梁的塑性极限弯矩；V_{cp0}、V_{cpi} 分别为底梁和第 i 层连梁塑性受剪承载力；α 为拉力带角度，可按薄腹梁受剪分析偏于安全取内填钢板剪力墙倾角的 2/3[4]，即 $\alpha = 2/3\arctan(L/H)$；L_0 为连梁段长度；n 为钢板剪力墙层数；H_n 为顶梁中心至柱根部的距离；c 为洞口边缘构件有效约束长度。

洞口边缘构件的受力如图 5.4 所示，采用机动法确定洞口边缘构件的有效约束长度 c：

$$c^2(H-c) = (2M_f H)\big/(f_y t_w \sin^2 \alpha) \tag{5.12}$$

由于 $H \gg c$，式（5.12）可简化为：

$$c = \frac{1}{\sin \alpha} \sqrt{\frac{2M_f}{f_y t_w}} \tag{5.13}$$

式中：M_f 为洞口边缘构件塑性弯矩；α 为拉力带角度。

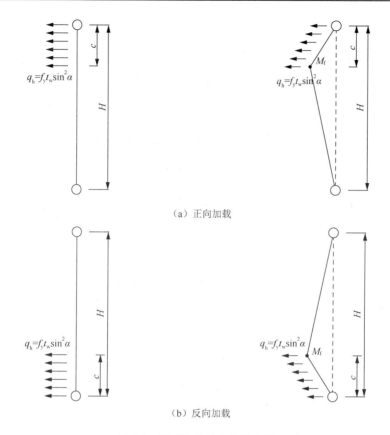

（a）正向加载

（b）反向加载

图 5.4　洞口边缘构件的受力图

2.　弯曲型破坏承载力 V_f

弯曲型破坏承载力 V_f 为结构底部全截面达到塑性时结构的受剪承载力（忽略钢板剪力墙的贡献）[1]，计算公式为

$$V_f = A_{sc}\left(f_{sc} - f_{cg}\right)l/H_n - p_g\delta/H_n \tag{5.14}$$

$$f_{sc} = \left(1.18 + 0.85\xi\right)f_c \tag{5.15}$$

$$\xi = \left(A_s f_y\right)/\left(A_c f_c\right) \tag{5.16}$$

式中：A_{sc} 为钢管面积 A_s 与核心混凝土面积 A_c 之和；l 为柱子中心线间距离；P_g 为框架柱自重与竖向荷载之和；δ 为结构顶点的侧向位移；f_{sc} 为方钢管混凝土轴压强度指标；f_{cg} 为框架柱自重与竖向荷载产生的应力；ξ 为构件截面的约束效应设计值。

5.3.2　方钢管混凝土框架内置中部开洞钢板剪力墙的抗剪承载力计算

结构的抗侧承载力 V_{pred} 为剪切破坏承载力 V_s 和弯曲破坏承载力 V_f 两者之中

的较小值，即 $V_{\text{pred}} = \min\{V_{\text{s}}, V_{\text{f}}\}$。剪切破坏承载力 V_{s} 和弯曲破坏承载力 V_{f} 的计算公式分别为：

$$V_{\text{s}} = V_{\text{sp}} + V_{\text{sf}} \tag{5.17}$$

$$V_{\text{f}} = A_{\text{sc}} f_{\text{cm}} l / H - P_{\text{g}} \delta / H \tag{5.18}$$

$$f_{\text{cm}} = f_{\text{sc}} - f_{\text{cg}} \tag{5.19}$$

$$f_{\text{sc}} = (1.18 + 0.85\xi) f_{\text{c}} \tag{5.20}$$

$$\xi = \frac{A_{\text{s}} f_{\text{y}}}{A_{\text{c}} f_{\text{c}}} \tag{5.21}$$

式中：V_{sp} 为钢板剪力墙抗侧承载力；V_{sf} 为框架抗侧承载力；A_{sc} 为钢管面积 A_{s} 与核心混凝土面积 A_{c} 之和；f_{cm} 为框架柱的允许最大应力；l 为方钢管柱中心线间的距离；H 为顶梁中心线到柱脚的距离；P_{g} 为框架柱自重及竖向荷载之和；δ 为结构顶点的侧向位移；f_{sc} 为框架柱的屈服强度；f_{cg} 为框架柱自重及竖向荷载产生的应力；ξ 为构件截面的约束效应设计值。

1. 钢板剪力墙抗侧承载力 V_{sp}

Wagner[5]研究铝板时发现，受压薄板有数倍于弹性屈曲应力的屈曲后强度，据此建立了纯拉力带（pure diagonal tension）理论。虽然薄板在较低的荷载下即屈曲，但薄板屈曲并不意味着板失去了继续承载的能力，此时薄板材料强度远远没有得到充分发挥。Thorburn 等[6]首先提出利用钢板剪力墙屈曲后强度的概念，建立了非加劲薄钢板剪力墙的拉杆分析模型，提出了拉杆倾角计算公式，为薄钢板剪力墙的分析与设计提供了理论依据。

按高厚比的大小，钢板剪力墙可分为厚钢板剪力墙和薄钢板剪力墙。厚钢板剪力墙通过面内抗剪承担侧向荷载，弹性屈曲强度高，接近于平面应力状态，即使发生屈曲也不会产生较大的拉力带，对边框柱的锚固刚度要求低；薄钢板剪力墙通过屈曲后拉力带承担侧向荷载，弹性屈曲强度低，屈曲后的拉应力大，需要边框柱具有足够的锚固刚度以承担钢板剪力墙拉力带产生的附加弯矩，保证钢板剪力墙屈服耗能。

方钢管混凝土框架内置中部开洞钢板剪力墙由于洞口边缘加劲肋的设置，将钢板剪力墙划分为若干个独立的小区格，间接地降低了钢板剪力墙的高厚比，使钢板剪力墙由薄板转化为中厚板、厚板；大大提高了钢板剪力墙的弹性屈曲强度，降低了钢板剪力墙屈曲后的拉应力及对边框柱的附加弯矩；有效限制了钢板剪力墙的面外变形，改变了钢板剪力墙的受力特性，减轻了结构滞回曲线的"捏缩"效应。

根据中部开洞钢板剪力墙的参数分析可知，洞口位置的变化对结构承载能力和滞回性能影响很小[7]，故将中部开洞钢板剪力墙转化为等高等面积的无洞钢板剪力墙，图 5.5（a）、（b）分别为原中部开洞钢板剪力墙和转化后的钢板剪力墙。在侧向荷载作用下，当钢板剪力墙中的应力逐渐增大到弹性屈曲应力 τ_{cr} 时，钢板剪力墙发生屈曲，钢板剪力墙弹性屈曲应力状态如图 5.6（a）。钢板剪力墙的弹性屈曲剪应力：

$$\tau_{cr} = \frac{K\pi^2 E}{12\left(1-\mu^2\right)} \cdot \left(\frac{t}{l_{min}}\right)^2 \leqslant \frac{f_y}{\sqrt{3}} \qquad （5.22）$$

$$K = 5.34 + 4\left(\frac{l_{min}}{l_{max}}\right)^2 \qquad （5.23）$$

式中：E 为钢板剪力墙的弹性模量；μ 为钢板剪力墙的泊松比；t 为钢板剪力墙的厚度；f_y 为钢板剪力墙的屈服强度；l_{min}、l_{max} 分别为钢板剪力墙高宽的较小值和较大值。

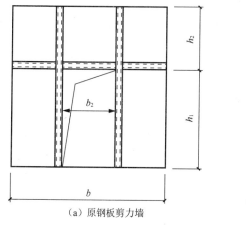
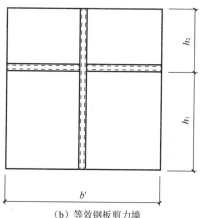

（a）原钢板剪力墙　　　　　　　　　　　　　（b）等效钢板剪力墙

图 5.5　中间开洞钢板剪力墙简化模型

随着荷载增大，钢板剪力墙内逐渐形成锚固于周边约束构件的拉力带，与水平线的夹角为 θ。当周边约束构件的刚度足以抵抗拉力带产生的法向边界作用力时，拉力带得到充分发挥。夹角 θ 可假定为 45°，钢板剪力墙屈曲后产生的侧向荷载主要由拉力场承担，拉力场应力可看作均匀分布，拉力场形成后的应力状态如图 5.6（b）。由图 5.6 可知，钢板剪力墙极限状态时的总应力为[2]：

$$\sigma_{xx} = \sigma_{ty} \cdot \sin^2 \theta \qquad （5.24）$$

$$\sigma_{yy} = \sigma_{ty} \cdot \cos^2 \theta \qquad （5.25）$$

$$\sigma_{xy} = \sigma_{yx} = \tau_{cr} + \frac{1}{2}\sigma_{ty} \cdot \sin 2\theta \qquad （5.26）$$

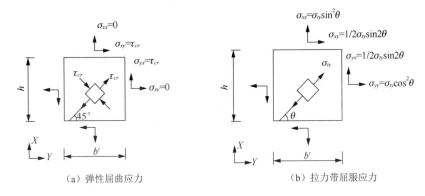

（a）弹性屈曲应力 　　　　　　　　　（b）拉力带屈服应力

图 5.6　钢板剪力墙的应力状态

随着荷载的继续增大，钢板剪力墙屈服，根据 von Mises 屈服准则，钢板剪力墙屈服时的拉应力 σ_{ty}：

$$\sigma_{ty} = \frac{1}{2}\sqrt{\left(3\tau_{cr}\sin 2\theta\right)^2 - 12\tau_{cr}^2 + 4f_y^2} - \frac{3}{2}\tau_{cr}\sin 2\theta \qquad (5.27)$$

钢板剪力墙屈服时的承载力为：

$$V_{sp} = b't\left(\tau_{cr} + \frac{1}{2}\sigma_{ty}\right) \qquad (5.28)$$

2. 框架抗侧承载力 V_{sf}

框架结构的破坏机制对结构抗震性能有很大的影响。框架结构的理想破坏机制为：梁端首先屈服形成塑性铰，结构内力重分布，塑性变形继续发展；随着荷载继续增大，柱脚屈服结构达到极限承载力。这种破坏机制充分发挥了结构的抗震性能，减小了地震作用效应，具有较高的安全储备。

由于在钢板剪力墙洞口周边设置加劲肋使钢板剪力墙划分为小区格，导致钢板剪力墙的受力复杂，中梁上、下两层钢板剪力墙产生的拉应力不能抵消。钢板剪力墙产生的拉应力随加劲肋传递到中梁上，使洞口处的中梁梁段位置产生较大的剪力，试验中中梁腹板由于较大的剪力出现起皮现象。与普通框架结构相比，方钢管混凝土框架内置中部开洞钢板剪力墙由于洞口的设置，框架不仅在柱脚和柱顶以及中梁梁端出现塑性铰，还在洞口对应中梁梁段位置出现耗能梁段。基于结构的破坏机制，根据梁、柱塑性铰位置，框架抗侧承载力为：

$$V_{sf} = 2\left(M_{pc1} + M_{pb2} + M_{pcn}\right)\big/H + 2M_{mb2}/H \qquad (5.29)$$

$$M_{mb2} = \min\{V \cdot b_2/2, \ M_{pb2}\} \qquad (5.30)$$

式中：M_{pc1} 为柱脚在压弯共同作用下的塑性铰弯矩；M_{pb2} 为钢梁的塑性铰弯矩；

M_{pcn} 为柱顶在压弯共同作用下的塑性铰弯矩和钢梁的塑性铰弯矩中的较小值；M_{mb2} 为洞口对应中梁梁段弯矩；H 为顶梁中线到柱脚的距离；V 为洞口对应梁段处加劲肋传递的剪力。

5.3.3　方钢管混凝土框架内置两侧开洞钢板剪力墙的抗剪承载力计算

与单侧开洞钢板剪力墙结构类似，由于钢板剪力墙两侧开洞，洞口边缘构件对钢板剪力墙的锚固刚度不足，使钢板剪力墙拉力带发展不充分，形成"不充分拉力场"。正、反向极限状态下，结构与钢板剪力墙的 von Mises 应力如图 5.7 所示。

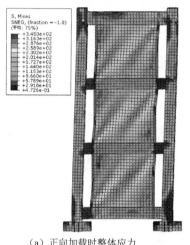

（a）正向加载时整体应力

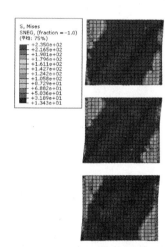

（b）正向加载时钢板剪力墙应力

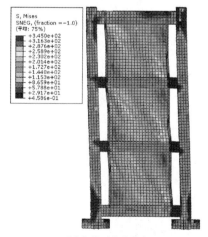

（c）反向加载时整体应力

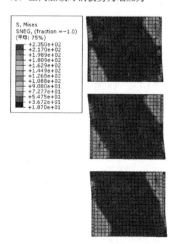

（d）反向加载时钢板剪力墙应力

图 5.7　两侧开洞钢板剪力墙的 von Mises 应力

由图 5.7 可知，正、反向极限状态下，两侧开洞薄钢板剪力墙角部分别形成"不充分拉力场"。因此，方钢管混凝土框架内置两侧开洞钢板剪力墙简化计算模型如图 5.8 所示，其中，高效区表示极限状态下拉力带充分发展部分，低效区表示极限状态下拉力带未能充分发展部分。

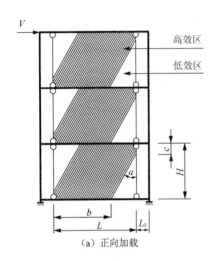 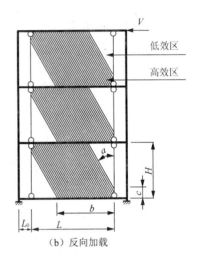

（a）正向加载　　　　　　　　　　　　　　（b）反向加载

图 5.8　两侧开洞钢板剪力墙简化计算模型

方钢管混凝土框架内置两侧开洞钢板剪力墙的抗侧承载力 V 取剪切破坏受剪承载力 V_s 和弯曲破坏受剪承载力 V_f 二者的较小值，即 $V = \min\{V_s, V_f\}$。

1. 剪切型破坏承载力 V_s

剪切型破坏承载力 V_s 为框架抗侧承载力 V_{sf} 和内填钢板剪力墙受剪承载力 V_{sp} 的叠加。与未开洞钢板剪力墙相比，两侧开洞钢板剪力墙由于洞口的设置，框架不仅在柱根部、柱顶出现塑性铰，还在洞口对应连梁段位置出现耗能梁段。极限状态下结构的塑性破坏机构如图 5.9 所示。当耗能梁段长度 L_0 较小时，耗能梁段的塑性变形主要为剪切变形，属剪切屈服型。当耗能梁段长度 L_0 较大时，耗能梁段的塑性变形主要为弯曲变形，属弯曲屈服型。

假设各层钢板剪力墙尺寸相同，基于结构的破坏机制，则方钢管混凝土框架内置两侧开洞钢板剪力墙正（反）向的剪切型破坏承载力 V_s 为

$$V_s = V_{sf} + V_{sp} \tag{5.31}$$

其中

$$V_{sf} = \frac{2M_{pc0} + 2M_{pcn}}{H_n} + \frac{M_{cb0} + 4\sum_{i=1}^{n-1} M_{cbi}}{H_n} \tag{5.32}$$

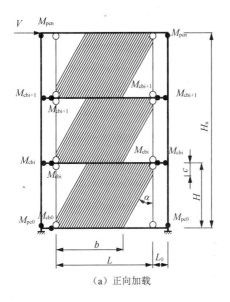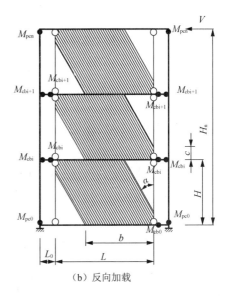

（a）正向加载　　　　　　　　　　（b）反向加载

图 5.9　两侧开洞钢板剪力墙塑性破坏机构

$$M_{cb0} = \min\left\{V_{cp0} \cdot L_0 / 2, M_{pb0}\right\} \tag{5.33}$$

$$M_{cbi} = \min\left\{V_{cpi} \cdot L_0 / 2, M_{pbi}\right\} \tag{5.34}$$

$$V_{sp} = w \cdot V_{sp,0} = w \cdot \left(\frac{1}{2} f_y t_w L \sin 2\theta\right) \tag{5.35}$$

$$w = \frac{LH - (H-c)(L-b)}{LH} = 1 - \frac{(H-c)^2 \tan\alpha}{LH} \tag{5.36}$$

式中：w 为钢板剪力墙承载力折减率，$w = S_{高效区}/(L \cdot H)$；$V_{sp,0}$ 为钢板剪力墙完全锚固时的承载力，取 $\theta \approx 45°$；f_y 为钢板剪力墙的屈服强度；t_w 为钢板剪力墙的厚度；M_{pc0}、M_{pcn} 分别为钢管混凝土柱在压弯荷载作用下柱根部和柱顶的塑性铰弯矩；V_{cp0}、V_{cpi} 分别为底梁和第 i 层连梁塑性受剪承载力；M_{pb0}、M_{pbi} 分别为底梁和第 i 层钢梁的塑性极限弯矩；α 为拉力带角度，可按薄腹梁受剪分析偏于安全取内填钢板剪力墙倾角的 2/3[4]，即 $\alpha = (2/3)\arctan(L/H)$；$L$ 为内置钢板剪力墙宽度；L_0 为连梁段长度；n 为钢板剪力墙层数；H_n 为顶梁中心至柱根部的距离；c 为洞口边缘构件有效约束长度。

洞口边缘构件的受力如图 5.10 所示，由 5.3.1 小节可知，采用机动法可确定洞口边缘构件的有效约束长度 c：

$$c^2\left(H-c\right)=\left(2M_{\mathrm{f}}II\right)\Big/\left(f_{\mathrm{y}}t_{\mathrm{w}}\sin^2\alpha\right) \tag{5.37}$$

由于 $H\gg c$，式（5.37）可简化为

$$c=\frac{1}{\sin\alpha}\sqrt{\frac{2M_{\mathrm{f}}}{f_{\mathrm{y}}t_{\mathrm{w}}}} \tag{5.38}$$

式中：M_{f} 为洞口边缘构件塑性弯矩；α 为拉力带角度。

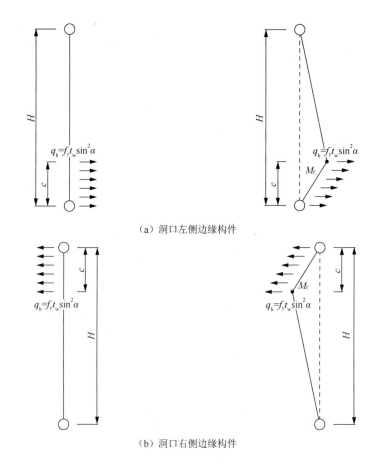

（a）洞口左侧边缘构件

（b）洞口右侧边缘构件

图 5.10　洞口边缘构件计算模型

2. 弯曲型破坏承载力 V_{f}

弯曲型破坏承载力 V_{f} 为结构底部全截面达到塑性时结构的受剪承载力，计算公式同式（5.14）～式（5.16）。

5.4   公式计算结果与有限元结果对比

5.4.1   方钢管混凝土框架内置单侧开洞钢板剪力墙公式与有限元结果对比

为验证方钢管混凝土框架内置单侧开洞钢板剪力墙抗侧承载力计算公式，设计了 4 个有限元足尺模型，编号分别为 SPSW-1～SPSW-4。其中 SPSW-1、SPSW-2 为单跨 3 层，开洞率分别为 0.2、0.4，顶梁截面为 H850mm×400mm×30mm×35mm，中梁截面为 H700mm×350mm×30mm×35mm，底梁截面为 H750mm×350mm×25mm× 35mm，洞口边缘构件截面尺寸为□200mm×8mm，钢板剪力墙宽厚比为 450，各层墙板高度均为 3600mm，框架净跨度为 5400mm。SPSW-3、SPSW-4 为单跨 5 层，开洞率分别为 0.1、0.3，顶梁截面为 H900mm×450mm×35mm×45mm，中梁截面为 H800mm×400mm×35mm×40mm，底梁截面为 H700mm×350mm×35mm×40mm，钢板剪力墙厚度为 8mm，各层墙板高度均为 3300mm，框架净跨度为 5400mm，洞口边缘构件截面尺寸均为□140mm×10mm。

各模型极限状态下的 von Mises 应力见图 5.11。由图可知，4 个模型的破坏形态均为理想破坏形态，与本章提出的计算模型基本一致，即内填钢板剪力墙靠近洞口侧形成"不充分拉力场"，框架柱根部、柱顶形成塑性铰，洞口处连梁段形成耗能梁段。

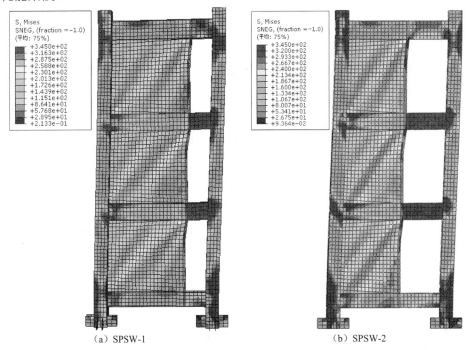

（a）SPSW-1   （b）SPSW-2

图 5.11   单侧开洞模型极限状态下的 von Mises 应力

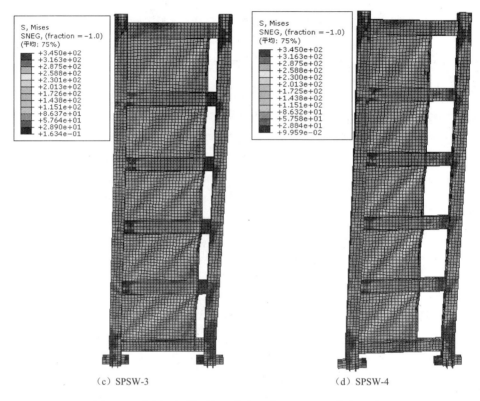

（c）SPSW-3　　　　　　　　　　（d）SPSW-4

图 5.11　单侧开洞模型极限状态下的 von Mises 应力（续）

极限抗侧承载力公式计算结果与试验及有限元结果对比见表 5.1。可以看出，4 个模型的极限抗侧承载力公式计算结果均稍小于有限元结果，差值基本在 5% 以内。试验试件由于洞口边缘构件焊缝断裂造成钢板剪力墙角部过早撕裂，影响了试件的抗侧承载力，试验结果略小于公式计算结果。总体而言，公式计算结果与有限元及试验结果吻合较好。

表 5.1　公式与试验及有限元结果对比

编号	w	V_s/kN	V_f/kN	V/kN	V_{FEA}（V_{test}）/kN	V/V_{FEA}（V_{test}）
SPSW-1	0.817	8216	18782	8216	8433	0.974
SPSW-2	0.835	6521	18782	6521	6840	0.953
SPSW-3	0.815	8012	13040	8012	8422	0.951
SPSW-4	0.809	7019	13040	7019	7532	0.932
试验	0.714	553	820	553	526	1.051

注：V_{FEA} 为有限元结果；V_{test} 为本书试验结果。

5.4.2　方钢管混凝土框架内置中部开洞钢板剪力墙公式与有限元结果对比

为验证方钢管混凝土框架内置中部开洞薄钢板剪力墙抗侧承载力计算公式，设计了 4 个有限元足尺模型，编号分别为 SPSW-1～SPSW-4。其中 SPSW-1、SPSW-2 为单跨 3 层，开洞率分别为 0.3、0.5，顶梁截面为 H850mm×400mm×30mm×35mm，中梁截面为 H700mm×350mm×30mm×35mm，底梁截面为 H750mm×350mm×25mm×35mm，洞口边缘构件截面尺寸为□200mm×8mm，钢板剪力墙宽厚比为 450，各层墙板高度均为 3600mm，框架净跨度为 5400mm。SPSW-3、SPSW-4 为单跨 5 层，开洞率分别为 0.4、0.6，顶梁截面为 H900mm×450mm×35mm×45mm，中梁截面为 H800mm×400mm×35mm×40mm，底梁截面为 H700mm×350mm×35mm×40mm，钢板剪力墙厚度为 8mm，各层墙板高度均为 3300mm，框架净跨度为 5400mm，洞口边缘构件截面尺寸均为□140mm×10mm。

各模型极限状态下的 von Mises 应力见图 5.12。由图可知，4 个模型的破坏形态均为理想破坏形态，应力变化保持基本一致。洞口上方中梁对应位置应力较大，表明钢板墙产生的拉应力随加劲肋传递到中梁上，使洞口对应的中梁梁段位置产生较大的剪力。由于洞口的设置，模型不仅在柱脚和柱顶以及中梁梁端出现塑性铰，还在洞口对应中梁梁段位置出现耗能梁段。

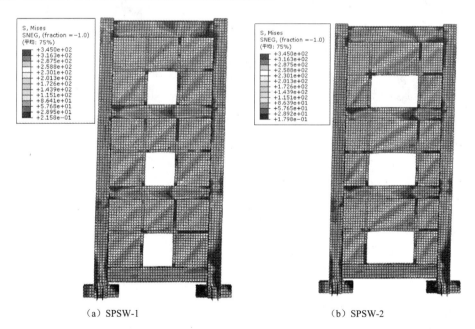

（a）SPSW-1　　　　　　　　　　　　　（b）SPSW-2

图 5.12　中部开洞模型极限状态下的 von Mises 应力

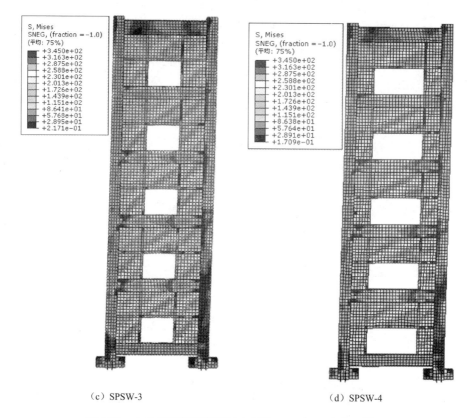

（c）SPSW-3　　　　　　　　　　　　　（d）SPSW-4

图 5.12　中部开洞模型极限状态下的 von Mises 应力（续）

　　极限抗侧承载力公式计算结果与试验及有限元结果对比见表 5.2。由表可知，4 个模型的极限抗侧承载力公式计算结果均稍小于有限元结果，差值基本在 5%以内。试验试件由于柱脚混凝土未浇灌密实，严重影响了试件的承载力，试验结果与公式计算结果的比值为 1.22，两者相差较大。总体而言，公式计算结果与有限元及试验结果吻合较好。

表 5.2　公式与试验及有限元结果对比

编号	b'/mm	V_s/kN	V_f/kN	V/kN	V_{FEA}（V_{test}）/kN	V/V_{FEA}（V_{test}）
SPSW-1	4590	7223	18782	8040	8133	0.989
SPSW-2	4050	5667	18782	6433	6815	0.944
SPSW-3	4320	8669	13040	8669	9068	0.956
SPSW-4	3780	8611	13040	8611	8942	0.963
试验	906	720	820	720	590	1.220

5.4.3　方钢管混凝土框架内置两侧开洞钢板剪力墙公式与有限元结果对比

为验证方钢管混凝土框架内置两侧开洞钢板剪力墙的抗侧承载力计算公式，设计了 4 个有限元足尺模型，编号分别为 SPSW-1～SPSW-4。其中 SPSW-1、SPSW-2 为单跨 3 层，钢板剪力墙厚度为 8mm，各层墙板高度均为 3600mm，框架净跨度为 5400mm，顶梁截面为 H850mm×400mm×30mm×35mm，中梁截面为 H700mm×350mm×30mm×35mm，底梁截面为 H750mm×350mm×25mm×35mm，洞口边缘构件截面尺寸为□200mm×8mm，开洞率分别为 0.2、0.4。SPSW-3、SPSW-4 为单跨 5 层，顶梁截面为 H900mm×450mm×35mm×45mm，中梁截面为 H800mm×400mm×35mm×40mm，底梁截面为 H700mm×350mm×35mm×40mm，钢板剪力墙厚度为 8mm，各层墙板高度均为 3300mm，框架净跨度为 5400mm，洞口边缘构件截面尺寸均为□140mm×10mm，开洞率分别为 0.1、0.3。

各模型极限状态下的 von Mises 应力见图 5.13。由图可知，4 个模型的破坏形态均为理想破坏形态，与本章提出的计算模型一致，即内填钢板剪力墙靠近洞口侧形成"不充分拉力场"，框架柱根部、柱顶形成塑性铰，洞口处连梁段形成耗能梁段。

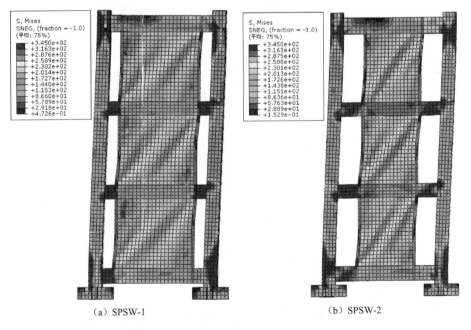

（a）SPSW-1　　　　　　　　　　　　（b）SPSW-2

图 5.13　两侧开洞模型极限状态下的 von Mises 应力

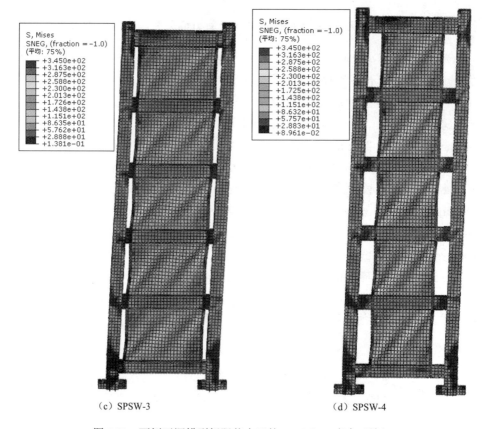

（c）SPSW-3　　　　　　　　　　　（d）SPSW-4

图 5.13　两侧开洞模型极限状态下的 von Mises 应力（续）

　　极限抗侧承载力公式计算结果与试验及有限元结果对比见表 5.3。可以看出，4 个模型的极限抗侧承载力公式计算结果均稍小于有限元结果，差值基本在 5%以内。试验试件由于钢管柱内混凝土未浇筑密实，且洞口边缘构件焊过早缝断裂造成钢板剪力墙角部撕裂，影响了试件的抗侧承载力，试验结果略小于公式计算结果。总体而言，公式计算结果与有限元及试验结果吻合较好。

表 5.3　公式与试验及有限元结果对比

编号	w	V_s/kN	V_f/kN	V/kN	V_{FEA}（V_{test}）/kN	V/V_{FEA}（V_{test}）
SPSW-1	0.635	7888	18782	7888	8299	0.950
SPSW-2	0.669	6641	18782	6641	7021	0.946
SPSW-3	0.630	8198	13040	8198	8566	0.957
SPSW-4	0.524	7301	13040	7301	7742	0.943
试验	0.622	483	820	483	456	1.059

注：V_{FEA} 为有限元结果；V_{test} 为本书试验结果

5.5　方钢管混凝土框架内置开洞钢板剪力墙的构造要求

综上所述，提出方钢管混凝土框架内置开洞钢板剪力墙的构造要求。

（1）为充分发挥开洞钢板剪力墙的性能，洞口侧应设置加劲肋，且保证加劲肋具有足够的强度、刚度及连接强度。

（2）钢板剪力墙和框架之间的连接，需要有足够的强度抵抗剪力和钢板剪力墙屈曲后平面外拉力的共同作用。焊接连接时可采用间断焊后补焊或一次性满焊的双面角焊缝。

（3）对于中部开洞与单侧开洞钢板剪力墙，建议柱子轴压比 $n \leqslant 0.5$，两侧开洞钢板剪力墙柱子轴压比 $n \leqslant 0.4$。

（4）中部开洞、单侧开洞和两侧开洞 3 种开洞钢板剪力墙的肋板刚度比下限可分别取 35、15、40。

（5）对于开洞钢板剪力墙，为有效提高中梁对钢板剪力墙的锚固能力，可适当加厚开洞处中梁腹板。

（6）两侧开半椭圆形和梯形洞口钢板剪力墙具有较高的承载力、良好的破坏形态，均为合理的开洞形式。洞口长半轴可取钢板剪力墙 1/4 高度，短半轴可取 1/3 长半轴。

5.6　本　章　小　结

本章分析了方钢管混凝土框架内置钢板剪力墙的破坏机制，提出了方钢管混凝土框架内置开洞钢板剪力墙的抗剪承载力简化计算模型和抗剪承载力计算公式，并将公式计算结果与有限元足尺模型分析结果进行对比。得到以下结论：

（1）方钢管混凝土框架内置开洞钢板剪力墙由于洞口的存在，改变了钢板剪力墙的整体受力机理，不仅在柱脚和柱顶以及中梁梁端出现塑性铰，而且在洞口对应中梁梁段处出现耗能梁段。

（2）基于对方钢管混凝土框架内置开洞钢板剪力墙结构的试验研究和精细化有限元模拟，结合理论分析，提出了方钢管混凝土框架内置开洞钢板剪力墙的计算模型和抗侧承载力计算公式，公式计算结果与试验和有限元结果吻合较好。

（3）提出了方钢管混凝土框架内置开洞钢板剪力墙的构造要求。

参　考　文　献

[1]　PARK H G，KWACK J H，JEON S W，et al. Framed steel plate wall behavior under cyclic lateral loading[J]. Journal of Structural Engineering，2007，133(3)：378-388.

[2] SABOURI-GHOMIAND S，VENTURA C E，KHARRAZI M H K．Shear analysis and design of ductile steel plate walls[J]．Journal of Structural Engineering，2005，131(6)：878-889．

[3] FEMA 450．Recommended provisions for seismic regulations for new buildings and other structures[S]．Washington D.C.，USA：Building Seismic Safety Council National Institute of Building Sciences，2003．

[4] 陈绍蕃．钢结构设计原理[M]．3 版．北京：科学出版社，2005．

[5] WAGNER H．Flat sheet metal girders with very thin webs，Part III：Sheet metal girders with spars resistant to bending-the stress in uprights-diagonal tension fields[R]．Technical Memorandum No．606，National Advisory Committee for Aeronautics，Washington D.C.，1931．

[6] THORBURN L J，KULAK G L，MONTGOMERY C J．Analysis of steel plate shear walls[R]．Structural Engineering Report．No．107，Department of Civil Engineering，University of Alberta，Edmonton，Alberta，Canada，1983．

[7] 周超．方钢管混凝土框架-中间开洞钢板剪力墙的抗震性能与设计方法研究[D]．西安：西安建筑科技大学硕士学位论文，2015．

第6章 钢板剪力墙典型工程应用

6.1 钢板剪力墙的应用范围

随着钢板剪力墙结构研究的日益深入，钢板剪力墙已在中国、美国、加拿大、日本等国家得到了越来越广泛的应用，各国均颁布了针对钢板剪力墙结构设计的规范或在抗震规范中提出了相应的设计要求，如我国的《钢板剪力墙结构技术规程》(JGJ/T 380—2015)，美国的"Seismic Provisions for Structural Steel Buildings"(AISC 341-16)，加拿大的"Design of Steel Structures"(CSA S16-14)等。从建筑高度来说，低层住宅、多层、高层、超高层建筑均可采用钢板剪力墙结构。按结构形式来划分，钢板剪力墙可用于剪力墙结构、框架-剪力墙结构、框架-核心筒结构等结构体系中。除了用于新建建筑，钢板剪力墙也广泛地应用于既有建筑的加固中，通过改善结构的侧向刚度和强度，可满足规范更新后的抗震要求。

6.2 钢板剪力墙结构在国外的应用

6.2.1 钢板剪力墙在日本的应用

日本常采用的钢板剪力墙为未开洞加劲钢板剪力墙，钢板剪力墙的宽度和高度与框架柱净距、净层高相同，通常此类钢板剪力墙的两侧会设置加劲肋以防止钢板剪力墙屈曲。

位于东京的新日铁大厦（Nippon Steel Building）（图 6.1）和新宿野村大厦（Shinjuku Nomura Building）（图 6.2）是日本最早的两栋采用钢板剪力墙结构的高层建筑，均建于 20 世纪 70 年代。新日铁大厦总高 84m，地上 20 层，地下 5 层，建筑平面为矩形，长 70.34m，宽 33.0m。建筑一至三层采用钢板混凝土组合剪力墙，四层及以上楼层采用加劲钢板剪力墙。结构布置均匀对称，宽度方向设置了 5 片钢板剪力墙，长度方向设置了两列 10 片钢板剪力墙。钢板剪力墙尺寸为 2.7m×3.7m，设置水平和竖向加劲肋，厚度由下至上分别为 12.0mm、9.0mm、6.0mm、4.5mm。新宿野村大厦总高 209.9m，共 51 层，建筑面积 119441.65 平方米，1978 年竣工时为东京第 3 高建筑。该建筑在平面中心位置共布置了 8 个平面呈 T 形的钢板剪力墙，钢板剪力墙尺寸为 3.0m×5.0m，在钢板剪力墙的两侧分别单独设置了水平加劲肋和竖向加劲肋，每一块墙板采用 200～500 个螺栓与周边框架连接。大量螺栓的安装对钢结构加工精度要求极高，给现场安装带来了极大不便，施工方建议在之后的设计中，钢板剪力墙与周边框架应采用焊接连接。

图 6.1　新日铁大厦　　　　　　　　　　图 6.2　新宿野村大厦

随着新日铁金属公司低屈服点钢（low-yield steel，LYS）的成功研发，日本一些采用钢板剪力墙结构的工程逐渐使用低屈服点钢作为钢板剪力墙的材料。低屈服点钢的屈服强度相对较低，LYS100 型号低屈服点钢的屈服强度在 80～120MPa，LYS235 型号低屈服点钢的屈服强度在 215～235MPa，伸长率可达 40%。低屈服点钢良好的延性有利于结构的抗震设计，由于强度较低，所需的板厚通常较大，仅设置较少加劲肋或不设置加劲肋即可防止钢板剪力墙在屈服前屈曲。埼玉县广泛联合大楼（Saitama Wide-Area Joint Agency Buildings）由两个塔楼组成，其中一个塔楼地上 31 层，地下 2 层，总建筑面积 12 万 m^2，另一个塔楼地上 26 层，地下 3 层，总建筑面积 12 万 m^2。两栋建筑均采用了钢框架-钢板剪力墙结构，钢框架采用普通钢材，钢板剪力墙采用 LYS100 型号的低屈服点钢。钢板剪力墙的尺寸为 3.0m×4.5m，厚度从下至上由 25mm 逐渐减小至 6mm，设置纵、横向加劲肋。钢板剪力墙布置于楼梯间四周，沿高度方向交错布置，以减小结构整体弯曲对钢板剪力墙的影响（图 6.3）。

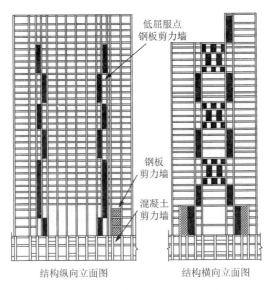

低屈服点
钢板剪力墙

钢板
剪力墙

混凝土
剪力墙

结构纵向立面图　　　　　　结构横向立面图

图 6.3　埼玉县广泛联合大楼立面图

6.2.2　钢板剪力墙在美国的应用

20 世纪 70 年代至 90 年代初，美国的钢板剪力墙结构建筑多采用宽厚比较小的厚钢板剪力墙，要求钢板剪力墙在屈服前不发生屈曲。直至 1994 年加拿大钢结构规范中首次明确了利用薄钢板剪力墙屈曲后性能的设计方法后，美国才逐渐开始采用非加劲的薄钢板剪力墙，并于 2005 年将其设计方法纳入美国钢结构建筑抗震设计规定（Seismic Provisions for Structural Steel Buildings）。

西雅图的美国联邦法院大厦（United States Federal Courthouse，Seattle）是较早采用钢管混凝土框架内置非加劲钢板剪力墙结构的工程（图 6.4）。该结构总高118.87m，地上 23 层，地下 2 层，总建筑面积 5.7 万 m²。该结构横向采用非加劲钢板剪力墙，纵向采用中心支撑。与混凝土剪力墙相比，选择钢板剪力墙作为抗侧力构件具有以下优点：钢板剪力墙的厚度小于混凝土剪力墙，能够节约 2%的使用面积；与混凝土剪力墙相比，采用钢板剪力墙可降低 18%的结构重量，从而显著降低地基基础的造价；钢板剪力墙安装简便，不需要养护，可缩短施工周期。

图 6.4　西雅图美国联邦法院大厦

钢板剪力墙在低层钢结构住宅建筑中也有较多的应用，此类建筑通常需要较大的建筑空间，钢框架-钢板剪力墙结构体系工业化程度较高，钢板剪力墙与周边框架的焊接工作可在工厂完成，整体造价低于框架结构。位于加利福尼亚州阿瑟顿市的一栋建筑面积 $1580m^2$ 的住宅，采用了宽 760mm，厚 1.9mm，屈服强度为 227MPa 的钢板剪力墙（图 6.5）。另一栋位于加利福尼亚州圣马特奥市建筑面积 $836m^2$ 的住宅，为了提供更开阔的建筑空间，采用了宽 1370mm，厚 2.7mm，屈服强度 227MPa 的钢板剪力墙（图 6.6）。

图 6.5　位于阿瑟顿的某住宅

图 6.6　位于圣马特奥的某住宅

6.2.3　钢板剪力墙在加拿大的应用

非加劲薄钢板剪力墙是加拿大学者主要研究的钢板剪力墙类型，20 世纪 80 年代初已较广泛地应用于工程中。2001 年加拿大钢结构规范针对钢板剪力墙提出了具体的抗震设计要求，进一步推动了钢板剪力墙结构的应用。

位于魁北克省圣乔治市的 Canam Manac 集团总部扩建工程采用了钢框架-非加劲钢板剪力墙结构，该建筑为平面不规则的六层建筑，总建筑面积 $3700m^2$，钢板剪力墙布置在电梯井周围，宽 2.6m，墙体总高 22.9m，厚 4.8mm（图 6.7）。为缩短施工周期，节省建筑空间，经与其他结构形式进行对比论证后，位于魁北克省圣海仙特的另一栋七层建筑同样采用了钢框架-非加劲钢板剪力墙结构（图 6.8）。该建筑在平面的中心位置设置了钢板剪力墙核心筒，总高 24.4m 的钢板剪力墙与边缘构件在工厂整体加工成形后运至现场，部分墙体先在加工厂按半跨预制，之后在现场将钢板剪力墙通过焊缝连接，钢梁通过螺栓连接（图 6.9）。

钢板剪力墙结构也可用于既有建筑的加固改造工程。蒙特利尔临床医学研究所（Institut de Recherches Cliniques de Montréal，IRCM）采用钢板剪力墙结构将原有的单层建筑加建至三层（图 6.10）。其中一片钢板剪力墙布置于新建的两层，尺寸为 3.0m×3.5m，另一片钢板剪力墙沿结构全高布置，尺寸为 3.0m×4.8m，钢板厚度均为 6.8mm。钢板剪力墙与周边框架在工厂焊接成整体后运至现场[1]。

图 6.7　位于圣乔治的某多层建筑

图 6.8　位于圣海仙特的某多层建筑

图 6.9　钢板剪力墙的拼接

图 6.10　钢板剪力墙加建工程

6.3　钢板剪力墙结构在国内的应用

6.3.1　天津环球金融中心

1. 工程概况

天津环球金融中心（津塔）位于天津市和平区，高 336.9m，地上 75 层，地下 4 层，地上建筑面积 20.5 万 m²。它是一座集写字楼、超五星级酒店、国际公寓及国际精品商业于一体的具有城市地标性的高端城市综合体，曾入选 2011 年世界十佳摩天大楼。津塔是全球范围内最高的钢板剪力墙结构建筑，采用"钢管混凝土柱框架+核心钢板剪力墙+外伸刚臂"的结构体系。津塔结构体系示意图、标准层结构平面图和钢板剪力墙局部立面图见图 6.11～图 6.13[2]。

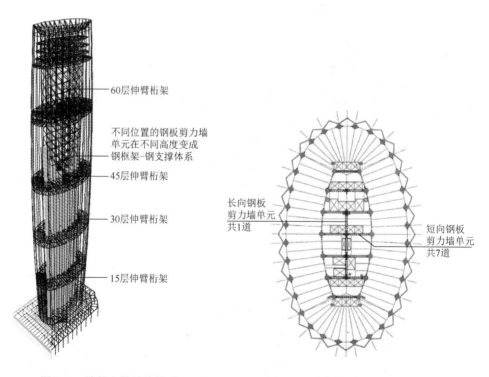

图 6.11　津塔主楼结构体系　　　　图 6.12　津塔标准层结构平面图

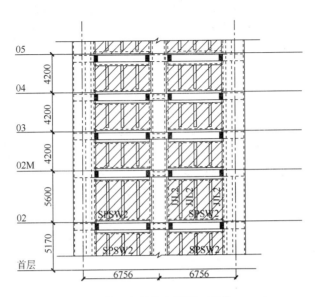

图 6.13　津塔局部结构立面图（单位：mm）

2. 结构体系

塔楼的外框部分由钢管混凝土柱和宽翼缘钢梁组成，柱距约为 6.5m。钢板剪力墙在电梯、楼梯和设备室的周围构成核心筒，核心筒由钢管混凝土框架和内置加劲钢板剪力墙组成。第 15、30、45、60 层设置伸臂桁架加强层，钢板剪力墙核心筒与外框之间布置大型钢桁架，外框内布置腰桁架。钢板剪力墙单元分别从不同高度处变为"钢框架+钢支撑"体系（图 6.11）。

3. 钢板剪力墙设计

津塔核心筒开间较大，钢板剪力墙的宽厚比也较大，若采用"先屈服后屈曲"的厚钢板剪力墙理念进行设计将导致成本大幅度上升。津塔项目采用了设置竖向槽钢加劲肋的钢板剪力墙，同时允许钢板在水平力作用下发生局部屈曲，利用钢板屈曲后产生的拉力场效应继续抵抗水平力作用。

在进行结构设计时，确保钢板剪力墙可以满足承载能力极限状态和正常使用极限状态的要求：进行理论分析时通常认为钢板剪力墙不承担竖向荷载，但在实际工程中，钢板剪力墙不可避免地承受一定的竖向荷载作用。因此，在钢板剪力墙上设置了竖向加劲肋以防止其在竖向荷载作用下过早发生屈曲（图 6.13）。在多遇地震和风荷载作用下，钢板剪力墙只发生弹性变形，不发生屈曲。在设防地震和罕遇地震作用下，允许钢板剪力墙发生局部屈曲，屈曲后的钢板剪力墙可继续抵抗水平荷载，直至钢板剪力墙应力达到强度设计值。水平边缘构件（钢梁）端部可以出现塑性铰。在设防地震作用下，竖向边缘构件（钢管混凝土柱）端部不能出现塑性铰，在罕遇地震作用下，16 层以下竖向边缘构件不能屈服，其他层端部可以出现塑性铰。

钢板剪力墙与边缘构件的连接应满足"强连接，弱构件"的要求，考虑到施工造成的初始缺陷等因素的影响，可靠、合理、经济的连接方式对充分发挥钢板剪力墙屈曲后性能有着极其重要的意义。钢板剪力墙与边缘构件之间通过连接板进行连接。连接板与边缘构件及钢板剪力墙均采用焊接连接（图 6.14）。

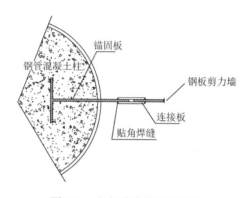

图 6.14　钢板剪力墙焊接连接

6.3.2　天津国际金融会议酒店

1. 工程概况

天津国际金融会议酒店是滨海新区于家堡金融区的标志性建筑，地上 12 层，地下 2 层，建筑高度 60m，地下室基础底板顶标高-16.750m。建筑面积约 19.3 万 m²。建筑平面呈"∞"形，造型独特，建筑功能多样，主要包括五星级酒店、服务式公寓、宴会厅、会议厅等。位于首层、中间通高的中庭将建筑分为 2 个塔楼。酒店客房和公寓沿环向分别布置在塔楼的外侧，会议室、汇报厅、宴会厅和博物馆布置在建筑中央，内部形成大跨度空间；建筑顶部为大跨度钢结构屋盖，周边悬挑长度达 20m，形成独特的建筑造型。由于在不同标高楼层均需要较大空间，建筑中产生多处越层大空间。围绕中庭的超大面积玻璃幕墙，形成东西通透的建筑效果（图 6.15）[3]。

图 6.15　天津国际金融会议酒店

2. 结构体系

根据建筑造型及使用功能，两个塔楼在 10 层与顶层连接为整体，属于复杂超限结构。主体结构由 8 个钢板剪力墙核心筒、伸臂桁架、钢管混凝土外框架、双向交叉管桁架屋盖结构构成。

钢板剪力墙筒体是主要竖向承重与抗侧力构件，筒体之间的最大距离为 45m，采用两层通高的桁架形成大跨度楼盖结构。结构的竖向构件均直接延伸至地下室底板，尽量避免结构转换，结构传力直接，可大大降低结构造价。钢构件可以在工厂加工制作，有效避免了混凝土斜柱支模困难的问题。屋面大跨度结构平面呈"∞"形，采用双向交叉桁架体系，将两个塔楼连接为一个整体。

3. 结构布置和平面尺寸

南北两个塔楼的主要建筑功能分别为酒店和公寓。±0.000 标高处外环圆弧半径为 40.0m，内环半径 26.5m，径向柱距为 13.5m。端部外环柱±0.000 标高开始，每增高 3.9m，柱向外倾斜 0.9m，最大倾斜角度为 13°，基本轴网尺寸为 9m。筒体角柱采用矩形钢管混凝土柱，矩形钢管截面为 900mm×900mm～1800mm×900mm，中柱截面尺寸为 900mm×900mm，混凝土强度等级为 C40。伸臂桁架的上下弦杆与腹杆均采用焊接箱形截面。地下室部分筒体改为型钢混凝土构件。

内环和外环的框架柱均采用圆钢管混凝土柱，钢管截面尺寸为 ϕ900mm，混凝土强度等级为 C50。框架梁均为焊接 H 形截面，材质为 Q345B。次梁按钢-混凝土组合梁进行设计。

4. 钢板剪力墙筒体设计

由于钢板剪力墙筒体内部为楼梯、电梯的使用空间，在钢板剪力墙上开设了门洞，标准层的钢板剪力墙尺寸为-20mm×3200mm×8100mm，部分钢板剪力墙设置通高洞口，洞口宽 1600mm。本工程的钢板剪力墙筒体具有如下特点：采用钢管混凝土内置钢板剪力墙结构使得结构的整体性、刚度与延性显著提高。钢管混凝土柱主要承担竖向荷载，充分发挥其承载力高、抗震性能优异的特点。钢板剪力墙仅承担水平剪力，在钢板表面设置槽形加劲肋，可以避免其过早发生局部屈曲。钢管混凝土内置钢板剪力墙筒体便于与楼层 H 形钢梁、桁架梁连接。

5. 试验研究

聂建国院士团队以该工程原型结构为研究对象，进行了 3 个钢板剪力墙缩尺试件的低周往复加载试验[4]，研究了钢板剪力墙开洞和设置中柱对结构抗震性能的影响，以及加劲肋对于结构整体抗震性能的影响和开洞补强效应。试验装置如图 6.16 所示。柱子轴压比为 0.2，试件的水平荷载-顶点位移（P-Δ）滞回曲线如图 6.17 所示，试件的滞回曲线比较饱满，表现出良好的延性和耗能能力。开洞钢板剪力墙试件的刚度和承载力明显低于未开洞钢板剪力墙试件，说明开洞会削弱结构的刚度和承载力，洞口破坏以角部撕裂为主，但洞口角部撕裂对钢板剪力墙试件的抗震性能影响不明显。在弹性工作阶段，试件的平面外变形不明显，说明布置在钢板剪力墙上和洞口周围的加劲肋显著提高了结构的稳定承载力，洞口周围布置加劲肋具有很好的开洞补强效应。开洞区域钢板剪力墙处于受压状态时，试件整体抗震性能优于开洞区域钢板剪力墙处于受拉状态，因为加劲肋使得洞口区域钢板剪力墙的刚度显著增强，不易发生受压屈曲，从而保证了试件整体抗震性能的发挥。

图 6.16　试验装置

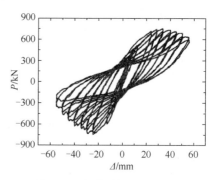

图 6.17　荷载-位移滞回曲线

6.3.3 昆明世纪广场

1. 工程概况

昆明世纪广场工程于 1998 年开始施工，2000 年地下室完成后停工，2007 年开始新的设计施工，于 2012 年竣工，是云南省第一幢全钢结构的超高层建筑。停工期间，建筑使用功能有较大调整，建筑高度从 149m 提高至 199m。该工程占地面积 15440.81m²，总建筑面积 18.5 万 m²，地上 46 层，地下 2 层，是集金融、办公、商贸、娱乐、休闲、居住为一体的综合性多功能建筑，裙房部分主要功能为商场，塔楼部分主要功能为办公。塔楼结构平面呈梯形，短边 25.6m，长边 37.95m，斜边 42m；26 层以下层高 3.65m，26 层以上为 3.8m，其中 12、28 层为避难层，层高 4.5m。内筒与外框间距 9.9m，外框柱距 8.4m。其结构体系为钢框架-支撑-钢板剪力墙结构体系。图 6.18 和图 6.19 分别为昆明世纪广场的结构平面布置图和效果图[5]。

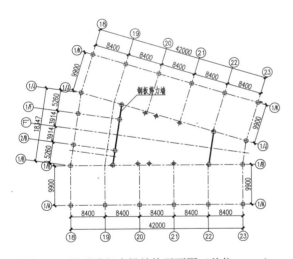

图 6.18 昆明世纪广场结构平面图（单位：mm）

图 6.19 昆明世纪广场效果图

2. 结构体系

该项目主楼采用钢框架-支撑-钢板剪力墙结构体系。外框四面布置 2 片跨越 4 层的大型支撑，中间用钢梁相连；内框在宽度方向的两个侧面分别设置了钢板剪力墙，其余为钢框架。

结构重新设计时建筑及结构体系变化较大，且规范版本有更新，在尽可能保留原结构的基础上，把上部结构改为钢结构。对地下室外框部分进行了加固处理，对应上部支撑处增设局部剪力墙，更换局部角柱钢骨，基础延用原有基础。内框采用带加劲肋的薄钢板剪力墙，要求在小震及正常荷载作用下钢板剪力墙不屈曲，仅在大震下屈曲耗能。外框部分共五跨，中间一跨未设置支撑，其余四跨设置了钢支撑。中间跨梁的受力情况与混凝土剪力墙中连梁类似，在地震作用下起耗能作用，其抗震构造措施适当加强，在小震作用下保持弹性，在中、大震作用下允许产生塑性铰，但塑性铰的变形不会导致无法修复的破坏。对应的支撑、柱子按中震不屈服设计，延缓外筒支撑、柱子的破坏。

6.3.4　钢结构住宅项目

钢结构住宅在美国、英国等国家的发展及应用已有上百年历史，近几年在日本的发展也比较快。钢结构住宅绝大部分构件可以在工厂预制，然后运到工地组装，住宅产业化程度比较高。虽然我国的钢结构住宅处于起步阶段，但各地已经开始进行有益的尝试。钢板剪力墙结构作为一种自重轻、施工方便、抗震性能优异的结构体系，在钢结构住宅项目中得到了越来越多的应用，如深圳梅山苑二期项目、深圳龙珠保障房项目、都江堰幸福家园小区、河南新天丰公寓等。下面以深圳龙珠保障房项目为例，对钢板剪力墙结构在钢结构住宅中的应用进行介绍。

1. 深圳龙珠保障房项目工程概况

深圳市龙珠保障房项目位于深圳市南山区，北环大道南侧，龙珠八路西侧。该工程由两栋高层住宅和与其连接的地下室组成，总占地面积 $7113.68m^2$，总建筑面积 $48331.43m^2$。A 栋塔楼采用混凝土结构，建筑高度 89.1m，地上 29 层。B 栋塔楼采用混合结构，建筑高度 92.1m，地上 30 层，如图 6.20 所示[6]。

图 6.20　深圳龙珠保障房项目

2. 深圳龙珠保障房项目结构体系

该工程 B 栋主楼为高层建筑，结构体系为矩形钢管混凝土框架-核心筒结构，局部设置钢板剪力墙，地下室顶板作为上部结构的嵌固端。混凝土核心筒和钢管混凝土柱抗震等级二级，钢梁和钢板剪力墙抗震等级三级。

建筑外围框架柱采用矩形钢管混凝土柱，截面尺寸最大为□600mm×350mm×28mm，在地下部分为钢骨混凝土柱，以防止刚度突变。钢梁采用焊接 H 形钢梁，外框钢梁主要截面为 H480mm×150mm×8mm×14mm，其余框架钢梁主要截面为 H480mm×300mm×12mm×25mm；楼面次梁主要截面为 H480mm×150mm×6mm×10mm，钢板剪力墙采用 6mm 厚竖向加劲钢板。钢管混凝土柱内灌混凝土强度等级为 C45~C60，钢材材质 Q345B。

3. 深圳龙珠保障房项目钢板剪力墙设计

该工程初步设计时，结构两个主轴方向的抗侧移刚度均无法满足规范要求。由于建筑功能限制，无法设置混凝土剪力墙和钢支撑，故采用设置加劲钢板剪力墙的方式增加结构刚度。

结构分析时采用等刚度的钢管支撑模拟钢板剪力墙。初步建模时，模型中不设置支撑，不考虑侧向荷载，根据竖向荷载作用下的承载力需求确定梁柱截面。然后在模型中添加支撑，同时考虑风荷载和地震作用，确保结构整体的层间位移角等整体指标满足规范要求。

参 考 文 献

[1] AMERICAN INSTITUTE OF STEEL CONSTRUCTION. Steel Design Guide 20: Steel Plate Shear Walls[M]. USA: AISC，2007.

[2] 汪大绥，陆道渊，黄良，等. 天津津塔结构设计[J]. 建筑结构学报，2009，30(S1)：1-7.

[3] 赵彤，孟然. 新型钢板剪力墙结构设计[J]. 天津建设科技，2011，(5)：54-56.

[4] 聂建国，朱力，樊健生，等. 钢板剪力墙抗震性能试验研究[J]. 建筑结构学报，2013，34(1)：61-69.

[5] 丁斌. 工程档案：昆明世纪广场[J]. 建筑结构：技术通讯，2013(1)：12.

[6] 关超，夏萍，孙学水，等. 深圳某高层钢结构住宅结构设计[J]. 钢结构，2014，29(8)：51-52.